中国石油和化学工业优秀教材
普通高等教育"十二五"规划教材

无机及分析化学实验

第2版

李志林　赵晓珑　焦运红　主编

化学工业出版社
·北京·

《无机及分析化学实验》第2版全面详尽地介绍了化学实验的预备知识、无机及分析化学实验中的常用仪器和基本操作,全面覆盖了基础化学实验的基本操作和基本技能。在保持第一版基本格局的前提下,作者重新审定了全部内容,增加了综合设计与探索性实验项目。实验按照基本实验、提高型实验、研究创新型实验分为三大类。

《无机及分析化学实验》第2版可作为综合性大学化学、应用化学、生命科学、材料以及环境等专业,农林院校及医学院校相关专业本科生的实验教材,也可作为高校教师及实验技术人员的参考书。

图书在版编目(CIP)数据

无机及分析化学实验/李志林,赵晓珑,焦运红主编. —2版. —北京:化学工业出版社,2015.11(2024.8重印)
中国石油和化学工业优秀教材　普通高等教育"十二五"规划教材
ISBN 978-7-122-25334-7

Ⅰ.①无… Ⅱ.①李…②赵…③焦… Ⅲ.①无机化学-化学实验-高等学校-教材②分析化学-化学实验-高等学校-教材　Ⅳ.①O61-33②O652.1

中国版本图书馆 CIP 数据核字(2015)等 240377 号

责任编辑:刘俊之　　　　　　　　　　装帧设计:史利平
责任校对:边　涛

出版发行:化学工业出版社(北京市东城区青年湖南街13号　邮政编码100011)
印　　装:北京科印技术咨询服务有限公司数码印刷分部
787mm×1092mm　1/16　印张15½　字数382千字　2024年8月北京第2版第5次印刷

购书咨询:010-64518888　　　　　　　售后服务:010-64518899
网　　址:http://www.cip.com.cn
凡购买本书,如有缺损质量问题,本社销售中心负责调换。

定　价:38.00元　　　　　　　　　　　　　　　　　版权所有　违者必究

前　言

《无机及分析化学实验》于 2007 年出版，受到广大读者的肯定和好评，2008 年获得第九届中国石油和化学工业优秀教材奖。第 2 版在第一版的基础上，主要进行了如下两个方面的修改。

第一，根据"入门常识—理论巩固（四大平衡和四大滴定）—综合提高"的原则，对原有的 36 个实验顺序进行了调整，使其与《无机及分析化学》第 2 版的理论内容相呼应；

第二，增加了 8 个新实验，其中 1 个无机基础制备实验和 7 个研究创新型实验。

《无机及分析化学实验》第 2 版由李志林、赵晓珑、焦运红主编，李志林负责全书统稿。感谢河北大学化学与环境科学学院教材资金的资助和化学工业出版社在本书出版过程中所给予的大力支持，感谢河北大学化学与环境科学学院各级领导、无机化学教研室和分析化学教研室老师们在本书编写过程中所给予的热忱帮助，感谢化学与环境科学学院教师刘磊、吕树芳对本书编写提出的宝贵建议。

由于编者水平有限，疏漏和不足在所难免，恳请使用本教材的师生提出宝贵的修改意见。

编者

2015 年 7 月

第一版前言

无机及分析化学实验是一门独立的基础实验课程，是化学实验的重要分支，也是学习其他化学实验的重要基础。无机及分析化学实验是学生进入大学后的第一门实验课程，因而它对奠定学生良好的实验基础特别重要，是必须熟练掌握的基本功。它虽是一门独立开设的课程，但在内容上又与无机及分析化学课程密切配合，使实验课与理论课二者既相互独立设课、自成教学体系，又互为依托，相辅相成，各有特色，构成了未来自然科学工作者的无机及分析化学知识基础。

无机及分析化学实验是以实验为手段，研究无机及分析化学中的重要理论，典型元素及其化合物的性质，定性、定量分析方法以及相关仪器、装置、基本操作和有关原理的一门课程，是学生化学实验技能与化学素质培养不可缺少的重要环节。

本书本着宽领域、渐进式、交互式、开放式来编排实验，所选实验共分三大类。

第一类为基本实验：包括化学热力学、化学动力学初步知识、电解质溶液、沉淀溶解平衡、氧化还原平衡、配位解离平衡、物质结构理论以及元素部分、误差理论、滴定分析原理等内容，以及一些物理化学参数的测定。通过该部分实验，使学生掌握化学实验的基本知识、基本理论、基本操作、基本技能，使化学实验的基本训练系统化。

第二类为提高型实验：涵盖了综合性、半设计性、设计性和应用性实验项目，尽可能结合化学领域的新反应、新理论、新技术和新试剂的应用，筛选了一些重要的、典型的反应，包括无机制备、常数测定、物性测定、组成分析、定性分析、定量分析和仪器分析等，通过从原料的选择、中间产物以及目标产物的分析鉴定，培养学生综合分析问题、解决问题的能力，使学生受到科学思维和科学实验的综合素质训练，初步具备一定的实验设计、科学研究及应用研究的能力。

第三类为研究创新型实验：与开放式实验教学和科研训练相结合，融多样化教学形式于一体，学生在导师指导下自行查阅国内外相关文献资料、自行设计实验方案，完成研究内容，归纳、整理、分析实验结果，撰写论文。该类实验给学生创造了独立分析问题、解决问题的机会，重在科研能力的训练和创新思维的培养，为在化学及相关的科学技术和其他领域从事科研、教学及相关工作打下良好的基础。

根据上述实验内容和选取原则，共选编了 36 个实验，任课教师可根据实验室具体情况选取。

本书的编写参考了相关教材、国家标准和互联网上有关内容，主要参考文献列在相关内容参考文献部分，在此向文献原作者深表谢意。

本书可作为综合性大学化学、生命科学、材料、环境等专业，农林院校及医学院校相关专业本科生的实验教材。

本书由李志林主编，并负责全书统稿，马志领、翟永清同志参加了本书部分编写工作。感谢河北大学化学与环境科学学院给予的大力支持，感谢无机化学教研室同志们的热忱帮助。由于编者水平有限，本书的不足与疏漏，恳切希望读者批评指正，我们将不胜感激。

编著者

2007 年 4 月

目 录

第一章 实验室预备知识 ⋯⋯⋯⋯⋯⋯⋯⋯⋯⋯⋯⋯⋯⋯⋯⋯⋯⋯⋯⋯⋯⋯⋯⋯⋯⋯⋯⋯ 1
 第一节 怎样进行无机及分析化学实验 ⋯⋯⋯⋯⋯⋯⋯⋯⋯⋯⋯⋯⋯⋯⋯⋯⋯⋯⋯ 1
 第二节 无机及分析化学实验中的安全操作和事故处理 ⋯⋯⋯⋯⋯⋯⋯⋯⋯⋯⋯⋯ 1
  一、常见化学毒物 ⋯⋯⋯⋯⋯⋯⋯⋯⋯⋯⋯⋯⋯⋯⋯⋯⋯⋯⋯⋯⋯⋯⋯⋯⋯⋯⋯ 1
  二、安全守则 ⋯⋯⋯⋯⋯⋯⋯⋯⋯⋯⋯⋯⋯⋯⋯⋯⋯⋯⋯⋯⋯⋯⋯⋯⋯⋯⋯⋯⋯ 5
  三、剧毒、易燃、易爆和具有腐蚀性药品的使用规则 ⋯⋯⋯⋯⋯⋯⋯⋯⋯⋯⋯ 5
  四、安全用电常识 ⋯⋯⋯⋯⋯⋯⋯⋯⋯⋯⋯⋯⋯⋯⋯⋯⋯⋯⋯⋯⋯⋯⋯⋯⋯⋯⋯ 6
  五、灭火常识 ⋯⋯⋯⋯⋯⋯⋯⋯⋯⋯⋯⋯⋯⋯⋯⋯⋯⋯⋯⋯⋯⋯⋯⋯⋯⋯⋯⋯⋯ 7
  六、意外事故的紧急处理 ⋯⋯⋯⋯⋯⋯⋯⋯⋯⋯⋯⋯⋯⋯⋯⋯⋯⋯⋯⋯⋯⋯⋯⋯ 7
  七、"三废"处理 ⋯⋯⋯⋯⋯⋯⋯⋯⋯⋯⋯⋯⋯⋯⋯⋯⋯⋯⋯⋯⋯⋯⋯⋯⋯⋯⋯ 8
 第三节 标准知识介绍 ⋯⋯⋯⋯⋯⋯⋯⋯⋯⋯⋯⋯⋯⋯⋯⋯⋯⋯⋯⋯⋯⋯⋯⋯⋯⋯ 8
  一、国际标准 ⋯⋯⋯⋯⋯⋯⋯⋯⋯⋯⋯⋯⋯⋯⋯⋯⋯⋯⋯⋯⋯⋯⋯⋯⋯⋯⋯⋯⋯ 8
  二、我国标准的类别 ⋯⋯⋯⋯⋯⋯⋯⋯⋯⋯⋯⋯⋯⋯⋯⋯⋯⋯⋯⋯⋯⋯⋯⋯⋯⋯ 8
  三、标准的编号 ⋯⋯⋯⋯⋯⋯⋯⋯⋯⋯⋯⋯⋯⋯⋯⋯⋯⋯⋯⋯⋯⋯⋯⋯⋯⋯⋯⋯ 9
 第四节 分析实验室用水规格和试验方法 ⋯⋯⋯⋯⋯⋯⋯⋯⋯⋯⋯⋯⋯⋯⋯⋯⋯ 10

第二章 误差概念 有效数字 作图 ⋯⋯⋯⋯⋯⋯⋯⋯⋯⋯⋯⋯⋯⋯⋯⋯⋯⋯⋯⋯⋯ 12
  一、测量中的误差 ⋯⋯⋯⋯⋯⋯⋯⋯⋯⋯⋯⋯⋯⋯⋯⋯⋯⋯⋯⋯⋯⋯⋯⋯⋯⋯⋯ 12
  二、有效数字 ⋯⋯⋯⋯⋯⋯⋯⋯⋯⋯⋯⋯⋯⋯⋯⋯⋯⋯⋯⋯⋯⋯⋯⋯⋯⋯⋯⋯⋯ 13
  三、实验记录与数据处理 ⋯⋯⋯⋯⋯⋯⋯⋯⋯⋯⋯⋯⋯⋯⋯⋯⋯⋯⋯⋯⋯⋯⋯⋯ 14
  四、作图方法简介 ⋯⋯⋯⋯⋯⋯⋯⋯⋯⋯⋯⋯⋯⋯⋯⋯⋯⋯⋯⋯⋯⋯⋯⋯⋯⋯⋯ 22

第三章 无机及分析化学实验常用仪器介绍与基本操作 ⋯⋯⋯⋯⋯⋯⋯⋯⋯⋯⋯⋯ 24
 第一节 无机及分析化学实验常用仪器介绍 ⋯⋯⋯⋯⋯⋯⋯⋯⋯⋯⋯⋯⋯⋯⋯⋯ 24
 第二节 无机及分析化学基本操作 ⋯⋯⋯⋯⋯⋯⋯⋯⋯⋯⋯⋯⋯⋯⋯⋯⋯⋯⋯⋯ 28
  一、常用仪器的洗涤和干燥 ⋯⋯⋯⋯⋯⋯⋯⋯⋯⋯⋯⋯⋯⋯⋯⋯⋯⋯⋯⋯⋯⋯⋯ 28
  二、加热的方法 ⋯⋯⋯⋯⋯⋯⋯⋯⋯⋯⋯⋯⋯⋯⋯⋯⋯⋯⋯⋯⋯⋯⋯⋯⋯⋯⋯⋯ 30
  三、冷却方法与制冷剂 ⋯⋯⋯⋯⋯⋯⋯⋯⋯⋯⋯⋯⋯⋯⋯⋯⋯⋯⋯⋯⋯⋯⋯⋯⋯ 38
  四、玻璃操作和塞子钻孔 ⋯⋯⋯⋯⋯⋯⋯⋯⋯⋯⋯⋯⋯⋯⋯⋯⋯⋯⋯⋯⋯⋯⋯⋯ 38
  五、称量 ⋯⋯⋯⋯⋯⋯⋯⋯⋯⋯⋯⋯⋯⋯⋯⋯⋯⋯⋯⋯⋯⋯⋯⋯⋯⋯⋯⋯⋯⋯⋯ 40
  六、液体体积的量度 ⋯⋯⋯⋯⋯⋯⋯⋯⋯⋯⋯⋯⋯⋯⋯⋯⋯⋯⋯⋯⋯⋯⋯⋯⋯⋯ 49
  七、化学药品的取用 ⋯⋯⋯⋯⋯⋯⋯⋯⋯⋯⋯⋯⋯⋯⋯⋯⋯⋯⋯⋯⋯⋯⋯⋯⋯⋯ 54
  八、化学试剂的存放 ⋯⋯⋯⋯⋯⋯⋯⋯⋯⋯⋯⋯⋯⋯⋯⋯⋯⋯⋯⋯⋯⋯⋯⋯⋯⋯ 55
  九、溶液的配制 ⋯⋯⋯⋯⋯⋯⋯⋯⋯⋯⋯⋯⋯⋯⋯⋯⋯⋯⋯⋯⋯⋯⋯⋯⋯⋯⋯⋯ 55
  十、气体的发生、净化、干燥和收集 ⋯⋯⋯⋯⋯⋯⋯⋯⋯⋯⋯⋯⋯⋯⋯⋯⋯⋯⋯ 59
  十一、滤纸、烧结过滤器 ⋯⋯⋯⋯⋯⋯⋯⋯⋯⋯⋯⋯⋯⋯⋯⋯⋯⋯⋯⋯⋯⋯⋯⋯ 61

十二、试纸 63
　　十三、搅拌 64
　　十四、溶解与沉淀 65
　　十五、结晶和固液分离 65
　　十六、固体的干燥 70
　　十七、温度测量仪表 71
　　十八、干燥剂、干燥器及其使用注意事项 71
　　十九、重量分析基本操作 73

第四章　分析试样的采集与制备 79
　　一、采样的目的和基本原则 79
　　二、采样方案和采样记录 79
　　三、采样技术 80
　　四、固体化工产品的采样 81
　　五、液体化工产品的采样 82
　　六、其他产品的采样 84

第五章　实验 86
　　实验一　安全教育、常用仪器的认领、洗涤和干燥 86
　　实验二　玻璃管（棒）和滴管的制作 89
　　实验三　由金属铜制备五水合硫酸铜 91
　　实验四　化学试剂与药用氯化钠的制备与限度检验 93
　　实验五　化学反应热效应的测定 97
　　实验六　化学反应速率和速率常数的测定 100
　　实验七　水溶液中的解离平衡与缓冲溶液 103
　　实验八　分析天平性能的测定与称量练习 105
　　实验九　容量器皿的校准 112
　　实验十　盐酸标准溶液的配制和标定 116
　　实验十一　氢氧化钠标准溶液的配制和标定 118
　　实验十二　醋酸解离常数和解离度的测定 120
　　实验十三　食用醋中总酸含量的测定 121
　　实验十四　酸式磷酸酯的制备及其组分的测定 122
　　实验十五　配合物的生成和性质 125
　　实验十六　磺基水杨酸铁配合物的组成及稳定常数的测定 128
　　实验十七　铁的比色测定与条件实验 131
　　实验十八　EDTA 标准溶液的配制与标定 134
　　实验十九　水中钙、镁含量及总硬度的测定 135
　　实验二十　生命相关元素（一）宏量元素 138
　　实验二十一　生命相关元素（二）微量元素 150
　　实验二十二　生命相关元素（三）污染（有毒）元素 165
　　实验二十三　氧化还原反应 169
　　实验二十四　高锰酸钾标准溶液的配制和标定 172

实验二十五　化学需氧量（COD）的测定 ········· 174
实验二十六　药用葡萄糖含量的测定 ··············· 176
实验二十七　土壤中有机质含量的测定 ··············· 178
实验二十八　维生素C片剂的碘量法与紫外分光光度法测定 ··············· 181
实验二十九　硝酸银标准溶液的配制与标定 ··············· 182
实验三十　生理盐水中NaCl含量的测定 ··············· 185
实验三十一　水质全盐量的测定 ··············· 187
实验三十二　氟离子选择性电极测定自来水中微量氟 ··············· 188
实验三十三　含铬废水的测定及其处理 ··············· 192
实验三十四　固体释氧剂过氧化钙的制备及含量测定 ··············· 194
实验三十五　三草酸合铁（Ⅲ）酸钾的制备与组成分析 ··············· 195
实验三十六　侯氏联合制碱法与碳酸钠和碳酸氢钠含量的测定 ··············· 200
实验三十七　硫代硫酸钠的制备及含量测定 ··············· 203
实验三十八　水热法制备纳米二氧化锡 ··············· 207
实验三十九　微波法制备纳米磷酸钴及其表征 ··············· 209
实验四十　疏水二氧化硅的制备及表征 ··············· 210
实验四十一　碳酸铝铵分解制备纳米氧化铝 ··············· 213
实验四十二　液相反应制备磁性四氧化三铁 ··············· 214
实验四十三　二氯化六氨合镍（Ⅱ）的制备、组成分析及物性测定 ··············· 215
实验四十四　碱式硫酸镁晶须的合成及表征 ··············· 217

附录 ··············· 220
　附录一　pHS-3C型精密pH计的使用说明 ··············· 220
　附录二　BP211D电子天平操作规程 ··············· 222
　附录三　自动滴定仪（ZD型自动滴定仪） ··············· 223
　附录四　721型分光光度计 ··············· 227
　附录五　722型光栅分光光度计的使用方法 ··············· 228
　附录六　酸解离常数（298.15K） ··············· 229
　附录七　碱解离常数（298.15K） ··············· 230
　附录八　溶度积常数（298.15K） ··············· 230
　附录九　常用酸碱溶液的相对密度和浓度 ··············· 232
　附录十　常用缓冲溶液的配制 ··············· 233
　附录十一　常用基准试剂的干燥条件和应用 ··············· 233
　附录十二　不同温度下标准溶液的体积的补正值 ··············· 234
　附录十三　常用标准溶液的保存期限 ··············· 235
　附录十四　常用指示剂的配制 ··············· 236

参考文献 ··············· 239

第一章 实验室预备知识

第一节 怎样进行无机及分析化学实验

(1) 实验前必须认真预习,明确目的要求,弄清有关基本原理、操作步骤,特别是试剂的物化性质、安全注意事项,认真写出预习报告。要做到心中有数,有计划地进行实验。

(2) 实验前应熟悉实验室环境、布置和各种设施,具备必要的安全知识。

(3) 实验中应听从教师指导,严格遵守实验室各项规章制度,集中精神,保持肃静,严格按照操作规程进行实验,做到细致观察,周密思考,科学分析,如实准确记录实验现象、数据。欲改变实验内容,须事先征得教师同意。

(4) 爱护国家财产,节约药品、水、电和煤气。使用精密、贵重仪器时,应熟悉操作方法后再进行操作。损坏仪器、设备必须立即向教师报告。

(5) 注意实验室的安全卫生,废纸、火柴梗、碎玻璃以及各种废液等应放入废物缸或其他规定的回收容器内,养成良好的习惯。实验结束后,应将仪器洗刷干净并放回原处,整理好药品,擦干净实验台面,清理水槽和周围地面,保持实验室整洁。如发生事故,要保持镇定,迅速切断电源,采取有效措施,设法制止事态扩大,保护现场,并立即向指导老师报告。

(6) 最后检查煤气开关和自来水开关是否关紧,电源是否切断,得到指导教师准许,方可离开实验室。

(7) 根据原始记录,严肃认真地写出实验报告,实验报告要绘图规范,文理通顺,结论明确,准时交给指导教师。

第二节 无机及分析化学实验中的安全操作和事故处理

化学药品中,有很多是易燃、有腐蚀性和有毒性的,所以在化学实验室,首先必须在思想上十分重视安全问题,绝不能麻痹大意,其次,在实验前应充分了解本实验中的安全注意事项,在实验过程中应集中注意力,并严格遵守操作规程,才能避免事故的发生,假如由于各种原因而发生事故,应立即处理(措施见后)。

一、常见化学毒物

毒物是指某物质进入人的机体以后,能引起局部或整个机体功能发生疾病的物质。化学实验室中的化学药品及试剂溶液品种很多,大多具有一定的毒性及危险性。

由毒物所引起任何疾病的现象,都称为中毒。

(一) 化学试剂中毒的三个途径

通过呼吸道中毒:由呼吸道吸入有毒气体、粉尘、蒸气、烟雾能引起呼吸系统中毒。这种形式的中毒是比较常见的,尤其是有机溶剂的蒸气和化学反应中所产生的有毒气体。如乙醚、丙酮、甲苯等蒸气和氰化氢(气体)、氯气、一氧化碳等。

通过消化道中毒:除误食吞服外,更多的情况是由于手上污染毒物,在吸烟、进食、饮水时咽入消化系统而引起中毒。这类毒物以剧毒的粉剂较为常见,如氰化物、砷化物、汞盐等。

通过触及皮肤中毒和五官黏膜受刺激:某些毒物接触皮肤,或其蒸气、烟雾、粉尘对眼、鼻、喉等的黏膜产生刺激作用。如汞剂、苯胺类、硝基苯等,可通过皮肤黏膜吸收而中毒。氮的氧化物、二氧化碳、三氧化硫、挥发性酸类、氨水等,对皮肤黏膜和眼、鼻、喉黏膜刺激性都很大。

毒物从以上三个途径进入人的机体以后,逐渐侵入血液系统直至遍及全身各部分,引起更加危险的症状。特别是由消化系统侵入,经肝脏进入血液,以及从呼吸道进入肺泡中被吸收都是比较迅速的。

(二) 属于危险品的化学药品

① 易爆和不稳定物质。如浓过氧化氢、有机过氧化物等。
② 氧化性物质。如氧化性酸,过氧化氢也属于此类。
③ 可燃性物质。除易燃的气体、液体、固体外,还包括在潮气中会产生可燃物的物质。如碱金属的氢化物、碳化钙及接触空气自燃的物质如白磷等。
④ 有毒物质。
⑤ 腐蚀性物质。如酸、碱等。
⑥ 放射性物质。

(三) 常见化学毒物的特性及容许浓度

见表 1-1。

表 1-1 常见化学毒物的特性及容许浓度

类别	名称	特性	容许浓度
气体	氯气 Cl_2	黄绿色气体,具有刺鼻臭味,溶于水,液氯能引起严重的灼烧。能与许多化学物品如乙炔、乙醚、氨气、氢气、松节油、金属粉末等猛烈反应,发生爆炸或生成爆炸性产物	$\leqslant 1mg/m^3$
	一氧化碳 CO	无色无臭气体,微溶于水。剧毒! 极易燃,能与空气形成爆炸性混合物	$\leqslant 50mg/m^3$
	二氧化硫 SO_2	无色气体,具有刺鼻恶臭,在-10℃以下会液化,有一定的水溶度,并刺激眼睛和呼吸系统	$\leqslant 13mg/m^3$
	二氧化氮 NO_2	黄褐色气体,剧毒! 极强的氧化剂。自身不燃,遇衣物或其他可燃物,能立即起火	$\leqslant 9mg/m^3$
	二溴乙烷 CH_2BrCH_2Br	具有特殊甜味,不燃。化学性质较稳定。毒性比溴甲烷强	$< 25mg/m^3$
	二氯乙烷 CH_2ClCH_2Cl	具有特殊的甜味,沸点 83.5℃。化学性质稳定,无腐蚀性	$\leqslant 50mg/m^3$
	磷化氢 PH_3	无色气体,具有臭鱼气味。沸点-88℃,微溶于水,往往因含有少量 P_2H_4,能自行着燃,发出光亮火焰。剧毒! 极易燃	$< 3mg/m^3$
	溴甲烷 CH_3Br	有浓霉臭味,沸点 3.6℃。不燃,是有机物质的强溶剂。对皮肤有腐蚀性	$< 20mg/m^3$

续表

类别	名称	特性	容许浓度
酸类	硫酸 H_2SO_4	无色至暗褐色的油状液体,腐蚀性强,化学性质非常活泼,不燃。遇电石、硝酸盐、苦味酸盐、金属粉末及其他可燃物等猛烈反应,发生爆炸或燃烧,遇水与有机物等猛烈反应,发生爆炸或燃烧,放出大量热量	$\leqslant 0.5mg/m^3$
	硝酸 HNO_3	无色至淡黄色发烟液体,可溶于水,腐蚀性强,有非常刺鼻的窒息气味。化学性质活泼,不燃,能与多种物质如电石、松节油、金属粉末等猛烈反应,发生爆炸。遇可燃或易氧化物即着火	$\leqslant 2mg/m^3$
	盐酸 HCl	无色至微黄色液体,气味刺激性强,不燃,但能与普通金属反应,放出氢气与空气形成爆炸性混合物	$\leqslant 5mg/m^3$
	磷酸 H_3PO_4	无色黏稠状液体或潮湿的白色结晶,自身不燃,能与水相混溶。与金属反应,放出氢气,能与空气形成爆炸性混合物	$\leqslant 1mg/m^3$
	草酸 $(COOH)_2 \cdot 2H_2O$	无色结晶或白色粉末,微溶于冷水,易溶于热水。可燃,粉尘有毒,在150~160℃升华并部分分解。高温下分解放出一氧化碳和甲酸蒸气。遇银盐反应生成草酸银,具有爆炸性,性质活泼,与过氧化物、硝酸或其他氧化剂接触有爆炸危险	$\leqslant 1mg/m^3$
	甲酸 $HCOOH$	无色发烟液体,有刺鼻恶臭味。溶于水,可燃,具有一定程度的失火危险。闪点69℃,能放出刺激性蒸气	$\leqslant 9mg/m^3$
	醋酸 CH_3COOH	无色液体,具有刺鼻酸味。溶于水,放出刺鼻蒸气。易燃,化学性质活泼,与过氧化物,硝酸或其他氧化剂接触有爆炸危险	$\leqslant 25mg/m^3$
碱类	氢氧化钠 $NaOH$	无色,有棒、片、粒状固体,溶于水。腐蚀性强,能造成灼烧伤。不燃,但遇水放出大量热量。能使可燃物燃烧。遇金属反应放出氢气	$2mg/m^3$
	氢氧化钾 KOH	与氢氧化钠相同	
	氨水 $NH_3 \cdot H_2O$	无色透明液体,有刺鼻性气味。能与醇、醚相混溶。与酸反应激烈,放出大量的热	
盐类	硝酸银 $AgNO_3$	无色透明结晶或白色结晶,溶于水。在有机物存在下曝光变灰黑色。具有腐蚀性,遇可燃物、有机物或易氧化物质着火。并能助长火势	$0.01mg/m^3$(以Ag计)
	硝酸铜 $Cu(NO_3)_2$	蓝色结晶,为氧化剂。遇易氧化物质反应猛烈,会引起燃烧或爆炸。可燃烧着火能助长火势。170℃时分解,放出剧毒的氮氧化物	
	硝酸铵 NH_4NO_3	无色结晶,强氧化剂。210℃开始分解,温度高分解放出剧毒的气体。分解急剧能导致爆炸。与可燃碎末混合能发生激烈反应而爆炸	
	硝酸钠 $NaNO_3$	无色或白色结晶,为强氧化剂。易吸湿,遇氧化物质会发生激烈燃烧或爆炸,并助长火势	致死量:15~30g/人
	硫酸铵 $(NH_4)_2SO_4$	白色粉末或无色结晶。在240℃熔化分解,放出有毒气体。高温下与氧化剂接触,易发生爆炸	
	氯化铵 NH_4Cl	无色结晶或呈白色颗粒性粉状。溶于水。不燃,在高温下能腐蚀金属。与银盐能生成一种灵敏度很高,容易发生爆炸的化合物	
	草酸盐	大多数草酸盐是无色的,其中草酸铵、草酸钾、草酸钠等溶于水,剧毒	

续表

类别	名称	特性	容许浓度
有机毒物	乙醚 $C_2H_5OC_2H_5$	无色液体,有特殊气味。沸点34℃,蒸气有毒!不溶于水。极易燃,在低温下的蒸气也能与空气形成爆炸混合物。在空气中与氧长期接触或在玻璃瓶内受阳光照射能生成不稳定的过氧化物,受热能自行着火与爆炸。蒸气比空气重,扩散很远,能到达火源再闪回燃着	$1.2g/m^3$
	乙醛 CH_3CHO	无色液体,具有刺鼻的水果气味。与水相混溶。化学性质活泼。易氧化或还原。在空气中自行氧化,生成不稳定的过氧化物,以致爆炸。沸点21℃,极易燃。蒸气比空气重,扩散远,遇火源着燃并把火焰沿气流相反方向引回	$5mg/m^3$
	甲苯 $C_6H_5CH_3$	无色液体,有似苯的气味。不溶于水,能放出有毒蒸气,蒸气比空气重,能扩散相当远,遇到火源着火并引回。易燃。蒸气能与空气形成爆炸性混合物	$<200mg/m^3$
	甲醇 CH_3OH	无色液体,沸点65℃,易挥发,与水相溶。能放出有毒蒸气。蒸气能与空气形成爆炸性混合物。极易燃	$<200mg/m^3$
	丙酮 CH_3COCH_3	无色液体,具有特殊气味,沸点56℃,与水相溶。蒸气有麻醉效应。易燃,蒸气能与空气形成爆炸性混合物	$<2.4g/m^3$
	石油醚	无色液体,易燃,具有刺激性和毒性。沸点30~160℃的馏分。蒸气能与空气形成爆炸性混合物	$<500mg/m^3$
	四氯化碳 CCl_4	无色液体,有特殊臭味,沸点77℃。与水不相溶。蒸气有毒,不燃,可用作灭火剂,但灭火时能生成极毒的光气	$<10mg/m^3$
	氯仿 $CHCl_3$	无色液体,有甜味及特殊气味。具有挥发性,不溶于水。蒸气有毒,沸点61℃,不燃	$<50mg/m^3$
	苯 C_6H_6	无色液体,具有挥发性特殊气味。沸点80℃,与水不相溶。蒸气有毒,并能经皮肤吸入,极易燃,液体比水轻,蒸气比空气重,扩散远,遇火源燃着	$<25mg/m^3$(对皮肤)
	丁酮 $CH_3COC_2H_5$	无色液体,沸点80℃,具有特殊气味,蒸气有毒。易燃,液体比水轻,蒸气比空气重,扩散远,遇火源燃着。蒸气与空气形成爆炸性混合物	$<200mg/m^3$
	邻苯二酚 $C_6H_4(OH)_2$	无色结晶粉末,溶于水。能经皮肤吸收,引起腐蚀性灼伤	
液化毒物	液氧 O_2	蓝色液体,液态氧中共存的液、气两种状态是很强的氧化剂。与可燃性物质混合,形成爆炸性混合物。与不可燃物质接触,也进行剧烈反应	
	液氢 H_2	无色无臭气体,易燃。蒸气与空气形成爆炸性混合物,燃烧生成无色火焰。液态开始蒸发,沉积地面,扩散升温后,遇湿空气生成浓雾,可见的浓雾外围能形成爆炸性混合物	
	液氮 N_2	无色无臭液体,沸点-196℃,不燃。常温下的蒸气密度与空气相等。与皮肤接触产生冻疮	
特殊有毒物	氰化钾 KCN	白色固块或结晶,有微弱的苦杏仁气味。剧毒!!!不燃,遇酸能放出易燃的氰化氢气体	$5mg/m^3$(对皮肤)
	氰化钠 NaCN	白色固块或片状物,自身不燃。剧毒!!!遇酸放出易燃的氰化氢气体	$5mg/m^3$
	氯化苦 CCl_3NO_2	一种强烈的催泪气体,不燃,在潮湿情况下有腐蚀性。常温下难挥发。沸点112℃	$<3mg/m^3$
	敌敌畏 DDVP	对热稳定,不燃烧。有机溶剂中稳定,有水存在时被分解,有碱存在加速分解,酸存在减慢分解。分解可能放出一种醋酸味。沸点高且蒸气压力低	
	汞(水银) Hg	银白色沉重液体,不溶于水。能放出有毒蒸气并能经皮肤吸收	$0.01mg/m^3$(对皮肤)
	汞化合物	外观、水溶度毒性差别颇大。有些为液体,能放出剧毒的蒸气,一般汞化物比亚汞化物毒性大。有机汞化物的阈限值(对皮肤)为$0.01mg/m^3$	
	碘 I_2	蓝黑色结晶碎片,具有特殊气味。几乎不溶于水,放出有毒蒸气,与皮肤接触造成腐蚀性灼伤感	$<0.1mg/m^3$

二、安全守则

① 牢固树立四防（防火、防水、防盗、防事故）意识，充分重视防范，及时控制并消除事故苗头，切实做好四防工作。人人都应熟悉所在实验室气、电、水分闸和总闸位置及开关方法，熟悉灭火器材（灭火筒、灭火药粉、防火沙和麻包等）及各种钢瓶的位置和正确的使用方法；熟悉实验室及周边环境和安全出口。

② 一切易燃、易爆物质的操作都要在离火较远的地方进行，并严格按照操作规程操作。有毒、有刺激性的气体的操作都要在通风橱内进行。有危险的实验操作，必须谨慎小心，备有应急措施，做好劳动保护工作，必要时应有人监护。有时需要借助于嗅觉判别少量的气体时，绝不能将鼻子直接对着瓶口或管口，而应当用手将少量气体轻轻扇向自己的鼻孔。

③ 加热：浓缩液体的操作要十分小心，不能俯视加热的液体，加热的试管口更不能对着自己和别人，浓缩液体时，特别是有晶体出现之后，要不停搅拌，更不能离开工作岗位，尽可能戴上保护眼睛的面罩。

④ 绝对禁止在实验室内饮食、抽烟、娱乐、聊天（包括网上聊天、游戏）、打闹及做与实验无关的活动，以保证注意力集中，防止意外事故发生。

⑤ 有毒的药品（如铬盐、钡盐、铅盐、砷的化合物、汞及汞的化合物、氰化物等）严格防止进入口内或接触伤口。实验室清出的垃圾和试剂、药品空瓶（须清除掉余液和废渣后），要分别倒（放）到指定的位置。剩余的废液绝不允许倒入下水道，应回收后集中处理。

⑥ 浓酸、浓碱具有强腐蚀性，使用时，不要溅在皮肤或衣服上，更应注意保护眼睛，稀释时（特别是浓硫酸），应在不断搅动下将它们慢慢倒入水中，而不能相反进行，以免迸溅。

⑦ 使用的玻璃管或玻璃棒切割后马上将断口烧熔保持圆滑，玻璃碎片要放在回收容器内，绝不能丢在地面上或桌面上。

⑧ 使用电器时，要严格按照安全用电规定，使用人员不能离开现场。水、电、煤气使用完毕后要立即关闭。人人都有责任维护消防器材、消防设备和设施，无火险严禁擅自挪用、玩耍、损坏消防安全器材和设备。

⑨ 万一出现意外事故应根据实际情况采取如下原则进行处理：a. 报警，及时报警并尽快通知主管部门或报告保卫部门；b. 排险，通力排险抢救，有效地控制事态的发展，尽可能地将发生事故伴随的灾害损失和伤害降低到最低限度；c. 逃生，及时疏散避开危险，保护生命安全；d. 保护好现场。

⑩ 实验中和实验完毕后应及时消除安全隐患，每次实验结束后，必须认真检查水、电、气是否关闭或切断，是否存在安全隐患。应将双手洗净，才可离开实验室。

三、剧毒、易燃、易爆和具有腐蚀性药品的使用规则

① 使用者必须对所用药品的危险性、预防措施、应急措施了如指掌，使用时应严格遵守各项操作规程，使用易燃易爆物品时，严禁明火。

② 绝不允许把各种化学药品任意混合，以免发生意外事故。

③ 实验使用的易燃易爆物品应按实际使用量领取，用剩的化学危险品应及时按规定处理。危险物品的空容器、废液渣滓应予妥善处理，严禁随意抛弃。接触化学危险品、剧毒品的仪器设备和器皿必须有明确醒目的标记。使用后及时清洁，特别是维修保养或移至其他场地前必须进行彻底的净化。

④ 氢气与空气的混合物遇火要发生爆炸，因此产生氢气的装置要远离明火，点燃氢气前，必须检验氢气的纯度，进行产生大量氢气的实验时，应把废气通至室外，并要注意室内的通风。

⑤ 浓酸、浓碱具有强腐蚀性，不要把它们洒在皮肤或衣物上，废酸应倒入酸缸中，但不要往酸缸中倒碱液，以免因酸碱中和放出大量的热而产生危险，加热过的酸、碱经冷却后再分别倒入酸、碱缸中。

⑥ 强氧化剂（如氯酸钾、高氯酸）及其混合物（氯酸钾与红磷、碳、硫等的混合物）不能研磨，否则易发生爆炸。

⑦ 银氨溶液放久后会变成叠氮化银而引起爆炸，因此用剩的银氨溶液应及早处理，并注意回收。

⑧ 活泼金属钾、钠等不要与水接触或暴露在空气中，应将它们保存在煤油中，并用镊子取用。

⑨ 白磷有剧毒，并能灼伤皮肤，切勿让它与人体接触，白磷在空气中易自燃，应保存在水中，取用时，应在水下进行，切割后用镊子夹取。

⑩ 有机溶剂（乙酸、乙醚、苯、丙酮）易燃，使用时，一定要远离明火，用后要把瓶塞塞严，放在阴凉的地方，最好放入沙箱中。

⑪ 下列实验应在通风口或通风橱内进行：

a. 制备或反应产生具有刺激性的、恶臭的或有毒的气体（如 Hg、H_2S、Cl_2、I_2、CO、NO_2、SO_2、HF、Br_2、氰化物等）时；

b. 取用浓 $NH_3 \cdot H_2O$、浓 HCl、浓 HNO_3、Br_2 等易挥发试剂时；

c. 加热或蒸发 HCl、HNO_3 等时；

d. 某些产生有毒害气体的溶解或消化试样过程。

⑫ 氰化物有剧毒，砷盐和钡盐毒性也很大，都不能进入口内或接触伤口。汞易挥发，在人体内会积累起来，慢慢引起中毒，因此，不要把汞洒落在桌上或地面上，如遇洒落时，必须尽可能地把汞收集起来，并用硫黄粉盖在洒落的地方，以便把汞转变为硫化汞。

四、安全用电常识

违章用电常常可能造成人身伤亡、火灾、损坏仪器设备等严重事故，因此要特别注意安全用电。

为了保障人身安全，一定要遵守实验室安全规则。

(一) 防止触电

① 不用潮湿的手接触电器。

② 电源裸露部分应有绝缘装置（例如电线接头处应裹上绝缘胶布）。

③ 所有电器的金属外壳都应保护接地。

④ 实验时，应先连接好电路后再接通电源。实验结束时，先切断电源再拆线路。

⑤ 修理或安装电器时，应先切断电源。

⑥ 不能用试电笔去试高压电。使用高压电源应有专门的防护措施。

⑦ 如有人触电，应迅速切断电源，然后进行抢救。

(二) 防止引起火灾

① 使用的保险丝要与实验室允许的用电量相符。

② 电线的安全通电量应大于用电功率。

③ 室内若有氢气、煤气等易燃易爆气体，应避免产生电火花。继电器工作和开关电闸时，易产生电火花，要特别小心。电器接触点（如电插头）接触不良时，应及时修理或更换。

④ 如遇电线起火，立即切断电源，用沙或二氧化碳、四氯化碳灭火器灭火，禁止用水

或泡沫灭火器等导电液体灭火。

（三）防止短路

① 线路中各接点应牢固，电路元件两端接头不要互相接触，以防短路。

② 电线、电器不要被水淋湿或浸在导电液体中，例如实验室加热用的灯泡接口不要浸在水中。

（四）电器仪表的安全使用

① 在使用前，先了解电器仪表要求使用的电源是交流电还是直流电，是三相电还是单相电以及电压的大小（380V、220V、110V或6V）。须弄清电器功率是否符合要求及直流电器仪表的正、负极。

② 仪表量程应大于待测量。若待测量大小不明时，应从最大量程开始测量。

③ 实验之前要检查线路连接是否正确。经教师检查同意后方可接通电源。

④ 在电器仪表使用过程中，如发现有不正常声响，局部温升或嗅到绝缘漆过热产生的焦味，应立即切断电源，并报告教师进行检查。

五、灭火常识

（一）起火原因

一般起火的原因有四种：

① 可能的固态药品（如纤维制品）或液态药品（如乙醚）因接触明火或处于高温下而燃烧；

② 能自燃的物质由于接触空气或长时间的氧化作用而燃烧（如白磷的自燃）；

③ 化学反应（如金属钠与水的反应）引起的燃烧和爆炸；

④ 电火花引起的燃烧（例如，电热器材因接触不良而出现火花，导致附近可燃烧物质着火）。

（二）灭火

要根据起火的原因和火场周围的情况，采取不同的扑灭方法，起火后，不要慌乱，一般应立即采取以下措施。

1. 防止火势扩展

① 停止加热；

② 停止通风以减少空气（氧气）的流通；

③ 拉开电闸以免引燃电线；

④ 把一切可燃的物质（特别是有机物质和易爆的物质）移至远处。

2. 扑灭火焰

① 把沙土或石棉布覆盖在着火的物体上（实验室都应备有沙箱和石棉布，放在固定的地方）。

② 用泡沫灭火器喷射起火处，泡沫把燃烧的物质包围住，使火焰熄灭。

③ 由电器设备引起的火灾，要用四氯化碳灭火器或二氧化碳灭火器来扑灭，这是通过比水重的四氯化碳或二氧化碳气体使燃烧物体与空气隔绝而把火扑灭。当然，这种灭火器也适用于扑灭其他火灾。

④ 某些化学药品（如金属钠）着火时，不能用常规灭火方法，否则会引起更大的火灾，在这种情况下，应该用沙土来灭火。

六、意外事故的紧急处理

实验过程中，如发生意外事故，可采取如下救护措施。

① 玻璃割伤，伤口内若有玻璃碎片，须先挑出，然后涂上红药水并包扎。

② 烫伤，切勿用水冲洗。在烫伤处抹上黄色的苦味酸溶液、烫伤膏或万花油均可。

③ 酸（或碱）溅入眼内，立刻先用大量水冲洗，然后用饱和碳酸氢钠溶液（或硼酸溶液）冲洗，最后再用水冲洗。

④ 吸入刺激性或有毒气体，如吸入氯、氯化氢气体时，可吸入少量酒精和乙醚的混合蒸气使之解毒，吸入硫化氢气体而感到不适时，立即到室外呼吸新鲜空气。

⑤ 毒物进入口内，把 5~10mL 稀硫酸铜溶液加入一杯温水中，内服后，用手指伸入咽喉部，促使呕吐，然后立即送往医院治疗。

⑥ 触电，立即切断电源，在必要时进行人工呼吸。

七、"三废"处理

① 实验中要严格遵守国家环境保护工作的有关规定，不随意排放废气、废水、废物，不得污染环境。

② 实验过程会产生有害废气的实验应在通风橱中进行，把有毒气体排向高空。

③ 实验过程中的废液要倒入废液桶，不能直接倒入水池或下水道。实验结束后，经处理再统一倒入废液处理池。

④ 加强实验室剧毒品、危险品的使用管理，实验教师应详细指导并采用必要的安全防护措施，确保不污染环境。

⑤ 危险物品的空容器、变质料、废液渣滓应予妥善处理，严禁随意抛弃。

第三节　标准知识介绍

一、国际标准

国际标准是指国际标准化组织（ISO）、国际电工委员会（IEC）和国际电信联盟（ITU）所制定的标准，以及 ISO 出版的《国际标准题内关键词索引（KWIC Index）》中收录的其他国际组织制定的标准。

国际标准化组织（ISO）International Organization for Standardization 是目前世界上最大、最有权威性的国际标准化专门机构。

目前许多国家直接把国际标准作为本国标准使用。按照国际上统一的标准生产，如果标准不一致，就会给国际贸易带来障碍，所以世界各国都积极采用国际标准。

ISO 9000 族标准是国际标准化组织颁布的在全世界范围内通用的关于质量管理和质量保证方面的系列标准，目前已被 80 多个国家等同或等效采用，该系列标准在全球具有广泛深刻的影响，有人称之为 ISO 9000 现象。

符合 ISO 9000 族标准已经成为在国际贸易上买方对卖方的一种最低限度的要求，就是说要做什么买卖，首先看你的质量保证能力，也就是你的水平是否达到了国际公认的 ISO 9000 质量保证体系的水平，然后才继续进行谈判。可以说，通过 ISO 9000 认证已经成为企业证明自己产品质量、工作质量的一种护照。

ISO 9000 族标准中有关质量体系保证的标准有三个：ISO 9001、ISO 9002、ISO 9003。

ISO 9001 质量体系标准是设计、开发、生产、安装和服务的质量保证模式；

ISO 9002 质量体系标准是生产、安装和服务的质量保证模式；

ISO 9003 质量体系标准是最终检验和试验的质量保证模式。

二、我国标准的类别

按《中华人民共和国标准化法》的规定，我国标准分为国家标准、行业标准、地方标准和企业标准四类。

（一）国家标准

由国务院标准化行政主管部门制定的需要全国范围内统一的技术要求。

（二）行业标准

没有国家标准而又需在全国某个行业范围内统一的技术标准，由国务院有关行政主管部门制定并报国务院标准化行政主管部门备案的标准。

（三）地方标准

没有国家标准和行业标准而又需在省、自治区、直辖市范围内统一的工业产品的安全、卫生要求，由省、自治区、直辖市标准化行政主管部门制定并报国务院标准化行政主管部门和国务院有关行业行政主管部门备案的标准。

（四）企业标准

企业生产的产品没有国家标准、行业标准和地方标准，由企业制定的作为组织生产的依据的相应的标准，或在企业内制定适用的严于国家标准、行业标准或地方标准的企业（内控）标准，由企业自行组织制定的并按省、自治区、直辖市人民政府的规定备案（不含内控标准）的标准。

这四类标准主要是适用范围不同，不是标准技术水平高低的分级。

标准封面上部居中位置为标准类别的说明，如国家标准为"中华人民共和国国家标准"，机械行业标准为"中华人民共和国机械行业标准"。

三、标准的编号

在标准封面中标准类别的右下方为标准编号，标准编号由标准代号、顺序号和年号三部分组成。标准的编号由标准的批准或发布部门分配。

按《国家标准管理办法》、《行业标准管理办法》、《地方标准管理办法》和《企业标准管理办法》的规定，我国各类标准的代号如下：国家标准的代号为"GB"；行业标准的代号见表1-2；地方标准的代号为"DB××"，其中的××为省、自治区、直辖市行政区划代码前两位数；企业标准的代号为"Q/××"。

各类标准的编号形式分别为：

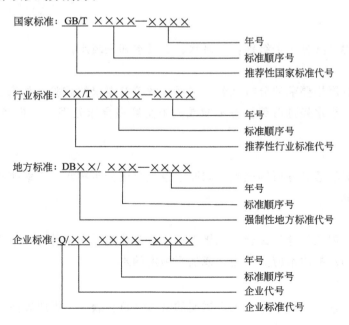

上述国家标准、行业标准的标准代号中，若没有"/T"，则为强制性标准。

表 1-2 我国行业标准代号一览表

序号	行业	行业标准代号	序号	行业	行业标准代号	序号	行业	行业标准代号
1	包装	BB	21	建材	JC	41	电子	SJ
2	船舶	CB	22	建筑工业	JG	42	水利	SL
3	测绘	CH	23	金融	JR	43	商检	SN
4	城镇建设	CJ	24	交通	JT	44	石油天然气	SY
5	新闻出版	CY	25	教育	JY	45	铁路运输	TB
6	档案	DA	26	旅游	LB	46	土地管理	TD
7	地震	DB	27	劳动和劳动安全	LD	47	体育	TY
8	电力	DL	28	粮食	LS	48	物资管理	WB
9	地质矿产	DZ	29	林业	LY	49	文化	WH
10	核工业	EJ	30	民用航空	MH	50	兵工民品	WJ
11	纺织	FZ	31	煤炭	MT	51	外经贸	WM
12	公共安全	GA	32	民政	MZ	52	卫生	WS
13	供销	GH	33	农业	NY	53	稀土	XB
14	广播电影电视	GY	34	轻工	QB	54	黑色冶金	YB
15	航空	HB	35	汽车	QC	55	烟草	YC
16	化工	HG	36	航天	QJ	56	通信	YD
17	环境保护	HJ	37	气象	QX	57	有色冶金	YS
18	海关	HS	38	商业	SB	58	医药	YY
19	海洋	HY	39	水产	SC	59	邮政	YZ
20	机械	JB	40	石油化工	SH	60	中医药	ZY

第四节 分析实验室用水规格和试验方法

GB 6682—92 对分析实验室用水的级别、技术要求和试验方法作了规定。

标准适用于化学分析和无机痕量分析等试验用水。可根据实际工作需要选用不同级别的水。

（一）级别

分析实验室用水共分三个级别：一级水、二级水和三级水。

1. 一级水

一级水用于有严格要求的分析试验，包括对颗粒有要求的试验。如高压液相色谱分析用水。一级水可用二级水经过石英设备蒸馏或离子交换混合床处理后，再经 $0.2\mu m$ 微孔滤膜过滤来制取。

2. 二级水

二级水用于无机痕量分析等试验，如原子吸收光谱分析用水。二级水可用多次蒸馏或离子交换等方法制取。

3. 三级水

三级水用于一般化学分析试验。三级水可用蒸馏或离子交换等方法制取。

分析实验室用水的原水应为饮用水或适当纯度的水。

（二）技术要求

分析实验室用水目视观察应为无色透明的液体并符合表 1-3 所列规格。

表 1-3　分析实验室用水的技术指标

名　称		一　级	二　级	三　级
pH 值范围(25℃)		—	—	5.0～7.5
电导率(25℃)/(mS/m)	≤	0.01	0.10	0.50
可氧化物质(以 O 计)/(mg·L^{-1})	<	—	0.08	0.4
吸光度(254nm,1cm 光程)	≤	0.001	0.01	—
蒸发残渣(105℃±2℃)/(mg·L^{-1})	≤	—	1.0	2.0
可溶性硅(以 SiO$_2$ 计)/(mg·L^{-1})	<	—	0.01	0.02

注：1. 由于在一级和二级水的纯度下，难以测定其真实的 pH 值，因此对一级和二级水的 pH 值范围国标不作规定。

2. 一级和二级水的电导率需用新制备的水在线测定。

3. 由于在一级水的纯度下，难以测定可氧化物质和蒸发残渣，故国标对其限量也不作规定，可用其他条件和制备方法来保证一级水的质量。

(三) 取样与储存

1. 容器

① 各级用水均使用密闭的、专用聚乙烯容器。三级水也可使用密闭的、专用玻璃容器。

② 新容器在使用前需用盐酸溶液（20%）浸泡 2～3 天，再用待测水反复冲洗，并注满待测水 6h 以上。

2. 取样

按本标准进行试验，至少应取 3L 有代表性的水样。

取样前用待测水反复清洗容器。取样时要避免沾污。水样应注满容器。

3. 储存

各级用水在储存期间，其沾污的主要来源是容器可溶成分的溶解、空气中二氧化碳和其他杂质。因此，一级水不可储存，使用前制备。二级水、三级水可适量制备，分别储存在预先经同级水清洗过的相应容器中。各级用水在运输过程中应避免沾污。

(四) 试验方法

在试验方法中，各项试验必须在洁净环境中进行。并采取适当措施，以避免对试样的沾污。试验中均使用分析纯试剂和相应级别的水。

试验方法具体内容参见 GB 6682—92 分析实验室用水规格和试验方法。

第二章 误差概念 有效数字 作图

一、测量中的误差

(一) 准确度和误差

① 准确度：在一定的条件下测定结果与真实值之间接近的程度（即测量的正确性），它可用误差来衡量。

② 误差：计量或测定中的绝对误差是指测定结果与真实值之间的差值。相对误差指绝对误差与真实值之比，即：

$$绝对误差(E) = 测定值(X_i) - 真实值(T)$$

$$相对误差(E_r) = 绝对误差(E)/真实值(T)$$

例：真实值为 0.1000g 的样品，称出的测定值为 0.1020g

$$绝对误差 = 0.1020 - 0.1000 = 0.0020(g)$$

$$相对误差 = 0.0020/0.1000 = 2.0\%$$

又：真实值为 1.0000g 的样品，称出的测定值为 1.0020g。

$$绝对误差 = 1.0020 - 1.0000 = 0.0020(g)（与上例相同）$$

$$相对误差 = 0.0020/1.0000 = 0.20\%（为上例的 1/10）$$

绝对误差与被测量的大小无关，而相对误差却与被测量的大小有关，从上例可知，若被测的量越大则相对误差越小，一般用相对误差来反映测定值与真实值之间的偏离程度（即准确度，比之用绝对误差更为合理）。

误差越小，说明测定的准确度越高。根据误差的表示，如果测定结果大于真实值，那么所得误差为正值，表明测定结果偏高，如果误差为负值，说明测定结果偏低。

(二) 精密度和偏差

(1) 精密度 在同一条件下，对同一样品进行多次重复测定时各测定值相互接近的程度，它可用偏差来衡量。

(2) 偏差 偏差又称为表观误差，是指个别测定值与测定的平均值之差。对于不知道真实值的场合，可以用偏差的大小来衡量测定结果的好坏。偏差与误差一样，也有绝对偏差与相对偏差之分：

$$绝对偏差(d) = 单次测定值(X) - 平均值(\overline{X})$$

$$相对偏差(d_r) = 绝对偏差(d)/平均值(\overline{X})$$

从相对偏差的大小可以反映出测量结果再现性的好坏，即测量的精密度，相对偏差小，则可视为再现性好，即精密度高。

(三) 产生误差的原因

产生误差的原因很多，根据误差产生的原因与性质，误差可以分为系统误差、随机误差及过失误差三类。

(1) **系统误差（可测误差）** 是指在一定的实验条件下，做多次重复测量时，由于某个或某些因素按某一确定的规律起作用而产生的误差。系统误差重复测量时会重复出现，即具有单向性。这些固定的因素通常有：实验方案不完善，所用的仪器准确度低，药品不纯，主观误差或操作误差等。系统误差可以用改善方法、校正仪器、提纯药品等措施来减小或校正。

(2) **随机误差** 在做多次重复测量时，即使操作者技能再高，工作再细致，每次测定的数据也不可能完全一致。而是有时稍偏高些，有时稍偏低些，这种误差产生的原因常难以察觉，此种在测定过程中一系列有关因素微小的随机波动而形成的具有相互抵偿性的误差称为随机误差（也称为偶然误差和不定误差）。从表面上看，随机误差的出现似乎没有任何规律性，但是，如果反复进行多次测定，就会发现随机误差的出现具有统计规律性。总的来说，大小相等的正、负误差出现的概率相等，小误差出现的机会多，大误差出现的机会少，特大的正、负误差出现的机会更小。这种误差的性质是：随着测定次数的增加，正负误差可以相互抵偿，误差的平均值将逐渐趋向于零。因此通常可采用"多次测定，取平均值"的方法来减小随机误差。

应该指出的是，系统误差与随机误差的划分也不是绝对的，有时很难区分。例如对于具有分刻度的吸量管，不同的吸量管误差可能是各不相同的。如果用几支吸量管吸取相同体积的同一溶液，所产生的误差属于随机误差；如果只用一只吸量管，几次吸取相同体积的同一溶液，造成的误差则应属于系统误差；但是，如果每次吸取溶液时使用不同的刻度区，由于不同刻度区的误差可能有大有小，有正有负，这时产生的误差就转化为随机误差。

(3) **过失误差** 除了以上两类误差外，在测定过程中，由于操作者粗心大意或不按操作规程办事而造成的测定过程中溶液的溅失、加错试剂、看错刻度、记录错误以及仪器测量参数设置错误等，都属于过失误差。这会对计量或测定结果带来严重影响，如果确知由于过失差错而引起了误差，则在计算平均值时应剔除该次测量的数据。只要我们加强责任感，严格遵守操作规程，过失差错是完全可以避免的。

二、有效数字

(一) 什么叫有效数字

各种测量都难免有误差，因此记录和计算测量的结果就与测量的误差相适应，不能超出测量的精确程度。例如：用 50mL 滴定管测量液体体积时可以准确到每格刻度 0.1mL，再在两个刻度之间进行估计，可以估计到 0.01mL，如果被观察的液面位于 24.1mL 和 24.2mL 之间的正中，那么就可记录为 24.15mL，在 24.15 这个数据中，24.1 是可靠的，而在小数点后第二位上的 5 则是估计的，有一定的误差。

有效数字是指在测量中所能测量到的具有实际意义的数字。也就是说，在一个数据中，除了最后一位是估计的或可疑的以外，其他各位都是确定的。

在确定有效数字的位数时，首先应注意数字"0"的意义。非零数字前面的"0"只起定位作用，与所取的单位有关，不是有效数字。例如某标准物质的质量为 0.0566g，若以毫克为单位，则应为 56.6mg。非零数字之间必为有效数字。非零数字后（视具体情况而定），如果作为普通数字用，例如 $c(NaOH)=0.2180 mol \cdot L^{-1}$，后面的一个"0"就是有效数字，表明该浓度有 ±0.0001 的误差；对于 3600 这样的数据，属于有效数字的位数不确定的情况。如果要将它表示为有效数字，最好是以指数形式表示，比如 3.6×10^3 或 3.60×10^3 等。有效数字的位数应与测量仪器的精度相对应。例如，如果计量要求使用 50mL 滴定管，由于它可以读到 ±0.01mL，那么数据的记录就必须而且只能计到小数点后第二位。对于化学计算中常遇到的一些分数和倍数关系，若为非测量值，由于它们都是自然数，则没有不定数字，应看成是足够有效。常遇到的 pH、pM、lgK 等对数值，它们有效数字的位数仅取决于小数部分的位数，整数部分只说明该数的方次，为定位数字，不是有效数字，例如 pH＝11.02，$c(H^+)=9.5\times10^{-12}$，它只有两位有效数字。另外若某一个数据第一位有效数字大于或等于 8，则有效数字的位数可以多算一位，如 8.37 虽然只有三位，但可以看作四位有效数字。

（二）有效数字的运算法则

一般实验中进行的各种测量所得到的数据大多是被用来计算实验结果的，而每种测量值的误差都要传递到结果里面。因此，我们必须运用有效数字的运算规则，做到合理取舍。既不无原则地保留过多位数使计算复杂化，也不舍弃任何尾数而使准确度受到损失。

舍去多余数字的过程称为数字修约过程，计算时应遵循先修约后运算的原则。数字修约规则（参见 GB 8170—87）目前多采用"四舍六入五留双"的规则。例如 3.1424、3.2156、5.6235、4.6245 等修约成四位数时应为 3.142、3.216、5.624、4.624。对数据不能进行二次修约，例 15.4546 修约间隔为 1，正确答案为 15，16 为错误答案。对误差处理只进不舍。如误差为 0.123 修约为两位时则为 0.13。

当测定结果是几个测量值相加或相减时，保留有效数字的位数取决于小数点后位数最少的一个，也就是绝对误差最大的一个。

如将 13.65、0.0082 和 1.632 加起来，所得的结果应取几位有效数字呢？我们知道它们的末位数字是估计的，会有一定的误差（被估计的数字下面划一横线表示），在末位数字之后，则还有一些估计不出来的未知数（用？表示），那么通过下面的运算便知，在所得的结果中，末位数字 9 又包含有一定的误差，以后的就更不用说了，故三个数值加起来的总和只能取 15.29。

减法运算也有类似情况，所以在加、减运算中，计算结果所保留的小数点后的位数，应与各个数值中其小数点后位数最少者相同。

在乘、除运算中，计算结果的有效数字位数应与各项中其有效位数最小者相同，例如：$20.03\times0.20=4.0$

```
      13.6 5?              20.0 3?
      0.008 2?          ×) 0.20?
    + ) 1.63 2?          ─────────
    ─────────                ?? ???
     15.29???              000 0?
                        +) 4 006?
                        ─────────
                          4.0?? ???
```

在进行较复杂的运算时，中间各步可以多保留一位数字，以免多次修约，造成误差的积累，但最后结果，只保留其应用位数。

三、实验记录与数据处理

（一）实验记录

实验记录是指在实验、研究过程中，应用实验、观察、调查或资料分析等方法，根据实际情况直接记录或统计形成的各种数据、文字、图表、声像等原始资料。

（1）实验记录的基本要求　真实、及时、准确、完整，防止漏记和随意涂改。不得伪造、编造数据。

（2）实验记录的内容　通常包括实验名称、实验目的、实验设计或方案、实验时间、实验材料、实验方法、实验过程、观察指标、实验现象、实验结果和结果分析等内容。

① 实验名称：每项实验开始前应首先注明课题名称和实验名称。

② 实验设计或方案：实验设计或方案是实验研究的实施依据。设计型、研究创新型实验记录的首页应有一份详细的实验设计或方案。

③ 实验时间：每次实验须按年月日顺序记录实验日期和时间。

④ 实验材料：实验材料的名称、来源、编号或批号；实验仪器设备名称、型号；主要试剂的名称、生产厂家、规格、批号及有效期；自制试剂的配制方法、配制时间和保存条件等。实验材料如有变化，应在相应的实验记录中加以说明。

⑤ 实验环境：根据实验的具体要求，对环境条件敏感的实验，应记录当天的天气情况和实验的微小气候（如光照、通风、洁净度、温度及湿度等）。

⑥ 实验方法：常规实验方法应在首次实验记录时注明方法来源，并简述主要步骤。改进、创新的实验方法应详细记录实验步骤和操作细节。

⑦ 实验过程：应详细记录实验研究过程中的操作，观察到的现象，异常现象的处理及其产生原因，影响因素的分析等。

⑧ 实验结果：准确记录计量观察指标的实验数据和定性观察指标的实验变化。

⑨ 结果分析：每次/项实验结果应做必要的数据处理和分析，并有明确的文字小结。

⑩ 实验人员：应记录所有参加实验研究的人员。

（3）实验记录用纸

① 实验记录必须使用统一专用的带有页码编号的实验记录本或专用纸。

② 计算机、自动记录仪器打印的图表和数据资料等应按顺序粘贴在记录本或记录纸的相应位置上，并在相应处注明实验日期和时间；不宜粘贴的，可另行整理并加以编号，同时在记录本相应处注明，以便查对。

③ 实验记录本或记录纸应保持完整，不得缺页或挖补；如有缺、漏页，应详细说明原因。

（4）实验记录的书写

① 实验记录本（纸）竖用横写，不得使用铅笔。实验记录应用字规范，字迹工整。

② 常用的外文缩写（包括实验试剂的外文缩写）应符合规范。首次出现时必须用中文加以注释。实验记录中属于译文的应注明其外文名称。

③ 实验记录应使用规范的专业术语、符号、简图，计量单位应采用国际标准计量单位，有效数字的取舍应符合实验要求。

（5）实验记录　不得随意删除、修改或增减数据。如必须修改，须在修改处画一斜线，不可完全涂黑，保证修改前记录能够辨认，并应由修改人签字，注明修改时间及原因。

（6）实验图片、照片　应粘贴在实验记录的相应位置上，底片装在统一制作的底片袋内，编号后另行保存。用热敏纸打印的实验记录，须保留其复印件。

（7）实验记录的签署、检查和存档　每次实验结束后，应由记录人和实验指导教师或实验负责人在记录后签名。

每项实验研究工作结束后，应按归档要求将实验研究记录整理归档。实验记录应妥善保存，避免水浸、墨污、卷边，保持整洁、完好、无破损、不丢失。

（二）数据处理

化学中的计量或测定所得到的数据往往是有限的。例如，在物质组成测定中，我们不可能也没必要对所要分析研究的对象全部进行测定，只可能是随机抽取一部分样品，所得到的测定值也只能是有限的。

在统计学中,把所要分析研究的对象的全体称为总体或母体。从总体中随机抽取一部分样品进行测定所得到的一组测定值称为样本或子样,每个测定值被称为个体。样本中所含个体的数目则称为样本容量或样本大小。例如要测定某批工业纯碱产品的总碱量。首先按照分析的要求进行采样、制备,得到200g样品。这些样品就是供分析用的总体。如果我们称取6份样品进行测定,得到6个测定值,那么这组测定值就是被测样品的一个随机样本,样本容量为6。那么如何用这些有限的测定值来正确地表示测定结果,对这种表示的可靠性有多大的把握,这就是化学统计学要解决的基本问题。

一般在表示测定结果之前,首先要对所测得的一组数据进行整理,排除有明显过失的测定值,然后对有怀疑但没有确凿证据的与大多数测定值差距较大的测定值采取数理统计的方法判断能否剔除,最后进行统计处理,报告出测定结果。

1. 测定结果的表示

通常报告的测定结果中应包括测定的次数、数据的集中趋势以及数据的分散程度几个部分。

(1) 数据集中趋势的表示 对于无限次测定来说,可以用总体平均值 μ 来衡量数据的集中趋势。对有限次测定一般有两种方法。

① 算术平均值 (arithmetical mean)。算术平均值简称平均值,以 $\bar{x}$ 表示:

$$\bar{x} = \frac{1}{n}\sum_{i=1}^{n} x_i = \frac{x_1 + x_2 + x_3 + \cdots + x_n}{n}$$

在消除系统误差的前提下,对于有限次测定值来说,测定值通常是围绕 $\bar{x}$ 集中的,当 $n \to \infty$ 时,$\bar{x} \to T$,因此 $\bar{x}$ 是 T 的最佳估计值。

② 中位数 (median)。将数据按大小顺序排列,位于正中的数据称为中位数。当 n 为奇数时,居中者即是,而当 n 为偶数时,正中两个数的平均值为中位数。

在一般情况下,数据的集中趋势以第一种方法表示较好。只有在测定次数较少,又有大误差出现,或是数据的取舍难以确定时,才以中位数表示。

(2) 数据分散程度的表示 数据分散程度的表示方法有多种,可以根据情况选用。

① 样本标准差 (sample standard deviation)。

对于无限次测定,可以采用总体标准差 (population standard deviation) σ (标准误差)衡量数据的分散程度。

$$\sigma = \sqrt{\frac{\sum_{i=1}^{n}(x_i - T)^2}{n}}$$

对于有限次测定,可采用样本标准差简称标准差 (标准偏差),以 S (或 σ_{n-1}) 表示。一般情况下常用它表示数据的分散程度。

$$S(\text{或}\ \sigma_{n-1}) = \sqrt{\frac{\sum_{i=1}^{n}(x_i - \bar{x})^2}{n-1}} = \sqrt{\frac{\sum_{i=1}^{n} d_i^2}{n-1}} \quad (n < 20)$$

式中,$n-1$ 称为偏差的自由度,以 f 表示。它是指能用于计算一组测定值分散程度的独立偏差数目。例如,在不知道真值的场合,如果只进行一次测定,$n=1$,那么 $f=0$,表示不可能计算测定值的分散程度,只有进行两次以上的测定,才有可能计算数据的分散程度。

显然当 $n \to \infty$ 时 $S \to \sigma$。因为 $n \to \infty$ 时，若不存在系统误差，$\bar{x} \to T$，$n-1$ 与 n 的区别可以忽略。

② 变异系数（variation coefficient）。

变异系数又称为相对标准差，以 CV（或 s_r）表示。

$$CV（或\ s_r）= \frac{S}{\bar{x}} \times 100\%$$

以上两种表示法应用较广，特别是样本较大的场合。如果测定次数较少，还可采用以下两种方法。

③ 极差（range）与相对极差。

极差又称为全距，以 R 表示

$$R = x_{\max} - x_{\min}$$

式中，$x_{\max}$ 表示测定值中的最大值；$x_{\min}$ 则表示测定值中的最小值。

$$相对极差 = \frac{R}{\bar{x}}$$

④ 平均偏差（average deviation）与相对平均偏差。

平均偏差

$$\bar{d} = \frac{\sum_{i=1}^{n}|x_i - \bar{x}|}{n}$$

相对平均偏差

$$\bar{d}_r = \frac{\bar{d}}{\bar{x}} \times 100\%$$

以上四种表示法常用于单样本测定时一组测定值分散程度的表示。如果我们是做多次的平行分析，也就是多样本测定，就会得到一组平均值 $\bar{x}_1, \bar{x}_2, \bar{x}_3, \cdots$，这时就应采用平均值的标准差来衡量这组平均值的分散程度。显然，平均值的精密度应比单次测定的精密度高。

⑤ 平均值的标准差。

平均值的标准差用 $S_{\bar{x}}$ 表示。统计学上可以证明，对有限次测定

$$S_{\bar{x}} = \frac{S}{\sqrt{n}}$$

同理，对无限次测定

$$\sigma_{\bar{x}} = \frac{\sigma}{\sqrt{n}}$$

从以上的关系可以看出，增加测定次数可以提高测定结果的精密度，但实际上增加测定次数所取得的效果是有限的。

从图 2-1 可见，开始时 $S_{\bar{x}}/S$ 随 n 的增加而很快减小，但在 $n>5$ 后变化就变慢了，而当 $n>10$ 时变化已很小。这说明实际上工作中测定次数无需过多，4～6 次已足够了。

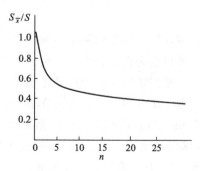

图 2-1　$S_{\bar{x}}/S$ 与 n 的关系

【例】 分析铁矿中铁含量得如下数据（%）：37.45、37.20、37.50、37.30、37.25，计算此结果的平均值、中位数、极差、平均偏差、标准偏差、变异系数和平均值的标准偏差。

解：平均值：$\bar{x}=\dfrac{37.45+37.20+37.50+37.30+37.25}{5}\%=37.34\%$

中位数：$M=37.30\%$

极差：$R=37.50\%-37.20\%=0.30\%$

各次测量偏差（%）分别是：

$d_1=+0.11, d_2=0.14, d_3=+0.16, d_4=-0.04, d_5=-0.09$

平均偏差：$\bar{d}=\dfrac{\sum|d_i|}{n}=\dfrac{0.11+0.14+0.16+0.04+0.09}{5}\%=0.11\%$

标准偏差：$S=\sqrt{\dfrac{\sum d_i^2}{n-1}}=\dfrac{\sqrt{0.11^2+0.14^2+0.16^2+0.04^2+0.09^2}}{5-1}\%=0.13\%$

变异系数：$CV=\dfrac{S}{\bar{x}}\times 100\%=0.35\%$

分析结果只需报告出 $\bar{x}$、S、n，即可表示出集中趋势与分散情况，无需将数据一一列出。上例结果可表示为：

$$\bar{x}=37.34\%, S=0.13\%, n=5$$

目前大多数计算器都具有一定的数理统计处理功能，应努力学会使用。

2. 置信度与置信区间

由有限的测定所得到的算术平均值总带有一定的不确定性，因此，在实际工作中如何确知用算术平均值来估计总体平均值的近似程度是很有意义的。这一问题就是我们要讨论的平均值的置信区间（confidence interval），简称置信区间或置信界限。

（1）随机误差的正态分布与置信度 标准正态分布曲线见图 2-2。

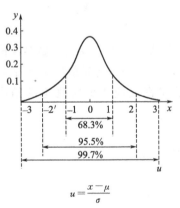

图 2-2 标准正态分布曲线

随机误差的出现是符合正态分布（normal distribution）规律的。统计学上可以证明，对于无限次测定，样本值 x 落在 $\mu\pm\sigma$ 范围内的概率为 68.3%；落在 $\mu\pm 2\sigma$ 范围内的概率为 95.5%；落在 $\mu\pm 3\sigma$ 范围内的概率为 99.7%。对后者来说，这意味着如果我们进行 1000 次测定，只有三次测定是落在 $\mu\pm 3\sigma$ 范围之外。显然在一般情况下，偏差超过 $\pm 3\sigma$ 的测定值出现的可能性是很小的，特别是在有限次测定中，出现这样大偏差的测定值照理说是不大可能的。所以一旦出现偏差超过 $\pm 3\sigma$ 的测定值，我们可以认为它不是由于随机误差造成的，应将它剔除。

根据随机误差的这种正态分布规律，对于无限次测定，如果在同样条件下，对同一样品再做一次分析，测定值 x 落在 $\mu\pm\sigma$ 范围内的概率会有 68.3%；落在 $\mu\pm 2\sigma$ 范围内的概率会有 99.5%；而落在 $\mu\pm 3\sigma$ 范围内的概率会有 99.7%。这种测定值在一定范围内出现的概率就称为置信度（confidence）或置信概率，以 P 表示；把测定值落在一定误差范围以外的概率 $(1-P)$ 称为显著性水准，以 α 表示。

（2）平均值的置信区间 对于有限次测定，我们一般是以标准差 S 来估计测定值的分散情况。用 S 来代替 σ 时，测定值或其偏差是不符合正态分布的，只有采用 t 分布来处理。

t 分布曲线是随自由度 f 而变的，与置信度也有关，所以统计量 t 一般要加脚注，即 $t_{\alpha,f}$ 当 $f \to \infty$ 时，t 分布也就趋近于正态分布，如图 2-3 所示。

对于有限次测定，置信区间是指在一定置信度下，以平均值 $\bar{x}$ 为中心，包括总体平均值 μ 在内的范围，即

$$\mu = \bar{x} \pm t_{\alpha,f} \cdot \frac{S}{\sqrt{n}}$$

式中，$t_{\alpha,f} \cdot \frac{S}{\sqrt{n}}$ 称为误差限或估计精度。$t_{\alpha,f}$ 可查表得到，一般人们是取 $P=0.95$ 时的 t 值，当然有时也可用 $P=0.90$ 或 $P=0.99$ 等。

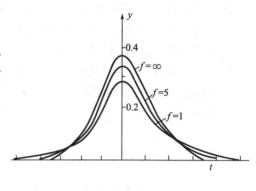

图 2-3　t 分布曲线

表 2-1　t 分布值表

自由度 f	置 信 度 P			
	0.05	0.90	0.95	0.99
1	1.00	6.31	12.71	63.66
2	0.82	2.92	4.30	9.93
3	0.76	2.35	3.18	5.84
4	0.74	2.13	2.78	4.60
5	0.73	2.02	2.57	4.03
6	0.72	1.94	2.45	3.71
7	0.71	1.90	2.37	3.50
8	0.71	1.86	2.31	3.36
9	0.70	1.83	2.26	3.25
10	0.70	1.81	2.23	3.17
20	0.69	1.73	2.09	2.85
∞	0.67	1.65	1.96	2.58

【例】　某水样总硬度测定的结果为：$n=5$，$\bar{\rho}_{\text{CaO}} = 19.87 \text{mg} \cdot \text{L}^{-1}$，$S=0.085$，求 P 分别为 0.90 或 0.95 时的置信区间。

解：查表 2-1，$P=0.90$ 时，$t_{0.10,4} = 2.13$。

$$\mu = \bar{\rho} \pm t_{\alpha,f} \cdot \frac{S}{\sqrt{n}} = 19.87 \pm \frac{2.13 \times 0.085}{\sqrt{5}} = 19.87 \pm 0.08 (\text{mg} \cdot \text{L}^{-1})$$

如果 $P=0.95$，查得 $t_{0.05,4} = 2.78$，那么

$$\mu = 19.87 \pm \frac{2.78 \times 0.085}{\sqrt{5}} = 19.87 \pm 0.10 (\text{mg} \cdot \text{L}^{-1})$$

这个结果说明：①就 $P=0.90$ 的情况来说，我们有 90% 的把握认为此水样的总硬度是在 19.79～19.95 之间，或者说，在 19.87±0.08 区间内包含总体平均值的把握有 90%；②由此例可以看出，置信度低，置信区间小，但是应注意，并不是置信度定得越低越好，因为置信度定得太低的话，判断失误的可能性就越大。

3. 可疑数据的取舍

在一组测定值中，人们往往发现其中某个或某几个测定值明显比其他测定值大得多或者小得多。这些数据又没有明显的过失原因。这种偏离的数据就叫可疑值（doubtable value）或离群值等。对可疑值不可随心所欲地抛弃，必须采用一定的方法加以判断。

常用的方法为 Q 检验法，除此之外，还有四倍法、格鲁布斯（Grubbs）法等。在此我们仅介绍其中的 Q 检验法（参见 GB 4471—84），这是用于处理测量次数较少（3～10 次）的测量中可疑值的舍弃的最好方法。

（1）Q 检验法 Q 检验法的基本步骤如下：

① 将测定值（包括可疑值）由小到大排列，即 $x_1 < x_2 < \cdots < x_n$。

② 求舍弃商值。

$$Q_\text{计} = \left| \frac{可疑值-临近值}{最大值-最小值} \right|$$

查 Q 表。表 2-2 为两种置信度下的 Q 表。

如果 $Q_\text{计} > Q_\text{表}$，则舍去可疑值，若 $Q_\text{计} \leq Q_\text{表}$ 则可疑值应保留。

表 2-2 两种置信度下舍弃可疑数据的 Q 表

测定次数	3	4	5	6	7	8	9	10
$P=0.90$	0.94	0.76	0.64	0.56	0.51	0.47	0.44	0.41
$P=0.95$	1.53	1.05	0.86	0.76	0.69	0.64	0.60	0.58

如果一组数据中不止一个可疑值，仍然可以参照以上步骤逐一处理。但在这种情况下最好采用格鲁布斯法。

置信水平的选择必须恰当，太低，会使舍弃标准过宽，即该保留的值被舍弃；太高，则使舍弃标准过严，即该舍弃的值被保留。当测定次数太少时，应用 Q 检验法易将错误结果保留下来。因此，测定次数太少时，不要盲目使用 Q 检验法，最好增加测定次数，可减少离群值在平均值中的影响，一般情况下可选择 $Q(0.90)$。

【例】 用邻苯二甲酸氢钾标定 NaOH 溶液浓度，四次结果分别为 $0.1955\text{mol} \cdot \text{L}^{-1}$、$0.1958\text{mol} \cdot \text{L}^{-1}$、$0.1952\text{mol} \cdot \text{L}^{-1}$、$0.1982\text{mol} \cdot \text{L}^{-1}$。问 0.1982 这一测定值能否舍去（取置信度 90%）。

解：按大小顺序排列：0.1952，0.1955，0.1958，0.1982

$n=4$，x_n 为可疑值，$Q_\text{计算} = \dfrac{x_n - x_{n-1}}{x_n - x_1} = \dfrac{0.1982 - 0.1958}{0.1982 - 0.1952} = \dfrac{0.1982 - 0.1958}{0.1982 - 0.1952} = 0.80$

查表 2-2，$Q_\text{计算} > Q_\text{表}$，说明 0.1982 这一测定值可以舍去，不参加数据处理。

（2）可疑数据的处理步骤 对于可疑数据的处理一般分以下几步：

① 尽可能从各方面查找原因，如系过失造成自然不必保留。

② 如没有明显的过失原因，一般就采用 Q 检验法判断，如果该可疑值不能舍去的话；此数据就必须参与数据处理。

③ 如果 $Q_\text{计算}$ 与 $Q_\text{表}$ 值相近，可疑值又无法舍弃时，一般可采用中位数报告结果；对要求较高的分析，则最好再测定一次或两次，然后再进行处理。

④ 定量分析结果的表示。

a. 待测组分的化学表示形式。

分析结果通常以待测组分实际存在形式的含量表示。例如，测得试样中氮的含量以后，根据实际情况，以 NH_3、NO_3^-、NO_2^- 等形式的含量表示分析结果。如果待测组分的实际存在形式不清楚，则分析结果最好以氧化物或元素形式的含量表示。电解质溶液的分析结果，常以所存在离子的含量表示，如以 K^+、Ca^{2-}、Cl^- 等的含量表示。

b. 待测组分含量的表示方法。

ⓐ 固体试样。

固体试样中待测组分的含量,通常以质量分数 w_A 表示。

在实际工作中通常使用符号 "‰",‰是质量分数的一种表示方法。

例如某铁矿中含铁的质量分数 $w_{Fe}=0.5643$ 时,可以表示为 $w_{Fe}=56.43\%$。

当待测组分含量非常低时,可采用 $\mu g \cdot g^{-1}$(或 10^{-6})、$ng \cdot g^{-1}$(或 10^{-9})和 $pg \cdot g^{-1}$(或 10^{-12})来表示。

ⓑ 液体试样。

液体试样中待测组分的含量可用下列方式来表示。

物质的量浓度 c_A,常用单位 $mol \cdot L^{-1}$。

质量摩尔浓度:表示待测组分的物质的量除以溶剂的质量,常用单位 $mol \cdot kg^{-1}$。

质量分数 w_A:量纲为1。

体积分数 φ:表示待测组分的体积除以试液的体积,量纲为1。

摩尔分数:表示待测组分的物质的量除以试液的物质的量,量纲为1。

质量浓度 ρ:以 $g \cdot L^{-1}$、$mg \cdot L^{-1}$、$\mu g \cdot L^{-1}$ 或 $\mu g \cdot mL^{-1}$、$ng \cdot mL^{-1}$、$pg \cdot mL^{-1}$ 等表示。

ⓒ 气体试样。

气体试样中的常量或微量组分的含量通常以体积分数表示。

⑤ 分析结果的处理与报告。

a. 一般分析。

平常的分析实验中,一般平行测定 2~3 次,按 $\overline{d_r}=(\overline{d}/\overline{x})\times 100\%$ 求出相对平均偏差,若 $\overline{d_r} \leqslant 0.2\%$,可视为符合要求,取其平均值作为分析结果报告。

b. 常规分析(例行分析)。

指一般日常生产中的分析。一般平行测定两次,若 $|x_1-x_2| \leqslant 2\times$公差,可视为符合要求,取其平均值作为分析结果报告。

c. 非例行分析中多次测定结果的统计处理。

ⓐ 可疑值(离群值)的舍弃——Q 检验法;

ⓑ 根据所有保留值,求出平均值 $\overline{x}$;

ⓒ 求出标准偏差

$$S(\text{或 } \sigma_{n-1})=\sqrt{\frac{\sum_{i=1}^{n}(x_i-\overline{x})^2}{n-1}}=\sqrt{\frac{\sum_{i=1}^{n}d_i^2}{n-1}} \qquad (n<20)$$

ⓓ 求出相对标准偏差(变异系数)

$$CV\%(\text{或 } s_r)=(S/\overline{x})\times 100\%$$

ⓔ 查 t 分布值表并求出置信水平为 95% 时的置信区间

$$\mu=\overline{x}\pm\frac{tS}{\sqrt{n}}$$

四、作图方法简介

将实验数据用几何图形表示出来的方法称为图解法。图解法是实验结果的常用表示方法之一，该法能简明地揭示出各变量之间的关系，例如数据中的极大、极小、转折点、周期性等都很容易从图像中找出来，有时，进一步分析图像还能得到变量间的函数关系，另外，根据多次测试的数据所描绘出来的图像，一般具有"平均"的意义，从而也可以发现和清除一些偶然误差，所以图解法在数据处理上也是一种重要的方法，利用图解法能否得到良好的结果，这与作图技术的高低有十分密切的关系。但在本书中应用到图解法处理数据的实验不多，所以现在只是简单地介绍用直角坐标纸作图的要点。

(一) 坐标标度的选择

最常用的作图纸是直角毫米坐标纸，习惯上一般以主变量作横轴，应变量作纵轴，坐标轴比例尺的选择一般应遵循下列原则：

① 要能表示出全部有效数字，使图上的最小分度与仪器的最小分度一致。也可采取读数的绝对误差在图纸上约相当于 0.5～1 个小格（最小分度），即 0.5～1mm，例如用分度为 1℃ 的温度计测量温度时，读数可能有 0.1℃ 的误差，则选择的比例尺应使 0.1℃ 相当于 0.5～1 小格，即 1℃ 等于 5 或 10 小格。

② 坐标标度应取方便易读的分度，即每单位坐标格子应代表 1、2 或 5 的倍数，而不要采用 3、6、7、9 的倍数。而且应该把数字标示在图纸逢五或逢十的粗线上。

③ 在不违反上述两原则的前提下，坐标纸的大小必须能包括所有必需的数据且略有宽裕，如无特殊需要（如直线外推求截距等）就不一定把变量的零点作为原点，可以只从稍低于最少测量的整数开始，这样可以充分利用图纸而且有利于保证图的精密度。

(二) 点和线的描述

① 点的描绘。代表某一读数的点可用一些特殊符号表示符号的重心所在即表示读数值，整个点的符号应有足够的大小可粗略地表示出测量误差的范围。

② 线的描绘。描出的线条必须平滑，尽可能接近（或贯串）大多数的点（并非要求贯串所有的点），并且使处于平滑曲线（或直线）两边的点的数目大致相等（图 2-4），这样描出的曲线（或直线）就能近似地表示出被测量的平均变化情况。

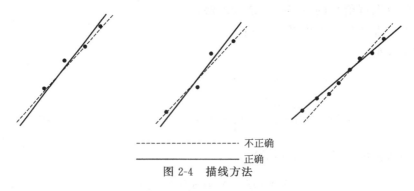

图 2-4 描线方法

③ 在曲线的极大、极小或转折处应多取一些点，以保证曲线所表示的规律的可靠性。

如果发现有特别点远离曲线，又不能判断被测物理量在此区域会发生什么突变，就要分析一下是否有偶然性的过失误差。如果确保为后一情况，描线时可不考虑这一点，但是如果重复实验仍有同样情况，就应在这一区间重复进行仔细的测量，搞清在此区域内是否存在某些必然的规律，并严格按照上述原则描线，总之，切勿毫无理由地丢弃离曲线较远的点。

④ 图作好后，要写上图的名称，注明坐标轴代表的量的名称、所用单位、数值大小以及主要的测量条件。

⑤ 若在同一图纸上画几条直（曲）线时，线的代表点需用不同的符号表示。

⑥ 目前随着计算机的普及，各种软件均有作图功能，应尽量使用。但在利用计算机作图时，也要遵循上述原则。

第三章 无机及分析化学实验常用仪器介绍与基本操作

第一节 无机及分析化学实验常用仪器介绍

见表 3-1。

表 3-1 实验仪器

仪　器		规　格	用　途	注意事项
试管	离心试管	分为硬质试管、软质试管、普通试管、离心试管 普通试管以外径×长度(mm)表示,如25×500、10×15 等,离心试管以容积(mL)表示	用作少量试剂的反应容器,便于操作和观察 离心试管还可以用于定性分析中的沉淀分离	可直接用火加热,硬质试管可以加热至高温。加热后不能骤冷,特别是软质试管更易破裂
烧杯	带把烧杯	以容积(mL)大小表示,外形有高、低之分	用作反应物量较多时的反应容器,反应物易混合	加热时应放置在石棉网上,使受热均匀
试管架		试管架有木质的、铝质的和特种塑料材质的	试管架放试管用	
试管夹		由木料和粗钢丝制成	加热试管时夹试管用	防止烧损或锈蚀
毛刷		以大小和用途表示,如试管刷、滴定管刷等	洗刷玻璃仪器	小心刷子顶端的铁丝撞破玻璃仪器

续表

仪　器	规　格	用　途	注意事项
圆底烧瓶	以容积(mL)大小表示	反应物多且需长时间加热时,常用它作反应容器	不能倒放
锥形瓶	以容积(mL)大小表示	反应容器振荡很方便,适用于滴定操作	不能倒放
碘量瓶	以容积(mL)大小表示	反应容器振荡很方便,适用于碘量法滴定操作	不能倒放
漏斗架	木制,有螺丝可固定于铁架台或木架上	用于过滤时支撑漏斗	活动的有孔板不能倒放
蒸馏头	玻璃质地的,磨口,以磨口最大端直径的毫米整数表示,如大端直径为14.5mm的其型号为14	蒸馏液体时,连接圆底烧瓶和冷凝管用	使用时注意各玻璃仪器的磨口大小要配套,保持磨口处洁净,特定情况下可在磨口处涂上润滑剂或真空脂等物质
量筒	以所能量度的最大体积(mL)表示	用于量度一定体积的液体	不能加热,不能用作反应容器

续表

仪 器	规 格	用 途	注意事项
容量瓶	以刻度以下的容积(mL)表示	配制准确浓度溶液时用,配制时液面应在刻度上	不能加热,磨口瓶塞是配套的,不能互换,不要打碎
称量瓶	以2×外径(mm)×高(mm)表示,分"扁形"和"长形"	要求准确称量一定量的固体时用	不能直接用火加热,盖子和瓶子是配套的,不能互换
干燥器	以外径(mm)大小表示,分普通干燥器和真空干燥器	内放干燥剂,可保持样品或产物的干燥	防止盖子滑动而打碎红热的物品,待稍冷后方能放入。未完全冷却前要每隔一定时间开一开盖子,以调节器内的气压
药勺	由牛角、瓷或塑料制成,现在多数是塑料制品	取用固体药品用,药勺两端各有一个勺,一大一小,根据取用药量多少选用	不能用于取灼热的药品
滴瓶　细口瓶　广口瓶	以容积(mL)大小表示	广口瓶用于盛放固体药品,滴瓶、细口瓶用于盛放液体药品,不带磨口塞子的广口瓶可用集气瓶	不能直接用火加热,瓶塞不能互换,如盛放碱液时,要用橡皮塞,不能用磨口瓶塞,以免时间长了,玻璃磨口瓶塞被腐蚀粘牢
表面皿	以口径(mm)大小表示	盖在烧杯上,防止液体迸溅	不能用火直接加热
漏斗　长颈漏斗	以口径(mm)大小表示	用于过滤等操作,长颈漏斗特别适用于定量分析中的过滤操作	不能用火直接加热

续表

仪　　器	规　格	用　途	注意事项
吸滤瓶和布氏漏斗	布氏漏斗为瓷质，以容量(mL)或口径(mm)大小表示，吸滤瓶以容积(mL)大小表示	两者配套使用于无机制备中晶体或沉淀的减压过滤，利用水泵或真空泵降低吸滤瓶中压力，以加速过滤	
分液漏斗　恒压漏斗	以容积(mL)大小和形状(球形、梨形)表示	用于互不相溶的液-液分离，也可用于少量气体发生器装置中加液	不能用火直接加热，磨口的漏斗塞子不能互换，活拴处不能漏液
洗瓶	以容积(mL)大小表示，有玻璃和塑料材质的	内装蒸馏水，用于洗涤常用玻璃仪器、沉淀等	塑料制品严禁加热，注意洗瓶的密封
蒸发皿	以口径(mm)或容积(mL)大小表示，有瓷、石英、铂等不同质地的	蒸发液体随液体性质不同可选用不同质地的蒸发皿	蒸发溶液时，能耐高温，但不宜骤冷
坩埚	以容积(mL)大小表示，有瓷、石英、铁、镍或铂等不同质地的	灼烧固体用，随固体性质不同可选用不同质地的坩埚	可直接用火灼烧至高温，灼热的坩埚不要直接放在桌上(可放在石棉网上)
坩埚钳	现多为不锈钢材质的	夹取坩埚用	防止被夹过灼热坩埚的坩埚钳烫伤

续表

仪 器	规 格	用 途	注意事项
石棉网	由铁丝编成，中间涂有石棉，有大小之分	加热时垫上石棉网能使物体均匀受热，不致造成局部过热	不能与水接触，以免石棉脱落或铁丝锈蚀
铁夹、铁环、铁架台		用于固定或放置反应器，铁环还可以代替漏斗架使用	
电加热套	是玻璃纤维包裹着电热丝织成帽状的加热器，以电加热套的容积(mL)表示	电加热套可以加热各种无机液体及固体药品，由于它不是明火加热，还可以用于加热和蒸馏有机物	应选择合适型号的加热器，要防止药品落入套内，以免腐蚀炉丝或造成连电，影响加热套的正常使用
研钵	以口径(mm)大小表示，有用瓷、玻璃或铁来制作的	用于研磨固体物质，按固体的性质和硬度选用不同的研钵	不能用火直接加热
研钵碾磨机	以进样尺寸、最终出样尺寸、批次加料量等指标表示	研钵碾磨机用于混合碾磨和研碎有机和无机的物质。可定时和连续操作。白杵压力调节	用于灰烬、水泥熔渣、土壤样品、化学制剂、药材、调味料、酵母细胞、食品、油料果实、制剂类、盐类、矿渣、硅酸盐等

第二节 无机及分析化学基本操作

一、常用仪器的洗涤和干燥

（一）仪器的洗涤

化学实验室经常使用各种玻璃仪器，而这些玻璃仪器是否干净，常常影响到实验结果的准确性，所以应该保证所使用的仪器是很干净的。"干净"两字所说的含义比我们日常生活中所说的干净程度的要求要高，它主要是指"不含妨碍实验准确性的杂质"的意思。

洗涤玻璃仪器的方法很多，应根据实验的要求、污物的性质和沾污程度来选用，一般来说，附着在仪器上的污物既有可溶性物质，也有尘土和其他不溶性物质，还有油污和有机物质，针对这种情况，可以分别采用下列洗涤方法。

（1）用水刷洗　这种方法既可以使可溶物，也可以使附着在仪器上的尘土和不溶物质脱落下来，但往往不能洗去油污和有机物质。

（2）用去污粉、肥皂或合成洗涤剂洗　市售的餐具洗涤灵是以非离子表面活性剂为主要成分的中性洗液，可配成1%～2%的水溶液（也可用5%的洗衣粉水溶液）刷洗仪器，肥皂或合成洗涤剂有去污功能已众所周知，不必重述。

去污粉是由碳酸钠、白土、细沙等混合而成，使用时，首先把要洗的仪器用水湿润（水不能多），撒入少许去污粉，然后用毛刷擦洗，碳酸钠是一种碱性物质，具有强的去污能力，而细沙的摩擦作用以及白土的吸附作用则增强了仪器清洗的效果，待仪器的内外器壁都经过仔细的擦洗后，用自来水冲去仪器内外的去污粉，要冲洗到没有微细的白色颗粒状粉末留下为止。最后，用蒸馏水冲洗仪器内壁三次，把自来水中带来的钙、镁、铁、氯等离子洗去，每次的蒸馏水用量要少一些，注意节约，这样洗出来的仪器的器壁就干净了，把仪器倒置时就会观察到仪器内壁上的水可以完全流尽而没有水珠附着在器壁上。

（3）用铬酸洗液洗　这种洗液的配制方法有好多种，例如将5g固体重铬酸钾溶于100mL工业浓硫酸中就可得到这种洗液。它具有很强的氧化性，对有机物和油污的去污能力特别强。在进行精确的定量实验时，往往遇到一些口小、管细的仪器，很难用上述的方法洗涤，这时就可以用铬酸洗液来洗。往仪器内加入少量洗液，使仪器倾斜并慢慢转动，让仪器内壁全部为洗液湿润，洗液转动几圈后，把洗液倒回原瓶内，然后用自来水把仪器壁上残留的洗液洗去。最后用蒸馏水洗三次。如果用洗液把仪器浸泡一定时间，或者用热的洗液洗，则效率更高，但要注意安全，不要让热洗液溅出，以免灼伤皮肤。能用别的洗涤方法洗干净的仪器，就不要用铬酸洗液洗，因为它具有毒性，流入下水道后对环境有严重污染。洗液的吸水性很强，应随时把装洗液的瓶子盖严，以防吸水，降低去污能力，洗液反复使用直到出现绿色（重铬酸钾还原成硫酸铬的颜色），就失去了去污能力，不能继续使用。

（4）特殊物质的去除　应该根据粘在器壁上的各种物质的性质，采用适当的方法或药品来处理，例如在器壁上的二氧化锰用浓盐酸来处理时，就很容易除去。

（5）用超声波洗涤　在超声波清洗器中加入含有合适洗涤剂的水溶液，接通电源，把用过的仪器放入，利用超声波振动的能量，就可以将其清洗干净，省时方便，适用于大量器皿同种污物的清洗。

凡是已洁净的仪器，绝不能再用布或纸来擦拭，否则，布或纸的纤维将会留在器壁上反而沾污仪器。

（二）仪器的干燥

（1）加热干燥　洗净的仪器可以放在电烘箱（控制在105℃左右）内烘干，应先尽量把水倒出，然后再放进去烘（图3-1），一些常用的烧杯、蒸发皿等可置于石棉网上用小火烤干（容器外壁的水珠先揩干），试管则可以直接用火烤干，但必须先使试管口向下倾斜，以免水珠倒流炸裂试管（图3-2）。火焰也不要集中在一个部位，应从底部开始，缓慢向下移至管口，如此反复烘烤到不见水珠后，再将管口朝上，把水汽烘赶干净。

玻璃仪器气流烘干器是使用玻璃仪器的各类实验室、化验室干燥玻璃仪器的适用设备。

它具有快速、节能、无水渍、使用方便、维修简单等优点。该烘干器有自动控制调温型（调温范围 40～120℃）和无调温型（图 3-3）。使用时将刷净的玻璃仪器倒置在其上，经过过滤的洁净热风被送到玻璃仪器的内壁，5～10min 即可干燥。

图 3-1　电烘箱

图 3-2　试管烘干

图 3-3　气流烘干机

（2）晾干和吹干　不急用的仪器在洗净后就可以放置于干燥处，任其自然晾干。

图 3-4　煤气灯

带有刻度的计量仪器，不能用加热的方法进行干燥，因为这样会影响仪器的精密度，可以加一些易挥发的有机溶剂（最常用的是酒精或酒精与丙酮体积比为 1∶1 的混合液）倒入已洗净的仪器中去，倾斜并转动仪器，使器壁上的水与有机溶剂互相溶解，然后倒出，少量残留在仪器中的混合液，很快挥发而干燥。例如利用压缩空气或气流烘干器往仪器中吹风，那就干得更快。

二、加热的方法

（一）加热用的装置

1. 煤气灯

煤气灯是化学实验室最常用的加热器具，使用十分方便，它的式样虽多，但构造原理是相同的。它由灯管和灯座所组成（图 3-4），灯管的下部有螺旋，与灯座相连，灯座下部还有几个圆孔，为空气的入口，旋转灯管，即可完全关闭或不同程度地开启圆孔，以调节空气的进入量。灯座的侧面有煤气的入口，可接上橡皮管把煤气导入灯内，灯座下面（或侧面）有一螺旋形针阀，调节煤气的进入量。当灯管圆孔完全关闭时，点燃进入煤气灯的煤气，此时的火焰为黄色（系炭粒发光所产生的颜色），煤气的燃烧不完全火焰温度并不高，逐渐加大空气的进入量，煤气的燃烧逐渐完全，并且火焰分为三层（图 3-5）。

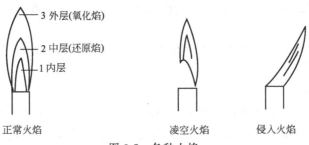
图 3-5　各种火焰

焰心（内层）——煤气和空气混合物并未燃烧，温度低，约为 300℃ 左右。

还原焰（中层）——煤气不完全燃烧，并分解为碳的产物，所以这部分火焰具有还原性，称"还原焰"，温度较前者为高，火焰呈淡蓝色。

氧化焰（外层）——煤气完全燃烧，过剩的空气使这部分火焰具有氧化性，称"氧化焰"。温度在三层中最高，最高温度处在还原焰顶端上部的氧化焰中，约为800～900℃（煤气的组成不同，火焰的温度也有所差异），火焰呈淡紫色，实验时一般都用氧化焰来加热。

当空气或煤气的进入量调节得不合适时，会产生不正常的火焰（图3-5）。当煤气和空气的进入量都很大时，火焰就凌空燃烧，称为"凌空火焰"。待引燃用的火柴熄灭时，它也立刻自行熄灭，当煤气进入量很小，而空气进入量很大时，煤气会在灯管内燃烧而不是在灯管口燃烧，这时还能听到特殊的嘶嘶声和看到一根细长的火焰。这种火焰叫做"侵入火焰"。它将烧热灯管，一不小心就会烫伤手指。有时在煤气灯使用过程中，煤气量突然因某种原因而减少，这时就会产生侵入火焰，这种现象称为"回火"，遇到凌空火焰或侵入火焰时，就需关闭煤气门，重新调节和点燃。

2. 酒精灯

在没有煤气的地方常利用酒精灯和酒精喷灯加热。前者用于温度不需太高的实验，后者则用于温度高的实验。

酒精灯是玻璃制品，有一个带有磨口的玻璃帽（图3-6）。

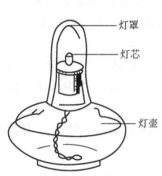

图3-6 酒精灯的构造

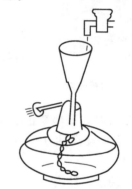

图3-7 往酒精灯内添加酒精

使用时注意以下几点：

① 使用时先取下玻璃帽，提起灯芯瓷质套管，用口轻轻向内吹一下，以赶走其中聚集的酒精蒸气，放下套管，拨开灯芯，然后用火柴点燃。绝不允许用一个燃着的酒精灯点燃另一个酒精灯。

② 用完后要盖上磨口玻璃帽，使火焰隔绝空气后自行熄灭，绝不允许用嘴去吹灭，火焰熄灭后片刻，可将玻璃帽打开一次，通一通气，否则下次使用时会打不开帽子。

③ 添加酒精必须在熄灭火焰之后进行。要借助一个小漏斗来加酒精，以免洒出（图3-7）。酒精不能装得太满，以不超过灯的容积的2/3为宜，灯外不得沾洒酒精。

3. 酒精喷灯

（1）挂式酒精喷灯　常用的挂式酒精喷灯是由金属制成的（图3-8）。灯管下部有一个预热盆2。盆的下方有一支管，经过橡皮管6与酒精储缸8相通，使用时先将储缸挂在高处，将预热盆2中装满酒精并点燃，待盆内酒精近干时，灯管5已被灼热，开启灯管的开关1，从储缸流进热灯管的酒精立即气化，并与气孔进来的空气混合，即可

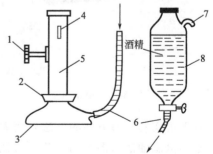

图3-8 挂式酒精喷灯

1—开关；2—预热盆；3—底座；4—通气孔；
5—灯管；6—橡皮管；7—气孔；8—酒精储缸

在管口点燃，调节灯管的开关，可以控制火焰的大小。

使用时必须注意：

① 若喷灯的灯管未烧至灼热，酒精在灯管内不能完全气化，会有液态酒精从管口喷出，形成"火雨"，甚至引起火灾，因此，在点燃前必须保证灯管充分预热，并在开始时可使开关小些，待观察火焰正常和没有火雨之后，再逐渐调大。

② 灭火时，先关闭酒精储缸的开关，再关闭喷灯的开关。

(2) 座式酒精喷灯　如图 3-9 所示。使用座式酒精喷灯时注意以下几点：

① 首先用漏斗从油孔注入酒精，不超过酒精缸的 4/5（约 250mL），将盖拧紧，避免漏气，然后倾倒一下，以使立管内灯芯被酒精湿润以防灯芯烧焦。

② 每次使用前必须用通针将喷火孔扎通，因喷火孔为 Φ0.55mm 容易堵塞，以致不能引燃。

③ 在引火碗内注入少量酒精，作引火用。

④ 一切准备就绪后，用火柴将引火碗内酒精点燃，待酒精快燃尽时，喷火管即行喷火，但如遇到引火点燃一次至两次不着，必须查找原因（喷火孔堵塞，无宝螺母胶垫是否压紧），不得继续引燃以防发生事故。

⑤ 调节火力时，须旋转上下调火之"旋钮"向上移至适当位置，待达到火力集中，喷火强烈时，拧紧固定，即可工作。

图 3-9　座式酒精喷灯

⑥ 使用喷灯时，下部禁止附加任何热源。

⑦ 火焰温度最高达 1000℃，最低保持 200℃，可连续工作 45min，消耗酒精量约为 250mL。

4. 水浴、油浴、沙浴

当被加热物质要求受热均匀而温度又不能超过 100℃ 时，可用电水浴锅加热，例如蒸发浓缩溶液时，可将蒸发皿放在水浴锅的铜圈或铁圈上，利用蒸汽加热（图 3-10），水浴中的水量一般不超过 2/3 高度，蒸发皿受热面积尽可能增大但又不能浸入水里，如果加热的容器是锥形瓶或小烧杯等，可直接浸入水浴中。

图 3-10　电水浴锅

图 3-11　恒温油浴锅

在无机实验中最方便的办法是用大一些的烧杯代替水浴锅。

电热恒温油浴（图 3-11）广泛应用于蒸馏、干燥、浓缩以及浸渍化学药品或生物制品。控温范围一般为室温至 300℃。油浴可使用矿物油、硅油、聚乙二醇等。由于油浴有较高的热容量，热得缓慢，在使用前最好先预热。

当加热温度高于 200℃ 时，也可以采用沙浴加热。

被加热的器皿下部埋在沙中（图 3-12）。若要测量温度，可把温度计插入沙中。

图 3-12　电沙浴锅　　　　　　　　　　　图 3-13　电热套

5. 电炉、电热套、管式炉和马弗炉

电炉可以代替酒精灯或煤气灯用于加热盛于容器中的液体，温度的高低可以通过调节电阻来控制。容器（烧杯或蒸发皿）和电炉之间要隔一块石棉网，保证受热均匀。

当需要在100℃以上加热时，最好使用电热套（图 3-13 和图 3-14），它安全、快速、方便，又不产生明火。电热套用无碱玻璃纤维作绝缘材料，将镍铬合金丝簧装置其中为加热源，用轻质保温棉高压定形的半球形保温套保温，有的电热套还设有内外热电偶转换器件，可精确显示控制电热套温度，转换后又可精确显示控制瓶内溶液温度。控温范围一般为室温至 400℃。需要注意的是电热套不能加热空烧瓶，以免烧坏仪器。

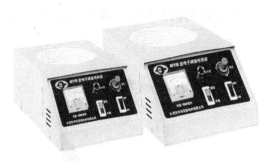

图 3-14　电热套内套

管式炉（图 3-15）有一管状炉膛，利用电热丝或硅碳棒来加热，温度可以调节，用电热丝加热的管式炉最高使用温度为850℃，用硅碳棒加热的管式炉最高使用温度可达到1300℃，炉膛中可插入一根耐高温的瓷管或石英管，瓷管中再放入盛有反应物的瓷盘，反应物可以在空气气氛或其他气氛中受热。

马弗炉（图 3-16）也是一种用电热丝或硅碳棒加热的炉子。它的炉膛是长方体，有一炉门，打开炉门就很容易放入要加热的坩埚或其他耐高温的器皿，最高使用温度有 950℃和 1300℃。

管式炉和马弗炉的温度测量不能用温度计而要用一种高温计，它是由一种热电偶和一只毫伏表所组成的，热电偶是由两根不同的金属丝焊接一端制成的（例如一根是镍铬丝，另一根是镍铅丝），把未焊接在一起的那一端连接到毫伏表的（+）、（-）极上，将热电偶的焊接端深入炉膛中，炉子温度愈高，金属丝发生的热电势也愈大，反映在毫伏表上，指针偏离零点也愈远，这就是高温计指示炉温的简单原理。

图 3-15 管式炉

图 3-16 马弗炉

有时需要控制炉温在某一温度附近，这时只要把热电偶和一支接入线路的温度控制器连接起来，使炉温升到所需温度时控制器就会把电源切断，使炉子的电热丝断电停止工作，炉温就停止上升，由于炉子的散热，炉温稍低于所需温度时，控制器又把电源连通，使电热丝工作而炉温上升、不断交替，就可把炉温控制在某一温度附近。

GSL1600X 真空管式高温炉以硅钼棒为发热元件，额定温度为 1500℃，采用 B 型双铂铑热电偶测温和 708P 温控仪自动控温，具有较高的控温精度（±1℃）。此外该炉具有真空装置，可在多种气氛下工作，大大提高了其使用范围。

WM-1 微波马弗炉（图 3-17）采用大功率双磁控管加热，由微波功率发射系统、专利聚能热辐射腔和可编程温度监控系统组成，具有升温速度快（室温至 900℃ 仅需 30min）、低耗能、洁净等诸多特点，可改善实验室环境，全过程精确控温，无需炭化过程直接完成灰化。

图 3-17 微波马弗炉

图 3-18 陶瓷纤维马弗炉

陶瓷纤维马弗炉（图 3-18）为陶瓷纤维炉膛，加热温度均匀、升温速度快（升到 1000℃ 约 10min），采用优质 PID 电脑温度控制器，保证温度的准确控制。节能性能好，是普通马弗炉能耗的 40% 左右。

（二）常用加热操作

1. 直接加热试管中的液体或固体

加热时应该用试管夹夹住（即使短暂加热也不要用手拿），加热液体时，试管应稍倾斜（图 3-19），管口向上，管口不能对着别人或自己，以免溶液在煮沸时迸溅到脸上，造成烫伤。液体量不能超过试管高度的 1/3，加热时，应使液体各部分受热均匀，先加热液体的中上部,且慢慢往下移动,然后不时地上下移动,不要集中加热某一部分,否则易造成局部沸腾而迸溅。

图 3-19 加热试管中液体

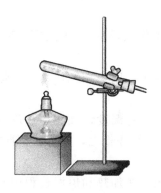
图 3-20 加热试管中固体

图 3-21 加热烧杯

在试管中加热固体的方法不同于加热液体,管口应略向下倾斜(图 3-20),防止释放出来而冷凝的水珠倒流到试管的灼热部分而使试管破裂。

2. 加热烧杯、烧瓶中的液体

烧杯、烧瓶加热时都要放在石棉网上(图 3-21),烧瓶还要用铁夹固定在铁架上,所盛液体不超过烧杯容积的 1/2 和烧瓶的 1/3,烧杯加热时还要适当搅动内容物,以防暴沸。

3. 蒸发(浓缩)

当溶液很稀而制备的无机物的溶解度又较大时,为了能从中析出该物质的晶体,需通过加热,使水分不断蒸发,溶液不断浓缩,蒸发到一定程度时冷却,就析出晶体,当物质的溶解度较大时,必须蒸发到溶液表面出现晶膜时才停止,当物质的溶解度较小或高温时溶解度大而室温时溶解度小,此时不必蒸发到液面出现晶膜就可冷却,蒸发是在蒸发皿中进行的,蒸发的面积较大,有利于快速浓缩,蒸发皿中放液体的量不要超过其容量的 2/3,如无机物对热是稳定的,可以用煤气灯直接加热(应先均匀加热),否则用水浴间接加热。

4. 干燥

(1) 电热干燥箱 通常称之为烘箱或干燥箱(图 3-22),是利用电热丝隔层加热通过空气对流使物体干燥的设备。实验室用的电热干燥箱适用于在高于室温 5℃至最高达 300℃范围内恒温烘烤,干燥试样、试剂、器皿、沉淀等物料及测定水分等。

图 3-22 电热恒温鼓风干燥箱

图 3-23 红外干燥箱

图 3-24 真空干燥箱

电热干燥箱的型号很多,生产厂家为突出其某一附加功能,常常标以不同的名称,如市场上常见的电热干燥箱有:电热恒温干燥箱、电热鼓风干燥箱、电热恒温鼓风干燥箱、电热真空干燥箱等。但它们的结构基本相似,主要由箱体、电热系统和自动恒温控制系统三部分组成。

电热干燥箱使用时应注意：

① 易挥发的化学药品、低浓度爆炸的气体、低着火点气体等易燃易爆和具有腐蚀性的物质不能在电热干燥箱中使用。

② 使用快速辅助加热时，工作人员应在现场不断观察升温情况，待升至所需温度时，将开关拨到恒温挡。

③ 试剂和玻璃仪器要分开烘干，以免相互污染。干燥箱内物品之间应留有空间，不可过密。

④ 使用无鼓风的干燥箱时，应将温度计插在距被烘物较近位置，以便准确指示和控制温度。另外，不允许将被烘物放在箱底板上，因为底板直接受电热丝加热，温度大大超过干燥箱所控制的温度。

⑤ 有鼓风装置的电热干燥箱，在加热和恒温过程中必须将鼓风机开启，否则影响工作室温度的均匀性和损坏加热元件。

⑥ 干燥箱使用时，顶部的排气阀应旋开一定间隙，以便让水蒸气逸出，停止使用时应及时将排气阀关闭，以防潮气和灰尘进入。

⑦ 当需要观察箱内物品情况时，可打开外门通过玻璃观察，但箱门应尽量少开，以免影响恒温。特别是工作温度超过200℃时，打开箱门有可能使玻璃门骤冷而破裂。

(2) 红外干燥箱　红外干燥箱（图3-23）则是利用加热元件所产生的红外线透入被加热物体内部，当它被被加热物体吸收时可直接转变为热能，因此加热速度快，可获得快速干燥之效果；红外干燥能耗少，可节约能源，效果显著；使用方便，可提高产品质量，是一种理想的有广阔前景的干燥设备。近几年，已逐步推广，广泛取代传统电热干燥箱，温度最高可达500℃。

(3) 真空干燥箱　真空干燥箱（图3-24）用于在真空条件下对物品进行加热、干燥等实验，真空干燥箱工作温度范围多为室温+10℃至250℃。

图3-25　实验室微波炉

(4) 微波炉　微波炉是一种用微波加热的现代化加热干燥设备（图3-25）。微波通常是指波长为1mm～1m的无线电波，其对应的频率为300GHz到300MHz。为了不干扰雷达和其他通信系统，微波炉的工作频率多选用915MHz或2450MHz。微波主要针对于产品内带有极性分子的物质进行加热，如水分子。

微波加热的原理简单来说，是：当微波辐射到物品上时，若物品含有一定量的水分，则极性水分子的取向将随微波场而变动。由于极性水分子的这种运动，以及相邻分子间的相互作用，产生了类似摩擦的现象，使水温升高，因此，物品的温度也就上升了。用微波加热的物品，因其内部也同时被加热，使整个物体受热均匀，升温速度也快。

微波炉由电源、磁控管、控制电路和物品室等部分组成。电源向磁控管提供大约4000V高压，磁控管在电源激励下，连续产生微波，再经过波导系统，耦合到物品室内。在物品室的进口处附近，有一个可旋转的搅拌器，因为搅拌器是风扇状的金属，旋转起来以后对微波具有各个方向的反射，所以能够把微波能量均匀地分布在物品室内。微波炉的功率范围一般为 500～1000W。

微波炉可准确地控制微波处理产品的时间，可根据其物料的含水量进行相应的调整。微波炉可即刻启动，瞬时加热、瞬时停止，无热惯性，其能源的有效应用率为 70% 以上。

实验用微波炉是专门为各科研机构、大专院校的化学、食品、医药实验室设计的用于微波消解、微波萃取、微波加热、微波浓缩、微波水解、微波有机合成等一系列实验的专业设备。

微波功率 0～700W 线性可调，红外测温 0～350℃；底部旋波馈入微波能；配桨式搅拌器转速可调；可选配压力容器、耐高温容器、真空容器，可定时加热。

5. 灼烧

(1) 煤气灯或酒精喷灯　当需要在高温加热固体时，可把固体放在坩埚中用氧化焰燃烧（图 3-26），不要让还原焰接触坩埚底部，以免在坩埚底部结上黑炭，以致坩埚破裂，开始，先用小火烘烧坩埚，使坩埚受热均匀，然后加大火焰灼烧。

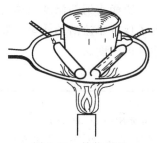

图 3-26　灼烧坩埚

要夹取高温下的坩埚时，必须使用干净的坩埚钳。先在火焰旁预热一下钳的尖端，再去夹取，坩埚钳用后，应平放在桌上（如果温度很高，则应放在石棉网上），尖端向上，保证坩埚钳尖端洁净。当灼烧温度要求不很高时，也可以在瓷蒸发皿中进行。

(2) 微波灰化系统/微波马弗炉　是针对传统马弗炉耗时长，易产生污染烟雾等缺点而推出的一种广泛应用于各行业的微波灰化仪器（图 3-27），它与传统马弗炉相比可以节约 97% 的时间。它能够进行各种有机物和无机物的灰化、磺化、熔融、烘干、蜡烧除、熔合、热处理以及灼烧残渣、烧失量等的测试。

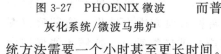

图 3-27　PHOENIX 微波
灰化系统/微波马弗炉

产品特点：

① 高效。

a. 升温速度快且易控制：几分钟内就可由室温程序升温至 1000～1200℃，较普通马弗炉快 100 倍。

b. 无需炭化过程，直接灰化：省略了样品放进马弗炉前蒸发水分、燃烧除去有机物的炭化过程。

c. 灰化时间短：大部分样品 10min 之内就可灰化完全，而普通马弗炉却需要几个小时甚至几十个小时。

d. 瞬间冷却：灰化完成后只需 6s 即可冷却至室温，传统方法需要一个小时甚至更长时间。

② 精确。

a. 可编程、易操作的微处理程序控制灰化过程：解放了人力，当系统与外接天平连接时测试结果以灰化百分比或残留百分比实时显示。

b. 精密的温度控制：独特的闭环温度控制设计，可设置和诊断以及温度标定，炉内各点温差不超过 5℃。

③ 安全。

a. 专利聚能热辐射灰化腔及红外传感装置用于防护微波外泄及仪器的意外损坏。

b. 内部的安全锁定机制可在任何意外情况下停止操作。

c. 内置的软件程序可对机内重要组件进行监控，防止过热反应引起仪器损害。

三、冷却方法与制冷剂

实验室常用冷却方法如下。

（1）流水冷却　需冷却到室温的溶液可用此法。将需冷却的物品直接用流动的自来水冷却。

（2）冰水冷却　将需冷却的物品直接放在冰水中。

（3）冰盐浴冷却　冰盐浴由容器和冷却剂（冰盐或水盐混合物）组成，可冷至 273K 以下。所能达到的温度由冰盐的比例和盐的品种决定，干冰和有机溶剂混合时，其温度更低。为了保持冰盐浴的效率，要选择绝热较好的容器，如杜瓦瓶等。表 3-2 是常用的制冷剂及其达到的温度。

表 3-2　制冷剂及其达到的温度

制 冷 剂	T/K	制 冷 剂	T/K
30 份 NH_4Cl＋100 份水	270	125 份 $CaCl_2 \cdot 6H_2O$＋100 份碎冰	233
4 份 $CaCl_2 \cdot 6H_2O$＋100 份碎冰	264	150 份 $CaCl_2 \cdot 6H_2O$＋100 份碎冰	224
29g NH_4Cl＋18g KNO_3＋冰水	263	5 份 $CaCl_2 \cdot 6H_2O$＋4 份冰块	218
100 份 NH_4NO_3＋100 份水	261	干冰＋二氯乙烯	213
75g NH_4SCN＋15g KNO_3＋冰水	253	干冰＋乙醇	201
1 份 NaCl(细)＋3 份冰水	252	干冰＋乙醚	196
100 份 NH_4NO_3＋100 份 $NaNO_3$＋冰水	238	干冰＋丙酮	195

图 3-28　低温恒温槽

（4）精密低温恒温槽　其是自带制冷和加热的高精度恒温源，低温和恒温循环器两用。可在机内水槽进行恒温实验，或通过软管与其他设备相连，作为恒温源配套使用，本系列有各种规格，可根据温度范围（-5℃、-10℃、-20℃、-30℃、-40℃、-60℃、-80℃）、内胆容积（3L、6L、15L、20L、30L）来选择（图 3-28）。

四、玻璃操作和塞子钻孔

（一）截断玻璃管（棒）的操作

第一步：将玻璃管平放在桌子上，用锉刀的棱或小砂轮片（或破瓷片的断口）在左手拇指按住玻璃管的地方用力锉出一道凹痕（图 3-29）。应该向一个方向锉，不要来回锉，锉出来的划痕应与玻璃管垂直，这样才能保证锉出来的玻璃管截面是平整的。然后双手持玻璃管（凹痕向外），用拇指在凹痕的后面轻轻外推，同时用拇指和食指把玻璃管向外拉，以折断玻璃管（图 3-30），截断玻璃棒的操作与截断玻璃管相同。

第二步：玻璃管的截断面很锋利，容易把手划破，且难以插入塞子的圆孔内，所以必须在煤气灯的氧化焰中熔烧，要缓慢地转动玻璃管使熔烧均匀，直到熔烧均匀为止（图3-31）。灼热的玻璃管，应放在石棉网上冷却，不要放在桌子上，也不要用手去摸，以免烫伤。

玻璃棒也同样需要熔烧。

图 3-29　玻璃管的锉割

图 3-30　玻璃管的截断

图 3-31　熔烧玻璃管的端截面

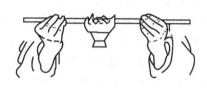
图 3-32　加热玻璃管方法

(二) 弯曲玻璃管的操作

第一步：先将玻璃管用小火预热一下，然后双手持玻璃管，把要弯曲的地方斜插入氧化焰中，以增大玻璃管的受热面积（也可以在煤气灯下罩以鱼尾灯头扩展火焰）（图 3-32）。同时缓慢而均匀地转动玻璃管，两手用力均等，转速要一致，一面玻璃管在火焰中扭曲，加热到它发黄变软。

第二步：自火焰中取出玻璃管，稍等一两秒钟，使各部温度均匀，准确把它弯曲到所需的角度（注意不要慌乱）。弯曲的正确手法是"V"字形，两手在上方，玻璃管的弯曲部分在两手中间的下方（图 3-33），弯好后，待冷却变硬再把它放在石棉网上继续冷却。冷却后，应检查其角度是否准确，整个玻璃管是否处于同一平面上，图 3-34 是玻璃管弯得好坏的比较。

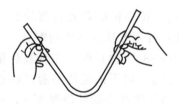
图 3-33　弯曲玻璃管手法

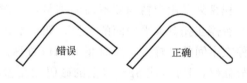
图 3-34　弯管好坏的比较

120°以上的角度，可以一次弯成，较小的锐角可分几次弯成，先弯成一个较大的角度，然后在第一次受热部位的稍偏左和稍偏右处进行第二次加热和弯曲、第三次加热和弯曲，直到弯成所需的角度位置。

(三) 拉玻璃管的操作

拉玻璃管时加热玻璃管的方法与弯玻璃管时基本上一样，不过要烧得更软一些，玻璃管应烧到红黄时才从火焰中取出，顺着水平方向边拉边来回转动玻璃管（图 3-35），拉到所需的细度时，一手持玻璃管，使玻璃管竖直下垂。冷却后，可按需要截断。如果要求细管部分具有一定的厚度（如滴管），需在烧软玻璃管过程中一边加热一边用手轻轻向中间用力挤压，使中间受热部分管壁加厚，然后按上述方法拉细。

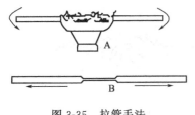

图 3-35　拉管手法　　　　图 3-36　钻孔器　　　　图 3-37　钻孔法

（四）塞子钻孔

容器上常用的塞子有：软木塞、橡皮塞和玻璃磨口塞。软木塞易被酸、碱损坏，但与有机物作用小；橡皮塞可以把瓶子塞得很严密，并可以耐强碱性物质的腐蚀，但它易被强酸和某些有机物（如汽油，苯，氯仿，丙酮，二硫化碳等）腐蚀；玻璃磨口塞把瓶子边塞得很严，它用于除碱和氢氟酸以外的一切盛放液体或固体的瓶子。

实验时，有时需要在塞子上安装温度计，有时需要插入玻璃管，所以要在软木塞和橡皮塞上钻孔。钻孔要用钻孔器（图3-36）或钻孔机，钻孔器是一组直径不同的金属管，一端有柄，另一端的端口很锋利，可用来钻孔。另外还有一个带圆头的细铁棒，用来捅出钻孔时进入钻孔器中的橡皮和软木。

钻孔的步骤如下：

选择一个比要插入橡皮塞子的玻璃管略粗一点（不要太粗）的钻孔器，将塞子的小头向上，放置在桌子上，用左手拿住塞子，右手按住钻孔器的手柄（图 3-37），在选定的位置上，沿一个方向垂直地边转边往下钻，钻到一半深时，反方向旋转并拔出钻孔器，调换到橡皮塞的另一头，对准圆孔的方位按同样的操作钻孔，直到打通为止，把钻孔器中的橡皮条捅出。钻孔时，可用一些润滑剂（如甘油，凡士林），涂在钻孔器前端，以减少摩擦力。钻孔时注意保持钻孔器与塞子的平面垂直，以免把空钻斜。

五、称量

（一）托盘天平

托盘天平用于精确度不高的称量，一般能称到 0.1g，在称量前首先检查托盘天平的指针是否停在托盘天平中间的位置，如果不在中间的位置，可调节托盘下面的螺母，使指针正好停在中间的位置上，此时指针的位置称之为零点（图3-38）。称量时，左盘放称量物，右盘放砝码，10g（或 5g）以上的砝码放在盘内，10g（或 5g）以下的砝码是通过移动标尺上的游码来添加的，当砝码添加到托盘天平两边平衡，至指针停在中间的位置为止，此时指针的位置称之为停点，停点与零点之间允许的偏差在一小格之内，这时砝码所示的质量就是称量物的质量。

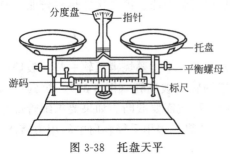

图 3-38　托盘天平

称量时必须注意以下各点：

① 托盘天平不能称量热的物体。

② 称量物不能直接放在托盘上，根据情况决定称量物放在纸上、表面皿上或其他容器中，吸湿或有腐蚀性的药品，必须放在玻璃容器内。

③ 称量完毕，放回砝码，使托盘天平各部分恢复原状。

④ 经常保持托盘天平的整洁，托盘上有药品或

其他污物时立刻清除。

（二）分析天平

1. 分析天平称量原理

分析天平是一种十分精确的称量仪器，称量时精确程度一般可达 0.001g（即 1mg）或 0.0001g（即 0.1mg）。分析天平同托盘天平一样，都是根据杠杆原理制成的称量仪器。

在等臂天平中 $L_1=L_2$，若被称量物放在左盘（重量为 W_1），砝码放在右盘（重量为 W_2），当达到平衡时，根据杠杆原理，支点两边的力矩相等，即：

$$L_1W_1=L_2W_2$$

因
$$L_1=L_2$$

故
$$W_1=W_2$$

砝码的重量等于被称量物的重量。

物体的重量 W＝质量 m×重量加速度 g

即
$$W_1=m_1g=W_2=m_2g$$

因此在天平上称量时，测得的是物体的质量，习惯上把天平上所称量的量称之为重量。

2. 光电分析天平的构造和使用

（1）构造　见图 3-39～图 3-42。

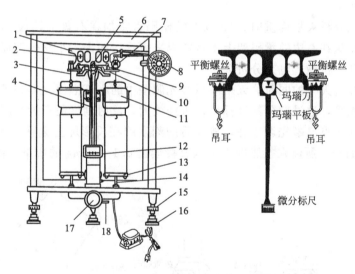

图 3-39　半自动电光分析天平的构造

1—横梁；2—平衡螺丝；3—吊耳；4—指针；5—支点刀；6—框罩；7—圈码；
8—指数盘；9—承重刀；10—支架；11—阻尼内筒；12—投影屏；13—秤盘；14—盘托；
15—螺旋脚；16—垫脚；17—开关旋钮（升降枢钮）；18—微动调节杆

尽管分析天平的类型各种各样，但其构造则都是根据杠杆原理进行设计的，图 3-39 为目前一般化学实验中较多使用的一种半自动加码的电光分析天平构造图。它的主要部件是由铜合金制成的横梁，梁上装有三个三角棱柱形的玛瑙刀，中间一个刀的刀口向下，称为支点刀，工作时它的刀刃与玛瑙水平板接触，是天平的支点，梁的两侧各有一个刀口向上的刀，支承着两个秤盘，称为承重刀，天平关闭时旋转下部的旋钮使托叶上升托起横梁，所有刀口便都悬空。

图 3-40　半机械加码天平　　　　图 3-41　全机械加码天平　　　　图 3-42　TG332A 微量分析天平

承重刀上面分别挂两个吊耳（镫），吊耳下面各挂一个秤盘，可分别安放砝码和被称物品，为了使天平尽快静止下来，吊耳下面分别安装了由两个内外相互套合而又不接触的铝制圆筒组成的阻尼筒，外筒固定在立柱上，内筒挂在吊耳下面，利用空气阻尼作用减少梁的摆动时间。

在天平梁的正中间有一根很长的指针，指针下端固定着一个透明的微分刻度标尺，称重量 10mg 以下的重量就是利用光学读数装置观察这个标尺的移动情况（即指针倾斜程度）来确定的。

用半自动电光分析天平称重时，1g 以上的砝码直接加在右盘上，1g 以下 10mg 以上的重量，靠旋转指数盘在右边的承码架上增减圈码来表示，如大、小砝码都通过指数盘的转动来加减，称全自动（机械）电光分析天平。

在转动旋钮开启天平的同时，天平下后方光源垄中的小灯泡便立即亮了。

灯光经过聚光管，透过微分刻度标尺，再经放大，反射刻度便在投影屏上显示出来，电光天平的灵敏度和零点已事先调节好，放大后的刻度牌在投影屏上偏移一大格相当于 1mg，一小格相当于 0.1mg，所以在投影屏上可以直接读出 0.1～10mg 的质量（图 3-43）。

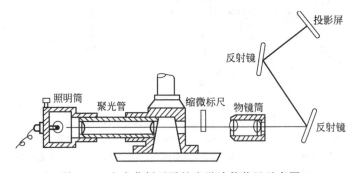

图 3-43　电光分析天平的光学读数装置示意图

不同的分析天平刻度牌上的标度可能不同，常见的有以下两种不同的标度（图 3-44）。

为了防酸气、尘埃腐蚀天平以及气流对天平称量的影响，天平应装在一个玻璃的箱罩内，取放被称物品或砝码时开左右侧门，前面的正门一般不打开。

天平只有处在水平位置才能正确称量，可借助天平内的水平仪，调节箱底下前方的两个螺旋足的高低位置，使天平达到水平状态。

(2) 半自动电光分析天平的使用方法

图 3-44 两种不同的标度

① 零点和灵敏度的调节。所谓零点就是不载重的天平停止摆动后（平衡状态）指针的位置，慢慢开启天平，观察它在不载重情况下投影屏上的标线是否与刻度牌的零点重合，如不重合，可拨动旋钮附近的扳手，移动投影底使两者完全重合。如果零点与标线相差太远，则可请教师通过旋转平衡螺丝来调整。

所谓灵敏度是每增加 1mg 质量使天平指针偏转的格数。对于我们使用的电光分析天平来说，在承码架上增加一个 10mg 圈码时，在投影屏上刻度牌的零点应从标线移至 9.8～10.2mg 的刻度范围内，如不合格，则应调节灵敏度（由教师或实验员事先调节）。

② 称量。零点调好后关闭天平。将称量物从侧门放在左盘正中，关上左侧门，把砝码（图 3-45）用镊子夹起（图 3-46）放在右盘正中，1g 以上的砝码从砝码盒中取用。在称量过程中，要能通过指针的偏移方向，或刻度盘上的零点的偏移方向迅速判断哪个盘轻，哪个盘重。大指针向着轻盘方向偏移，而刻度盘上的零点则向着重盘方向偏移（与大指针的偏移方向正好相反）。根据偏移方向来增减砝码。例如，根据对被称物品质量的粗略估计（在托盘天平上称量），加 20g 砝码于右盘，开启天平后发现指针偏向右方（刻度盘上的零点则偏向标线左方），说明砝码太轻了，随即关上天平，当增加 1g 砝码并再次开启天平时，发现指针偏向左方（刻度盘上的零点偏向标线右方），于是可以得出结论，被称物质量在 20～21g 之间，即关闭天平及其右侧门，旋转指数盘，由大到小（或由小到大）地加减砝码（指数盘的外圈数字表示的重量为数字×100mg，内圈上的数字表示的重量如盘上标出的数所示，即 10～90mg），当发现光幕在投影屏上移动时标线处于 0～10mg 之间时，便待其平衡（此时标线不一定与零点相重合）后直接读出并记下 10mg 以下的质量，关闭天平，根据秤盘中的砝码和图 3-47 所示的指数盘，投影屏上的读数，被称物的质量应为 20g+0.270g+0.0013g=20.2713g。

图 3-45 天平砝码

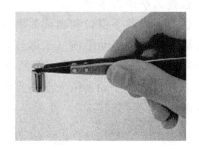

图 3-46 取 1g 以上的砝码

3. 单盘电光天平

(1) 构造原理 单盘天平与以上介绍的天平稍有不同，天平只有一个秤盘，盘上部悬挂天平最大载重的全部砝码。称量时将称量物放于盘内，减去与物体等量的砝码，使天平恢复平衡。减去的砝码的质量就是物体的质量。它的数值大小直接反映在天平的读数器上。单盘天平由于总是处于最大负载条件下称量，因此其灵敏度基本保持不变，是比较精密的一种天平。

 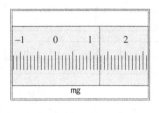

图 3-47　圈码指数盘和刻度牌投影屏

单盘天平也是按杠杆原理设计的，其横梁结构分不等臂和等臂两种类型。等臂单盘天平除只有一个秤盘外，其结构与等臂双盘天平大致相同，不等臂单盘天平只有两把刀，一把支点刀，一把承重刀。其结构如图 3-48、图 3-49 所示。

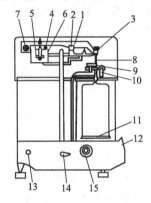 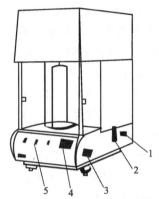

图 3-48　单盘天平结构图

1—横梁；2—支点刀；3—承重刀；4—阻尼片；
5—配重砣；6—阻尼筒；7—微分标尺；8—吊耳；
9—砝码；10—砝码托；11—秤盘；12—光幕；
13—电源开关；14—停动手钮；15—减码手钮

图 3-49　DT-100 型单盘天平

1—零点手钮；2—停动手钮；3—微动手钮；
4—光幕，微读数字窗口；5—减码数字窗口

(2) 使用方法　现以 DT-100 型单盘天平为例说明称量方法，操作顺序如下：

① 检查天平是否水平。

② 调节减码数字窗口和微读数字窗口的数字在"0"位。

③ 调零点。将停动手钮（又称升降枢钮）向前转 90°，使天平启动，待天平停稳后，旋转零动手钮（又称零点调节器）使光幕上标尺的"00"刻度线位于黑双线中间正中处。

④ 放称量物。停动手钮处于垂直位置，天平处于休止状态时，将被称物放在盘中央。

⑤ 减码。向后旋转 30°，使天平在"半开"状态下进行减码。减码顺序由大到小逐级操作，首先逐个转动 10~90g 大手钮，接着转动 1~9g 中手钮和 0.1~0.9g 小手钮，转动手钮时应注意观察光幕上标尺的移动，待确定减码合适后，休止天平，再将停动手钮缓慢向前转 90°全开天平，转动微动手钮使标尺中的刻度线夹在黑双线当中，如图 3-50 所示。三个数字窗口和三个减码手钮相对应，为 18.4g，处于黑双线当中的

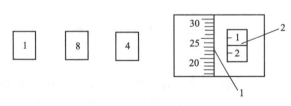

图 3-50　DT-100 型单盘天平读数器

1—双黑线；2—游标估读值

刻度线为23，即0.023g，游标估读数为1.5，即0.00015g，所以读数应为18.42315g，但DT-100型单盘天平的分度值为0.1mg，故根据有效数字的取舍规则可写为18.4232g。

4. 分析天平使用规则

分析天平属于精密仪器，为保持天平的准确度和灵敏度不致降低，必须严格遵守下列规则：

① 天平内外、工作场所应保持清洁，视情况随时更换干燥剂（变色硅胶）。

② 称量前应检查天平是否符合工作要求，如：是否处于水平位置，吊耳有否脱落，玻璃箱罩内外是否清洁等。如不水平和不在零点，应先调整水平再调整零点。

③ 天平的前门不得随意打开，它主要供装卸、调试和维修用。称量时取放物体、加减砝码只能打开左、右边门。称量物和砝码要放在天平盘的中央，以防天平盘摆动。

④ 天平不能称量热的物体，有腐蚀性蒸气或吸湿性物体时必须放在密闭容器内称量。化学试剂和试样不得直接放在盘上，必须盛在干净的容器中称量。天平称量绝对不允许超过其最大载荷。

⑤ 使用天平时要特别注意保护玛瑙刀口。天平只有观察零点或停点时才开启旋钮，其他时间如取放被称物品、增减砝码以及结束称量等都必须关闭旋钮将天平梁托起，转动旋钮、取放物品、开关天平门等一切动作都应小心轻缓，以免损坏刀口。总之，一切要触动天平梁的动作都应在架起天平梁后进行，这是最重要的一条。

⑥ 保持砝码的清洁干燥，砝码只能用镊子夹取，严禁用手拿取以免沾污。砝码只能放在砝码盒内或天平右盘上，应由大到小逐一加码，换码，电光分析天平加圈码时也应由大到小或由小到大逐挡慢慢转动指数盘，防止圈码互撞，跳落。砝码读数：先读砝码盒中的空位，放回砝码时再核对一次，用完后要及时放回盒内。做同一实验所有的称量需用同一组砝码，同一架天平。

⑦ 称量完毕需检查，天平梁是否已托起，砝码、游码是否已归原位，电光分析天平的指数盘是否已转回到"0"位，电源是否已经切断，天平及箱内外是否清洁、干燥等，最后用罩布将天平罩好再离开天平室。

⑧ 称量数据及时写在记录本上，不能随意记在纸条或其他地方，以免失落。

5. 电子天平

（1）电子天平的基本原理　根据物理学我们知道，处于磁场中的通电导体（导线或线圈）将产生一种电磁力，力的方向可用物理学中的左手定则来判定，如果通过导体的电流大小和方向以及磁场的方向已知的话，则有电磁力的关系式：

$$F = BLI\sin O$$

式中　F——电磁力；

　　　B——磁感应强度；

　　　L——受力导线长度；

　　　I——电流强度；

　　$\sin O$——通电导体与磁场夹角的正弦值。

从式中不难看出电磁力F的大小与磁感应强度B成正比，与导线长度L和电流强度I也成正比，还和通电导体与磁场夹角的正弦值成正比。

在电子天平中，通常选择通电导体与磁场的夹角为90°，即$\sin 90°=1$；这时通电导体所受的磁场力最大，所以上式可改写成：

$$F = BLI$$

由于上式中的 B、L 在电子天平中均是一定的，也可视为常数，那么电磁力的大小就决定于电流强度的大小了。亦即电流增大，电磁力也增大；电流减少，电磁力也减小。电流的大小是由天平秤盘上所加载荷的大小，也就是被称物体的重力大小决定的。当大小相等方向相反的电磁力与重力达到平衡时，则有：

$$F = mg = BLI$$

上式即为电子天平的电磁平衡原理式。

通俗地讲，就是当秤盘上加上载荷时，使其秤盘的位置发生了相应的变化，这时位置检测器将此变化量通过 PID 调节器和放大器转换成线圈中的电流信号，并在采样电阻上转换成与载荷相对应的电压信号，再经过低通滤波器和模数（A/D）转换器，变换成数字信号给计算机进行数据处理，并将此数值显示在显示屏幕上，这就是电子天平的基本原理。

（2）电子天平的基本构造　目前，电子天平的种类繁多，无论是国产电子天平，还是进口电子天平，不论是大称量的电子天平，还是小称量的电子天平，精度高的还是精度低的，其基本构造是相同的。主要由以下几个部分组成：

① 秤盘：秤盘多为金属材料制成，安装在天平的传感器上，是天平进行称量的承受装置。它具有一定的几何形状和厚度，以圆形和方形的居多。使用中应注意卫生清洁，更不要随意掉换秤盘。

② 传感器：传感器是电子天平的关键部件之一，由外壳、磁钢、极靴和线圈等组成，装在秤盘的下方。它的精度很高也很灵敏。应保持天平称量室的清洁，切忌称样时撒落物品而影响传感器的正常工作。

③ 位置检测器：位置检测器是由高灵敏度的远红外发光管和对称式光敏电池组成的。它的作用是将秤盘上的载荷转变成电信号输出。

④ PID 调节器：PID（比例、积分、微分）调节器的作用就是保证传感器快速而稳定地工作。

⑤ 功率放大器：其作用是将微弱的信号进行放大，以保证天平的精度和工作要求。

⑥ 低通滤波器：它的作用是排除外界和某些电器元件产生的高频信号的干扰，以保证传感器的输出为一恒定的直流电压。

⑦ 模数（A/D）转换器：它的优点在于转换精度高，易于自动调零，能有效地排除干扰，将输入信号转换成数字信号。

⑧ 微计算机：此部件是电子天平的关键部件。它是电子天平的数据处理部件，具有记忆、计算和查表等功能。

⑨ 显示器：现在的显示器基本上有两种，一种是数码管的显示器，另一种是液晶显示器。它们的作用是将输出的数字信号显示在显示屏幕上。

⑩ 机壳：其作用是保护电子天平免受灰尘等物质的侵害，同时也是电子元件的基座等。

⑪ 底脚：电子天平的支撑部件，同时也是电子天平水平的调节部件，一般均靠后面两个调整脚来调节天平的水平。

（3）电子天平的种类　电子天平的特点是称量准确可靠、显示快速清晰，并且具有自动检测系统、简便的自动校准装置以及超载保护等装置。

现在电子天平的种类很多（图 3-51 和图 3-52），按照电子天平的精度及用途可分为：

图 3-51　电子台秤

图 3-52　电子天平

① 超微量电子天平。

超微量电子天平的最大称量是 2～5g，其标尺分度值小于称量的 10^{-6}，如赛多利斯的 SC2 和 CC6 型电子天平等均属于超微量电子天平。

目前，精度最高的超微量电子天平，是由德国赛多利斯工厂制造的，达亿分之一克，也就是 0.00000001g（0.01μg）精度的天平，此记录已载入吉尼斯世界纪录大全。

② 微量电子天平。

微量电子天平的称量，一般在 3～50g，其分度值小于称量的 10^{-5}，如赛多利斯的 CC21 型电子天平以及赛多利斯的 MC21S 型电子天平等均属于微量电子天平。

③ 半微量电子天平。

半微量电子天平的称量，一般在 20～100g，其分度值小于最大称量的 10^{-5}，如赛多利斯的 CC50 型电子天平和赛多利斯早期生产的 M25D 型电子天平等均属于此类。但是这种分类不是很严格，主要看用户需要什么精度和称量的天平。

④ 常量电子天平。

此种天平的最大称量，一般在 100～200g，其分度值小于称量的 10^{-5}，如普利赛斯的 XT220A 与 XT120A 型电子天平和赛多利斯早期的 A120S、A200S 型电子天平均属于常量电子天平。

(4) 电子天平的正确选购、使用与维护

① 如何选购和选择电子天平。

选择电子天平，主要是要考虑天平的称量和灵敏度应满足称量的要求，天平的结构应适应工作的特点。

a. 选择的原则是：既要保证天平不致超载而损坏，也要保证称量达到必要的相对准确度，要防止用准确度不够的天平来称量，以免准确度不符合要求；也要防止滥用高准确度的天平而造成浪费。

b. 应从电子天平的绝对精度（分度值 e）方面去考虑是否符合称量的精度要求。如选 0.1mg 精度的天平或 0.01mg 精度的天平，切忌不可笼统地说要万分之一或十万分之一精度的天平，因为国外有些厂家是用相对精度来衡量天平的，否则买来的天平可能无法满足用户的需要。

c. 应考虑对称量范围的要求。选择电子天平除了看其精度，还应看最大称量是否满足量程的需要。通常取最大载荷加少许保险系数即可，也就是常用载荷再放宽一些即可，经常称的重量值应在最大称量的中值为最好,选择的太小会损坏传感器,造成不必要的经济损失;选择的太大会使称重不准确,影响计量的准确性。不是越大越好。

② 正确安装。

首先,要选防尘、防震、防潮、防止温度波动的房间作为天平室,对准确度较高的天平还应在恒温室中使用。

天平应安放在牢固可靠的工作台上,并选择适当的位置安放,以便于操作。

天平安装前,应根据天平的成套性清单清点各部件是否齐全、完好;对天平的所有部件进行仔细清洁。安装时,应参照天平的说明书,正确装配天平,并校正水平,安装完毕后应再次检查各部分安装是否正常,然后检查电源电压是否符合天平的要求,再插好电源插头。

③ 正确使用。

a. 预热。在开始使用电子天平之前,要求预先开机,即要预热半小时到一小时,有的甚至需要预热 2.5h。如果一天中要多次使用,最好让天平整天开着。这样,电子天平内部能有一个恒定的操作温度,有利于称量过程的准确。

b. 校准(使用前一定要仔细阅读说明书)。电子天平从首次使用起,应对其定期校准。如果连续使用,大致每星期校准一次。校准时必须用标准砝码,有的天平内带有标准砝码,可以用其校准天平。

校准前,电子天平必须开机预热 1h 以上,并校对水平。校准时应按规定程序进行,否则将起不到校准的作用。

在检定(测试)中往往首次计量测试时误差较大,究其原因,是相当一部分仪器在较长的时间间隔内未进行校准。

需要指出的是,电子天平开机显示零点,并不能说明天平称量的数据准确度符合测试标准,只能说明天平零位稳定性合格。因为衡量一台天平合格与否,还需综合考虑其他技术指标的符合性。

因存放时间较长,位置移动,环境变化或为获得精确测量,天平在使用前一般都应进行校准操作。

校准方法分为内校准和外校准两种。德国生产的赛多利斯,瑞士产的梅特勒,上海产的"JA"等系列电子天平均有校准装置。如果使用前不仔细阅读说明书很容易忽略"校准"操作,造成较大称量误差。

下面以上海天平仪器厂 JA1203 型电子天平为例说明如何对天平进行外校准。

方法:轻按 CAL 键当显示器出现 CAL-时,即松手,显示器就出现 CAL-100,其中"100"为闪烁码,表示校准砝码需用 100g 的标准砝码。此时就把准备好的"100g"校准砝码放上秤盘,显示器即出现"————"等待状态,经较长时间后显示器出现 100.000g,拿出校准砝码,显示器应出现 0.000g,若出现的值不为零,则再清零,再重复以上校准操作(注意:为了得到准确的校准结果最好重复以上校准)。

c. 正确称量。在使用前调整水平仪气泡至中间位置。

电子天平应按说明书的要求进行预热。

在称重前应检查秤盘下压是否顺畅,有无"蹭连"现象(指传感器与秤盘等部件必须紧固并无粘接现象),否则会影响称重结果。

电子天平称量操作时,应正确使用各控制键及功能键;在操作时,点击按键时用力要适当,更不可使用尖锐的物体猛击按键(因为这样会使面皮破裂,导致潮气和粉尘进入秤体和仪表)。

在称重时不要过力,特别是小称量的秤,所称的物品要轻拿轻放,以免损坏传感器,不要将超过额定重量的物体放在秤盘上(因为这样会缩短传感器的使用寿命,更不能猛击传感器)。

选择最佳的积分时间,正确掌握读数和打印时间,以获得最佳的称量结果。

为称重准确,应远离强电磁干扰源,如电焊机、电钻、磁铁、大型电动机等。

当用去皮键连续称量时,应注意天平过载。

使用时应注意观察各公司出品的不同系列产品人性化的智能提示和控制,并进行有效的处理。

在称量过程中应关好天平门。电子天平使用完毕后,应关好天平和门罩,切断电源,罩上防尘罩。

d. 电子天平的维护与保养。电子天平室内应保持清洁、整齐、干燥,不得在室内洗涤、就餐、吸烟等。

将天平置于稳定的工作台上避免震动、气流及阳光照射。

电子天平开机后如果发现异常情况,应立即关闭天平,并对电源、连线、保险丝、开关、移门、被称物、操作方法等做相应的检查。

称量易挥发和具有腐蚀性的物品时,要盛放在密闭的容器中,以免腐蚀和损坏电子天平。

应定期对天平的计量性能进行检测,进行自校或定期外校,保证其处于最佳状态。

如果电子天平出现故障应及时检修,不可带"病"工作。不合格的天平应立即停用,并送交专业人员修理。天平经修理、检定合格后,方可使用。

操作天平不可过载使用以免损坏天平。

应经常清洗秤盘、外壳和风罩,一般用清洁绸布蘸少许乙醇轻擦,不可用强溶剂。天平清洁后,框内应放置无腐蚀性的干燥剂,并定期更换。

若长期不用电子天平,应暂时收藏为好。

电子天平应由专人保管和维护保养,设立技术档案袋,用于存放使用说明书、检定证书、测试记录,定期记录维护保养及检修情况。

总之,在对电子天平的维护保养中,使用人员应慎重,以保证设备的完好性。

六、液体体积的量度

(一)量筒的使用

量筒是用来量取要求不太严格的溶液体积的仪器,它有 5mL 至 2000mL 十余种规格。根据不同的需要,实验中可根据所取溶液的容积的不同来选用。量筒的使用方法如下:

① 量取液体时,量筒应垂直放置,读数时视线应与液面水平,读取弯月面最低处刻度,视线偏高或偏低均会产生误差(图 3-53 和图 3-54)。

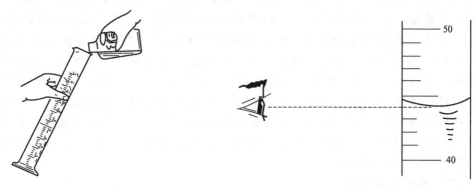

图 3-53 量取液体　　　　　　　　图 3-54 视线与度量的关系

② 量筒不能加热。也不能用作实验（如溶解、稀释等）容器，不允许量热的液体，以防止量筒破裂。

（二）移液管和吸量管的使用

要求准确地移取一定量的液体时，可以使用移液管和吸量管（图3-55）。移液管的形状如图3-55(a) 所示。玻璃球上部的玻璃管上有一标线，吸入的液体的弯月面下沿与此标线相切后，让液体自然放出，所放出液体的总体积就是移液管的容积。一般常用的有 25mL、10mL（20℃或25℃）等规格，在使液体自然放出时，最后因毛细作用总有一小部分液体留在管口不能流出。这时不要使用外力使之放出，因为校正移液管容量时，就没有考虑这一滴液体，放出液体时把移液管的尖嘴靠在容器壁上，稍等片刻就可以拿开。也有少数移液管上面标有"吹"字，则放出液体时就要把管口的液体吹出。

图 3-55 移液管 (a) 和吸量管 (b)　　图 3-56 移液管吸取液体　　图 3-57 放出液体

吸量管 [图 3-55(b)] 是一种刻有分度的内径均匀的玻璃管（下部管口尖细），容积有 100mL、50mL、25mL、10mL、5mL、2mL 和 1mL 等多种，可以量取非整数的小体积液体，最小分度有 0.1mL、0.02mL 以及 0.01mL 等，量取液体时每次都是从上端 0 刻度开始，放至所需要的体积刻度为止。

移液管和吸量管在使用之前，依次用洗液、自来水、蒸馏水洗至内壁不挂水珠为止，最后用少量被量取的液体洗三遍。

吸取液体时，左手拿洗耳球，右手拇指及中指拿住移液管或吸量管的上端标线以上部分，将洗耳球内部空气排出后，使管下端伸入液面下约1cm，不应伸入太深，以免外壁沾有过多液体，也不应伸入太浅，以免液面下降时吸入空气。用洗耳球轻轻吸上液体，眼睛注意管中液面的上升情况，移液管和吸量管则随容器中液体液面的下降而往下伸（图 3-56）。当液体上升到标线刻度以上时，迅速用食指堵住上部管口，将移液管从液体中取出，靠在容器壁上，然后稍微放松食指。同时轻轻转动移液管（或吸量管）。使标线以上的液体流回去，当液面的弯月形最低点与标线相切时，就按紧管口，使液体不再流出，取出移液管移入准备接受液体的容器中，仍使其出口尖端接触器壁，让接受容器倾斜而移液管保持直立，抬起食指，使液体自由地顺壁流下（图 3-57），待液体全部流尽后，稍等 15s，取出移液管。

（三）容量瓶的使用

容量瓶是一个细颈梨形的平底玻璃瓶，带有磨口塞子，颈上有标线。一般的容量瓶都是

"量入"容量瓶，标有"In"（过去用"E"表示），当液体充满到瓶颈标线时，表示在所指温度（一般为20℃）下，液体体积恰好与标称容量相等。另一种是"量出"容量瓶，标有"Ex"（过去用"A"），当液体充满到标线后，按一定的要求倒出液体，其体积恰好与瓶上的标称容量相同，这种容量瓶是用来量取一定体积的溶液用的。使用时应辨认清楚。

容量瓶是用来配制具有准确浓度的溶液时用的，配好的溶液如需保存，应该转移到细口瓶中去。

容量瓶在洗涤前应先检查一下瓶塞是否漏水。在瓶中放入自来水到标线附近，盖好塞子，左手按住塞子，右手指尖顶住瓶底边缘（图3-58），倒立2min，观察瓶塞周围是否有水渗出。将瓶直立后，转动瓶塞约180°，再试一次。不漏水的容量瓶才能使用。按常规操作把容量瓶洗净，为避免打破塞子，应该用一根线绳或皮筋把塞子系到瓶颈上。

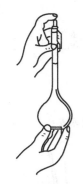  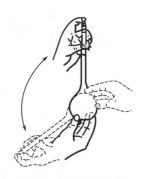

图3-58 容量瓶的拿法　　图3-59 溶液从烧杯转移入容量瓶　　图3-60 振荡容量瓶

在配制溶液前，应先把称好的固体试样在烧杯中溶解，然后再把溶液从烧杯中转移到容量瓶中（图3-59），用蒸馏水多次洗涤烧杯，把洗涤液也转移到容量瓶中，以保证溶质全部转移，缓慢地加入蒸馏水，加到接近标线1cm处，等1～2min，使附在瓶颈上的水流下。然后用洗瓶或滴管滴加水至标线（小心操作，勿过标线），加水时，视线平视标线。水充满到标线后，盖好瓶塞，将容量瓶倒转，等气泡上升后，轻轻振荡，再倒转过来，重复操作多次，就能使瓶中溶液混合均匀（图3-60）。

假如固体是经过加热溶解的，那么溶液必须冷却后才能转移到容量瓶中。

假如要将一种已知准确浓度的浓溶液稀释到另一准确浓度的稀溶液，方法是：移取准确量的浓溶液，放入适当的容量瓶中，然后按上述方法冲稀至标线。

（四）滴定管的使用

滴定管分酸式滴定管和碱式滴定管两种（图3-61）。酸式滴定管可装除碱以及对玻璃有腐蚀作用的溶液以外的溶液，碱式滴定管的下端用橡皮管连接一个带有尖嘴的小玻璃管，橡皮管内装一个玻璃珠，用于堵住溶液。使用时只要用拇指和食指捏紧橡皮管半边，轻轻将玻璃珠向另一边挤压，管内便形成一条狭缝，溶液由狭缝流出，根据手指用力的轻重，控制狭缝的大小，从而控制溶液的流出速度。

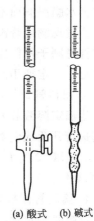

(a) 酸式　(b) 碱式
图3-61 滴定管

滴定管在洗涤前应检查是否漏水，玻璃活栓是否转动灵活，若酸式滴定管漏水或活栓转

图 3-62 擦干活塞内壁的手法

动不灵活,就应拆下活栓,擦干活栓和内壁,重新涂凡士林。若碱式滴定管漏水,则需要更换玻璃珠或橡皮管。

1. 活栓涂油方法

在擦干活塞和活栓内壁(图3-62)之后,用手指蘸少量凡士林擦在活栓粗的一端,沿圆周涂一薄层,尤其在孔的附近不能涂多(图3-63)。涂活栓另一端的凡士林最好是涂在活栓内壁上。涂完以后将活栓插入槽内,插时活栓孔应与滴定管平行(图3-64)。然后向同一方向转动活栓,直到从活栓外面观察,全部呈透明为止(图3-65)。如发现转动不灵活,活栓内油层出现纹路,表示涂油不够,如有油从活栓缝溢出或进入活栓孔,表示涂油太多。遇到这种情况,都必须重新涂油。

图 3-63 涂油手法

图 3-64 活塞安装

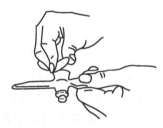

图 3-65 转动活塞

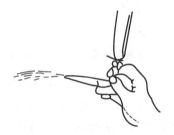

图 3-66 碱式滴定管除气方法

2. 滴定管的洗涤

滴定管使用之前必须洗涤干净,要求滴定管洗涤到装满水后再放出来时管的内壁全部为一层薄水膜湿润而不挂有水珠。

当发现滴定管没有明显污染时,可以直接用自来水冲洗,或用滴定管刷蘸肥皂水刷洗,但要注意刷子不能露出头上的铁丝也不能向旁侧弯曲,以免划伤内壁,用自来水、蒸馏水洗净之后,一定要用滴定溶液洗三次(每次5~10mL)。

3. 出口管口气泡的清除

当滴定溶液装入滴定管时,出口管还没有充满溶液,此时将酸式滴定管倾斜约20°,左手迅速打开活栓使溶液冲出,就能充满全部出口管,假如使用碱式滴定管,则把橡皮管向上弯曲,玻璃尖嘴斜向上方,用两指挤压玻璃珠,使溶液从出口管喷出,气泡随之逸出(图3-66)。

4. 滴定管读数方法

读数时滴定管必须保持垂直状态,注入或放出溶液后稍等1~2min,待附着于内壁的溶液流下后再开始读数,常量滴定管读数应读到小数点后第二位毫升数值。如25.93mL、22.10mL等。读数时视线必须与液面保持在同一水平,对于无色或浅色溶液,读它们的弯

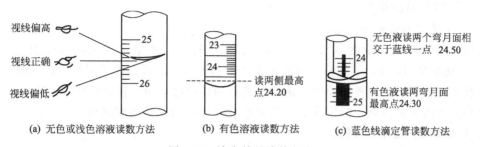

图 3-67 滴定管的读数方法

月面下缘最低点的刻度，对于深色溶液如高锰酸钾、碘水等，可读两侧最高点的刻度。

若滴定管背后有一蓝线（或蓝带），无色溶液这时形成了两个弯月面，并且相交于蓝线的中线处［图 3-67(c)］，读数时即读出交点的刻度，若为深色溶液，则仍读液面两侧最高点的刻度。

为了帮助准确读出弯月面下缘的刻度可在滴定管后面衬一张"读数卡"，所谓"读数卡"就是一张黑纸或深色纸（约 3cm×15cm）。读数时将它放在滴定管背后，使黑色边缘在弯月面下方约 1mm 左右，此时看到的弯月面反射层呈黑色（图 3-68），读出黑色弯月面下缘最低点的刻度即可。

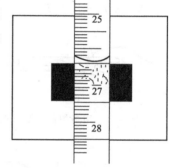

图 3-68 读数卡的使用

5. 滴定

将滴定管夹在滴定管头上（左边）酸式滴定管的活栓柄向右。滴定管保持垂直，在驱赶出下端玻璃尖管中的气泡，调整好液面高度，并记录了初读数之后，还要将挂在下端尖管出口处的残余液滴除去，才能开始滴定，将滴定管伸入烧杯或锥形瓶内，左手三指从滴定管后方向右伸出，拇指在前方与食指及中指操纵活塞（图 3-69）使液滴逐滴加入，如在锥形瓶内滴定，则右手持瓶颈不断转动；如果在烧杯内滴定，则右手持玻璃棒不断轻轻搅动溶液（图 3-69 和图 3-70）。

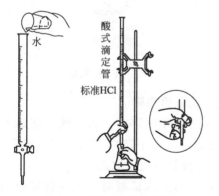

图 3-69 酸式滴定管操作

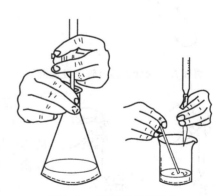

图 3-70 碱式滴定管操作

每次滴定最好都是将溶液装至滴定管的"0.00"毫升刻度上或稍下一点开始，这样可以消除因上下刻度不均匀所引起的误差。

实验结束后，倒出溶液，用自来水蒸馏水顺序洗涤滴定管，装满蒸馏水，罩上滴定管盖，以备下次使用（或洗后收起）。

七、化学药品的取用

（一）化学试剂的分类、选用

根据药品中杂质含量的多少，可以把试剂级化学药品分为优级纯（G.R）、分析纯（A.R）和化学纯（C.P）等规格，可以根据实验的不同要求去选用不同级别的试剂。

一般来说，在无机制备实验中，化学纯级别的试剂已够用。在分析化学实验中，一般要求使用分析纯级别的试剂，标定滴定标准溶液时则要用到工作基准试剂。

（二）固体试剂的取用规则

① 要用干净的药匙取用，用过的药匙必须洗净和擦干后才能再使用，以免沾污试剂。

② 取出试剂后应立即盖紧瓶盖，不要盖错盖子。

③ 称量固体试剂时，必须注意不要取多，取多的药品不能倒回原瓶，可放在指定容器中供他人使用。

④ 一般的固体试剂可以放在干净的纸或表面皿上称量，具有腐蚀性、强氧化性或易潮解的固体不能在纸上称量，不准使用滤纸来盛放称量物。

⑤ 有毒药品要在教师指导下取用。

见图 3-71～图 3-74。

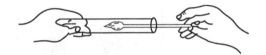

图 3-71 用药匙往试管里送入固体试剂

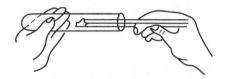

图 3-72 用纸槽往试管里送入固体试剂

图 3-73 块状固体沿管壁慢慢滑下

图 3-74 试剂瓶

（三）液体试剂的取用规则

① 从滴管中取用液体试剂时，滴管绝不能触及所用的容器器壁，以免沾污（图 3-75），滴管放回原瓶时不要放错。不准用自己的滴管到瓶中取药。

② 取用细口瓶中的液体试剂时，先将瓶塞反放在桌面上不要弄脏，拿试剂瓶时，要使瓶上贴有标签的一面向手心方向，逐渐倾斜瓶子，倒出试剂。试剂应沿着洁净的试管壁流入试管或沿着洁净的玻璃棒注入烧杯（图 3-76）。取出所需量后，逐渐竖起瓶子，把瓶口剩余的一滴试剂

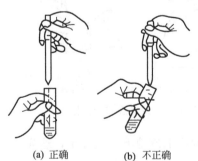

(a) 正确　　(b) 不正确

图 3-75 往试管中滴加溶液

"碰"到试管口内或用玻璃棒引入烧杯中，以免液滴沿着瓶子外壁流下。

③ 定量使用时可使用量筒或移液管，多取的试剂不能倒回原瓶，可倒入其他的容器供他人使用。

八、化学试剂的存放

化学试剂在实验准备室中分装时，一般把固体试剂装在易于拿取的口大的广口瓶中，液体试剂或配制的溶液则盛放在易于倒取的细口瓶或带有滴管的滴瓶中，见光易分解的试剂如硝酸银等，则应盛放在

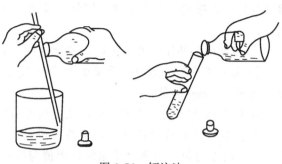

图 3-76 倾注法

棕色瓶内，每一试剂瓶上都贴有标签，上面写明试剂的名称、浓度（溶液）和日期，在标签外面涂一薄层蜡来保护它（图 3-74）。

九、溶液的配制

配制试剂溶液时，首先根据所配制试剂纯度的要求，选用不同等级的试剂，再根据配制溶液的浓度和数量，计算出试剂的用量。经称量后的试剂置于烧杯中加少量水，搅拌溶解，必要时可加热促使其溶解，再加水至所需的体积，混合均匀，即得所配制的溶液。

用液态试剂或浓溶液稀释成稀溶液时，需先计量试剂或浓溶液的相对密度，再量取其体积，加入所需的水搅拌均匀即成。

（一）饱和溶液的配制

配制某固体试剂的饱和溶液，先按该试剂的溶解度数据计算出所需的试剂量和蒸馏水量，称量出比计算量稍多的固体试剂，磨碎后放入水中，长时间搅动直至固体不再溶解为止，这样制得的溶液就可以认为是饱和溶液。对于其溶解度随温度升高而增大的固体，可加热至高于室温（同时搅动），再让其溶液冷却下来，多余的固体析出后所得到的溶液便是饱和溶液。

在配制溶液过程中，加热和搅动都可以加速固体的溶解。搅动不宜太猛烈，搅拌棒不要触及容器底部及器壁。

若配制硫化氢、氯气等气体的饱和溶液，只要在常温下把发生出来的硫化氢、氯气等气体通入蒸馏水中一段时间即可。

（二）易水解盐溶液的配制

例如氯化锡（Ⅱ）、硝酸铋（Ⅲ）、氯化锑（Ⅲ）等盐，一旦遇水立即生成氢氧化物或碱式盐，所以要配制它们的水溶液时，先将这些物质用少量浓酸溶解，再将需要量的水倒入其酸液中，以抑制水解，才能得到透明的溶液。

（三）易氧化盐溶液的配制

配制易氧化的盐溶液时，不仅需要酸化溶液，还需加入相应的纯金属，使溶液稳定。例如，配制 $FeSO_4$、$SnCl_2$ 溶液时，需分别加入金属铁、金属锡。

（四）标准溶液的配制与标定

1. 一般规定

① 除另有规定外，所用试剂的纯度应在分析纯以上，所用制剂及制品，应按 GB/T 603—2002 的规定制备，实验用水应符合 GB/T 6682—1992 中三级水的规格。

② 制备的标准溶液的浓度，除高氯酸外，均指 20℃时的浓度。在标准溶液标定、直接制备和使用时若温度有差异，应按附录十二不同温度下标准溶液的体积的补正值补正。标准

溶液标定、直接制备和使用时所用分析天平、砝码、滴定管、容量瓶、单标线吸管等均须定期校正。

③ 在标定和使用标准溶液时，滴定速度一般应保持在 $6\sim 8\mathrm{mL\cdot min^{-1}}$。

④ 称量工作基准试剂的质量小于等于 0.5g 时，按精确至 0.01mg 称量；大于 0.5g 时，按精确至 0.1 mg 称量。

⑤ 制备标准溶液的浓度值应在规定浓度值的 ±5% 范围以内。

⑥ 标定标准溶液的浓度时，须两人进行实验，分别各做四组平行，每人四组平行测定结果极差的相对值（指测定结果的极差值与浓度平均值的比值，以"%"表示）不得大于重复性临界极差 $[C_rR_{95}(4)]$ 的相对值 0.15%，两人共八组平行测定结果极差的相对值不得大于重复性临界极差 $[C_rR_{95}(8)]$ 的相对值 0.18%。取两人八组平行测定结果的平均值为测定结果。在运算过程中保留五位有效数字，浓度值报出结果取四位有效数字。

[注] 重复性临界极差 $[C_rR_{95}(n)]$ 在 GB/T 11792—1989 中定义为：一个数值，在重复性条件下，几个测试结果的极差以 95% 的概率不超过此数。重复性临界极差计算式为 $[C_rR_{95}(n)]=f(n)\sigma_r$，式中临界极差系数 $[f(n)]$ 在 GB/T 11792—1989 中已列表（见表3-3）提供。σ_r 为总体极差相对值标准偏差，又称重复性标准差。这里重复性条件是指用同一测试方法对同一材料在同一实验室由同一操作者使用相同设备，并在短时间间隔内相互独立进行的测试。重复性是指：在相同条件下，对同一测量进行连续多次测量所得结果之间的一致性。上述"一致性"是可以用这一条件下测量结果的分散性定量表述的。分散性的量最常用的是标准差。根据有限次数 n 次的测量结果，按贝塞尔公式计算出来的实验标准差即称之为重复性标准差。

标准偏差的计算式为：

$$\sigma_r=\sqrt{\frac{\sum(x_i-\bar{x})^2}{n-1}}$$

这一公式称为贝塞尔公式。

表 3-3 临界极差系数 $f(n)$

n	$f(n)$	n	$f(n)$	n	$f(n)$	n	$f(n)$
2	2.8	7	4.2	12	4.6	17	4.9
3	3.3	8	4.3	13	4.7	18	4.9
4	3.6	9	4.4	14	4.7	19	5.0
5	3.9	10	4.5	15	4.8	20	5.0
6	4.0	11	4.6	16	4.8		

注：临界极差系数是 $(x_{\max}-x_{\min})/\sigma$ 分布的 95% 分位数。$x_{\max}$ 与 $x_{\min}$ 分别是来自标准差为 σ 的正态分布总体，样本量为 n 的样本中的最大值与最小值。

重复性临界极差的相对值是指重复性临界极差与浓度平均值的比值，以"%"表示。

⑦ 标准溶液浓度平均值的扩展不确定度一般不应大于 0.2%，可根据需要报出。

GB/T 601—2002 对标准溶液浓度平均值的扩展不确定度提出了要求，但是否需要进行不确定度的计算，由用户根据实际情况决定。若要给出不确定度，则首次制备标准溶液时要进行不确定度的计算，日常制备不必每次计算，但当实验条件（如人员、计量器具、环境等）改变时，应重新进行不确定度的计算。在 GB/T 601—2002 附录 B（资料性附录）中列出了标准溶液浓度平均值不确定度的影响因素、计算方法和表示方式。具体内容可参见 GB/T 601—2002 附录 B（资料性附录）。

⑧ 使用工作基准试剂标定标准溶液的浓度。当对标准溶液浓度值的准确度有更高要求时，可使用二级纯度标准物质或定值标准物质代替工作基准试剂进行标定或直接制备，并在计算标准溶液浓度值时，将其质量分数代入计算式中。

⑨ 标准溶液的浓度小于等于 $0.02 mol \cdot L^{-1}$ 时，应于临用前将浓度高的标准溶液用煮沸并冷却的水稀释，必要时重新标定。

⑩ 除另有规定外，标准溶液在常温（15～25℃）下保存时间一般不超过两个月，当溶液出现混浊、沉淀、颜色变化等现象时，应重新制备。

⑪ 储存标准溶液的容器，其材料不应与溶液起理化作用，壁厚最薄处不小于 0.5mm。

⑫ 所用溶液以"%"表示的均为质量分数，只有乙醇（95%）中的"%"为体积分数。

2. 标准溶液的标定方法与计算

GB/T 601—2002 中标准溶液浓度的标定方法大体上有四种方式：

第一种是用工作基准试剂标定标准溶液的浓度；

第二种是用标准溶液标定标准溶液的浓度；

第三种是将工作基准试剂溶解、定容、量取后标定标准溶液的浓度；

第四种是用工作基准试剂直接制备的标准溶液。

(1) 第一种方式 包括：氢氧化钠、盐酸、硫酸、硫代硫酸钠、碘、高锰酸钾、硫酸铈、乙二胺四乙酸二钠（$c_{EDTA}=0.1 mol \cdot L^{-1}$，$0.05 mol \cdot L^{-1}$）、高氯酸、硫氰酸钠、硝酸银、亚硝酸钠、氯化锌、氯化镁、氢氧化钾-乙醇共 15 种标准溶液。

GB/T 601—2002 规定使用工作基准试剂（其质量分数按 100% 计）标定标准溶液的浓度。当对标准溶液浓度值的准确度有更高要求时，可用二级纯度标准物质或定值标准物质代替工作基准试剂进行标定，并在计算标准溶液浓度时，将其纯度值的质量分数代入计算式中，因此计算标准溶液的浓度值（c）以摩尔每升（$mol \cdot L^{-1}$）表示，按下式计算：

$$c = \frac{mw \times 1000}{(V_1 - V_2)M}$$

式中 m——工作基准试剂的质量，g；

w——工作基准试剂的质量分数，%；

V_1——被标定溶液的体积，mL；

V_2——空白试验被标定溶液的体积，mL；

M——工作基准试剂的摩尔质量，$g \cdot mol^{-1}$。

(2) 第二种方式 包括：碳酸钠、重铬酸钾、溴、溴酸钾、碘酸钾、草酸、硫酸亚铁铵、硝酸铅、氯化钠共 9 种标准溶液。

计算标准溶液的浓度值（c），以摩尔每升（$mol \cdot L^{-1}$）表示，按下式计算：

$$c = \frac{(V_1 - V_2)c_1}{V}$$

式中 V_1——标准溶液的体积，mL；

V_2——空白试验标准溶液的体积，mL；

c_1——标准溶液的浓度，$mol \cdot L^{-1}$；

V——被标定标准溶液的体积，mL。

(3) 第三种方式 包括：乙二胺四乙酸二钠标准溶液（$c_{EDTA}=0.02 mol \cdot L^{-1}$）。

计算标准溶液的浓度值（c），以摩尔每升（$mol \cdot L^{-1}$）表示，按下式计算：

$$c=\frac{\left(\dfrac{m}{V_3}\right)V_4 w\times 1000}{(V_1-V_2)M}$$

式中　m——工作基准试剂的质量，g；

　　　V_3——工作基准试剂溶液的体积，mL；

　　　V_4——量取工作基准试剂溶液的体积，mL；

　　　w——工作基准试剂的质量分数，％；

　　　V_1——被标定溶液的体积，mL；

　　　V_2——空白试验被标定溶液的体积，mL；

　　　M——工作基准试剂的摩尔质量，g·mol^{-1}。

(4) 第四种方式　包括：重铬酸钾、碘酸钾、氯化钠共 3 种标准溶液。

计算标准溶液的浓度值（c），以摩尔每升（mol·L^{-1}）表示，按下式计算：

$$c=\frac{mw\times 1000}{VM}$$

式中　m——工作基准试剂的质量，g；

　　　w——工作基准试剂的质量分数，％；

　　　V——标准溶液的体积，mL；

　　　M——工作基准试剂的摩尔质量，g·mol^{-1}。

《化学试剂标准溶液的制备》详细内容参见中华人民共和国国家标准（GB/T 601—2002）。

(五) 化学试剂杂质测定用标准溶液的制备

GB/T 602—2002 规定了化学试剂杂质测定用标准溶液的制备方法。适用于制备单位容积内含有准确数量物质（元素、离子或分子）的溶液，适用于化学试剂中杂质的测定，也可供其他行业选用。

1. 一般规定

① 除另有规定外，所用试剂的纯度应在分析纯以上，所用标准溶液、制剂及制品，应按 GB/T 601—2002，GB/T 603—2002 的规定制备，实验用水应符合 GB/T 6682—1992 中三级水规格。

② 杂质测定用标准溶液的量取。

a. 杂质测定用标准溶液，应使用分度吸管量取。每次量取时，以不超过所量取杂质测定用标准溶液体积的三倍量选用分度吸管。

b. 杂质测定用标准溶液的量取体积应在 0.05～2.00mL 之间。当量取体积少于 0.05mL 时，应将杂质测定用标准溶液按比例稀释，稀释的比例，以稀释后的溶液在应用时的量取体积不小于 0.05mL 为准；当量取体积大于 2.00mL 时，应在原杂质测定用标准溶液制备方法的基础上，按比例增加所用试剂和制剂的加入量，增加比例，以制备后溶液在应用时的量取体积不大于 2.00mL 为准。

③ 除另有规定外，杂质测定用标准溶液，在常温（15～25℃）下，保存期一般为两个月，当出现混浊、沉淀或颜色有变化等现象时，应重新制备。

④ 本标准中所用溶液以"％"表示的均为质量分数，只有乙醇（95％）中的"％"为体积分数。

2. 制备方法

杂质测定用标准溶液的制备方法，具体内容参见 GB/T 602—2002《化学试剂 杂质测定用标准溶液的制备》。

（六）化学试剂，实验方法中所用制剂及制品的制备

GB/T 603—2002 规定了化学试剂实验方法中所用制剂及制品的制备方法。适用于化学试剂分析中所需制剂及制品的制备，也可供其他行业选用。

1. 一般规定

① 除另有规定外，所用试剂的纯度应在分析纯以上，所用标准溶液、杂质测定用标准溶液，应按 GB/T 601—2002，GB/T 602—2002 的规定制备，实验用水应符合 GB/T 6682—1992 中三级水的规格。

② 当溶液出现混浊、沉淀或颜色变化等现象时，应重新制备。

③ 所用溶液以"％"表示的均指质量分数，只有乙醇（95％）中的"％"为体积分数。

2. 制备方法

具体内容参见 GB/T 603—2002《化学试剂 实验方法中所用制剂及制品的制备》。

十、气体的发生、净化、干燥和收集

（一）气体的发生

实验室中常用启普发生器（图 3-77）来制备氢气、二氧化碳和硫化氢等气体。

$$Zn + H_2SO_4(6mol \cdot L^{-1}) = ZnSO_4 + H_2 \uparrow$$

$$CaCO_3 + 2HCl(稀) = CaCl_2 + CO_2 \uparrow + H_2O$$

$$FeS + 2HCl(6mol \cdot L^{-1}) = FeCl_2 + H_2S \uparrow$$

启普发生器由一个葫芦状的玻璃容器和球形漏斗组成，固体药品放在中间圆球内，可在固体下面放些玻璃丝来承受固体，以免固体掉至下部球内，酸从球形漏斗 1 加入，使用时只要打开活塞 3，由于压力差，酸液自动下降进入中间球 2 内，与固体接触而生成气体，要停止使用时，只要关闭活塞，继续发生的气体就会把酸液从中间球内压入下球及球形漏斗内，使酸液与固体不再接触而停止反应，下次使用时，只要重新打开活塞即可，使用十分方便。

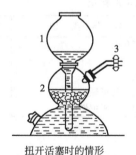
扭开活塞时的情形
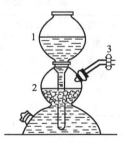
关闭活塞时的情形
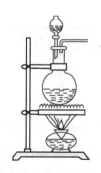

图 3-77 启普发生器　　　　　　图 3-78 气体发生装置

$$2KMnO_4 + 16HCl(浓) = 5Cl_2 \uparrow + 2MnCl_2 + 2KCl + 8H_2O$$

$$NaCl + H_2SO_4(浓) = HCl \uparrow + NaHSO_4$$

$$Na_2SO_3 + 2H_2SO_4(浓) = SO_2 \uparrow + 2NaHSO_4 + H_2O$$

启普发生器中的酸液长期使用后会变稀，此时，可把下球侧口的玻璃塞（有的是橡皮

塞）拔下，倒掉废酸，塞好塞子，再向球形漏斗中加入新的酸液，若固体需要更换时，应先倒出酸液，再拔去中间球侧的塞子，将原来的固体残渣从侧口取出，更换新的固体。

启普发生器不能加热，装入的固体反应物必须是较大的颗粒，不适用小颗粒或粉末的固体反应物，所以制备氯化氢、氯气、二氧化硫等气体就不能使用启普发生器，而用图3-78所示的气体发生装置。

把固体加到蒸馏瓶内，把酸液装在分液漏斗中，使用时，打开分液漏斗下面的活塞，使酸液均匀地滴加在固体上，就产生气体，当反应缓慢或不发生气体时可以微加热，如果加热后仍不起反应，则需要更换药品。

(二) 气体钢瓶的使用

气体钢瓶是储存压缩气体的特制的耐压钢瓶。钢瓶中的气体是在一些工厂中充入的，如氧气钢瓶、氮气钢瓶、氢气钢瓶、氯气钢瓶、氩气钢瓶、二氧化碳钢瓶等，氧、氮、氩来源于液态空气的分馏，氢来源于水的电解等，氯来源于合成氨工厂等。

在实验室中，我们可以使用气体钢瓶。使用时，通过减压阀（气压表）有控制地放出气体。由于钢瓶的内压很大（有的高达15MPa），而且有些气体易燃或有毒，所以在使用钢瓶时要注意以下几点：

① 钢瓶应存放在阴凉、干燥、远离热源（如阳光、暖气、炉火）的地方，可燃性气体钢瓶必须与氧气钢瓶分开存放。

② 绝不可使油或其他易燃性有机物附着在钢瓶上（特别是气门嘴和减压阀）。也不得用棉、麻等物堵漏，以防燃烧引起事故。

③ 使用钢瓶中的气体时，需用减压阀（气压表）。可燃性气体的钢瓶，其气门螺纹是反扣的（如氢气、乙炔气）。不燃或助燃性气体钢瓶，其气门螺纹是正扣的，各种气体的气压表不得混用，以防爆炸。

④ 钢瓶内的气体绝不能全部用完，一定要保留0.05MPa以上的残留压力（减压阀表压）。可燃性气体如乙炔应剩余0.2～0.3MPa。

⑤ 为了避免把各种气体混淆而用错气体（这会发生很大的事故），通常在气瓶外面涂以特定的颜色以便区别，并在瓶上写明瓶内气体名称。表3-4为我国气瓶常用的标记。

表3-4 我国气瓶常用标记

气 体 类 别	瓶身颜色	字体颜色	气 体 类 别	瓶身颜色	字体颜色
氮	黑	黄	二氧化碳	灰	黑
氧	天蓝	黑	氯	黄绿	黄
氢	深绿	红	乙炔	白	红
空气	黑	白	其他一切可燃气体	红	白
氨	黄	黑	其他一切不可燃气体	黑	黄

(三) 气体的净化和干燥

实验室中发生的气体常常带有酸雾和水汽，所以在要求高的实验中就需要净化和干燥，通常用洗气瓶（图3-79）和干燥塔（图3-80）来进行，一般是让发生出来的气体先通过水洗以洗去酸雾，然后再通过浓硫酸吸去水汽，如二氧化碳的净化和干燥就是这样进行的。氢气的净化要复杂一些，因为发生氢气的原料（锌粒）中常含有硫、砷等杂质，所以在氢气发生过程中常夹杂有硫化氢、砷化氢等气体，要采用高锰酸钾溶液、醋酸铅溶液除去硫和砷，酸气也同时除去，最后再通过浓硫酸干燥。有些气体是还原性的或碱性的，就不能用浓酸来干燥,如硫化氢、氨气等,它们可分别用无水氯化钙(干燥硫化氢)或氢氧化钠固体(干燥氨气)来干燥。

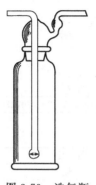

图 3-79 洗气瓶

图 3-80 干燥塔

(四) 气体的收集

① 在水中溶解度很小的气体(如氢气、氧气)可用排水集气法收集(图 3-81)。

② 易溶于水而比空气轻的气体(如氨),可用瓶口向下的排气集气法收集(图 3-82)。

③ 能溶于水而比空气重的气体(如氯、二氧化碳等),可用瓶口向上的排气集气法收集(图 3-83)。

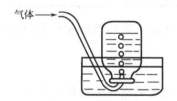 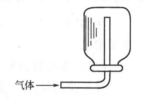 

图 3-81 排水集气法　　图 3-82 排气集气(比空气轻)法　　图 3-83 排气集气(比空气重)法

十一、滤纸、烧结过滤器

(一) 滤纸

滤纸是用精制木浆或棉浆等纯纤维制成的具有良好过滤性能的纸。

我国国家标准《化学分析滤纸》(GB/T 1914—1993)对定量滤纸和定性滤纸产品的分类、型号和技术指标以及试验方法等都有规定。

化学实验室中常用的有定量分析滤纸和定性分析滤纸两种。两者的差别在于灼烧后的灰分质量不同。

定量滤纸的灰分很低,又称为无灰滤纸。以直径 12.5cm 定量滤纸为例,每张滤纸的质量约为 1g,灼烧后其灰分的质量不超过 0.1mg(小于或等于常量分析天平的感量),在重量分析法中可以忽略不计。而定性滤纸灼烧后有相当多的灰分,不适于重量分析。

滤纸外形有圆形和方形两种。常用的圆形滤纸有 ϕ7cm、ϕ9cm、ϕ11cm 等规格,方形滤纸都是定性滤纸,有 60cm×60cm、30cm×30cm 等规格。

按过滤速度和分离性能的不同,又分为快速、中速和慢速三种,滤纸盒上贴有滤速标签,快速为黑色或白色纸带,中速为蓝色纸带,慢速为红色或橙色纸带。

按国家标准 GB 1514 和 GB 1515 所规定的技术指标列于表 3-5 和表 3-6,应根据沉淀的性质和沉淀的量合理地选用滤纸。

表 3-5 定量滤纸

项 目		规 定		
		快速	中速	慢速
		201	202	203
面质量/g·m^{-2}		80.0±4.0	80.0±4.0	80.0±4.0
分离性能(沉淀物)		氢氧化铁	碳酸锌	硫酸钡
过滤速度/s	≤	30	60	120
湿耐破度(水柱)/mm	≥	120	140	160
灰分/%	≤	0.01	0.01	0.01
标志(盒外纸条)		白色	蓝色	红色
圆形纸直径/mm		55,70,90,110,125,180,230,270		

表 3-6 定性滤纸

项 目		规 定		
		快速	中速	慢速
		101	102	103
面质量/g·m^{-2}		80.0±4.0	80.0±4.0	80.0±4.0
分离性能(沉淀物)		氢氧化铁	碳酸锌	硫酸钡
过滤速度/s	≤	30	60	120
灰分/%	≤	0.15	0.15	0.15
水溶性氯化物/%	≤	0.02	0.02	0.02
含铁量(质量分数)/%	≤	0.003	0.003	0.003
标志(盒外纸条)		白色	蓝色	红色
圆形纸直径/mm		55,70,90,110,125,180,230,270		
方形纸尺寸/mm		600×600,300×300		

图 3-84 烧结玻璃漏斗

在实验过程中,应当根据沉淀的性质和数量合理地选用滤纸。

(二) 烧结过滤器

有些浓的强酸、强碱或强氧化性的溶液,过滤时不能使用滤纸,因为它们和滤纸作用而破坏滤纸,这时可用纯的确良布或尼龙布代替滤纸,也可使用烧结过滤器,这是一类由颗粒状的玻璃、石英、陶瓷、金属或塑料等经高温烧结,并具有微孔的过滤器。其中最常用的是烧结玻璃漏斗,它的底部是用玻璃砂在 873K 左右烧结成的多孔片,故又称玻璃砂芯滤器,有漏斗式和坩埚式两种(图 3-84)。

从 1990 年开始实施新的标准,规定在每级孔径的上限值前置以字母"P"表示(表 3-7)。各种滤器都有不同的规格,例如容量、高度、直径和滤片牌号等。

表 3-7 玻璃滤器新旧编号对照与用途

微孔编号	相当于原编号	微孔最大直径/μm	用 途 简 介
P250	0 号	160~250	气体扩散,极粗沉淀微粒过滤
P160	1 号	100~160	液体中气体扩散,粗过滤,液体扩散
P100	2.5 号	40~100	较粗沉淀物过滤,较粗气体洗涤和扩散沉淀物过滤,水银过滤
P40	3 号	16~40	分析过滤,较细沉淀物过滤,气体细过滤
P16	4 号	10~16	精细分析过滤,细沉淀物过滤
P10	5 号	4~10	极细沉淀物过滤

这种漏斗在化学实验室中常见的规格有四种,即:1号、2号、3号、4号。可以根据沉淀颗粒不同来选用。

玻璃滤器应配合吸滤瓶使用，坩埚式滤器可通过特制的橡皮座接在吸滤瓶上，操作同减压过滤。

1. 使用时应注意内容

新的滤器使用前要经酸洗、抽滤、水洗。酸洗时以热盐酸或铬硫酸先行抽滤，并立即用蒸馏水洗净。经过预处理，滤器中灰尘等外来杂质可以除去。

玻璃滤器不能用于过滤浓氢氟酸、热浓磷酸、热或冷的浓碱液。这些试剂将溶解滤片的微粒，使滤孔增大，并造成滤片脱裂。也不宜过滤浆状沉淀（会堵塞砂芯细孔）、不易溶解的沉淀（因沉淀无法清洗，如二氧化硅）。

滤片的厚度是兼顾到过滤的速率和必要的机械强度而确定的。因此，在减压和受压的情况下使用时，滤片两面的压力差不容许超过 $1 kgf \cdot cm^{-2}$（98kPa）。

由于滤器几何形状的特殊和熔接边缘的存在，为防止裂损和滤片脱落，故在升温或冷却时必须十分缓慢。干燥后，要在烘箱中降至温热后再取出。

若用作重量分析，则洗涤干净后不能用手直接接触，而要用洁净的软纸垫着放在烧杯中，在烧杯口搁三只玻璃钩，再盖上表面皿，置于烘箱中烘干（烘干温度与烘沉淀的温度同），直至恒重。

2. 玻璃砂芯滤器洗涤法

玻璃砂芯滤器在使用以后，有一部分沉淀物在过滤进行时被留存在玻璃砂芯的微孔中，必须及时有效地给予清洗，才能继续使用。洗涤时先尽量倒出沉淀，再用适当的洗涤剂（能溶解或分解沉淀）浸泡。不能用去污粉洗涤，也不能用硬物擦划滤片。玻璃砂芯滤器的洗涤方法，由于砂芯微孔大小的不同，和沉淀物颗粒大小的不一，大致有以下三种方法：

① 水压冲洗法：将需要洗涤的玻璃砂芯过滤漏斗倒置，把下支管用橡皮管连接到自来水开关上，打开自来水，使水流急速冲入漏斗，压入微孔中，把微孔中的沉淀物冲洗出来。这种方法对于 P100 以上的玻璃砂芯滤器最为适用。

② 减压抽洗法：将玻璃砂芯过滤坩埚或漏斗倒置于圆筒中，筒内满注适用的清洁液，然后将过滤瓶进行减压，使圆筒内之清洁液在减压情况下急速通过砂芯微孔，把存在于微孔中的沉淀物溶解并抽洗出来，这个方法对 P40 以下之玻璃砂芯滤器特别有效。

③ 化学洗涤法：针对不同的沉淀物，可采用各种有效的洗涤液先行处理，然后用蒸馏水冲洗干净，再予烘干。常用的洗涤液列于表 3-8。

表 3-8 玻璃滤器常用洗涤液

沉淀物	有效洗涤液	沉淀物	有效洗涤液
脂肪、脂膏	四氯化碳或适当的有机溶剂	汞渣	热浓硝酸
白朊、黏胶、葡萄糖	盐酸、热氨、5%～10%碱液或热硝酸和硝酸的混合液	硫化汞	热王水
		氯化银	氨或硫代硫酸钠的溶液
有机物质	混有重铬酸盐的温热硫酸或含有少量硝酸钾和高氯酸钾的浓硫酸,放置过夜	铝质或硅质残渣	先用2%氢氟酸然后用浓硫酸洗涤,立即用蒸馏水再用丙酮漂洗。重复漂洗至无酸痕为止
氧化亚铜、铁斑	混有高氯酸钾的热浓盐酸		
硫酸钡	100℃浓硫酸	二氧化锰	硝酸-双氧水

十二、试纸

(一) 用试纸检验溶液的酸碱性

常用 pH 试纸和石蕊试纸检验溶液的酸碱性。将小块试纸放在干燥清洁的点滴板上，再用玻璃棒蘸取待测的溶液，滴在试纸上，于半分钟以内观察试纸的颜色变化（不能将试纸投入溶液中检验），石蕊试纸的颜色变化为：酸性呈红色，碱性呈蓝色；pH 试纸呈现的颜色则与标准色板颜色对比，可以知道溶液的 pH。

pH 试纸分为两类：一类是广泛 pH 试纸，其变色范围为 pH 值 1～14，广泛 pH 试纸的变化为 1 个 pH 单位，用来粗略地检验溶液的 pH；另一类是精密 pH 试纸，而精密 pH 试纸的变化小于 1 个 pH 单位，用于比较精确地检验溶液的 pH。精密试纸的种类很多，如 pH 值为 2.7～4.7、3.8～5.4、5.4～7.0、6.8～8.4、8.2～10.0、9.5～13.0 等，可以根据不同的需求选用。

试纸应密闭保存，不要用带有酸性或碱性的湿手去取试纸，以免变色。

（二）用试纸检验气体

不同的试纸检验的气体不同。

pH 试纸或石蕊试纸也常用于检验反应所产生气体的酸碱性。先用蒸馏水润湿试纸并黏附在干净玻璃棒的尖端，将试纸放在试管口的上方（不能接触试管），观察试纸颜色的变化。

淀粉-碘化钾试纸是浸渍了淀粉-碘化钾溶液的滤纸，晾干后剪成条状储存于棕色瓶中。自身为白色，当遇到氧化性物质（如 Cl_2、Br_2、NO_2、O_2、$HClO$、H_2O_2 等）时，试纸变蓝。这是因为氧化剂将试纸上的 I^- 氧化成 I_2，I_2 与淀粉作用而呈现蓝色。

醋酸铅试纸专门用来检验 H_2S。醋酸铅试纸是将滤纸用醋酸铅溶液浸泡后晾干制成的白色纸条，润湿的试纸遇到 H_2S 气体时，试纸上的 $Pb(Ac)_2$ 与之反应生成黑褐色带有金属光泽的 PbS 沉淀，借以证明 H_2S 的存在。

十三、搅拌

（一）磁力搅拌器

1. 无马达的磁力搅拌器

见图 3-85，无马达的磁力搅拌器，通过不断改变线圈中电流的方向，从而旋转磁场，以带动搅拌子旋转。转速为 50～1100r/min，微处理器控制。启动平稳，可以选择一个最佳的搅拌速度级别。

图 3-85　无马达的磁力搅拌器

图 3-86　加热型磁力搅拌器

2. 加热型磁力搅拌器

见图 3-86，现多为加热型磁力搅拌器。加热盘材质为铝合金，外表面覆盖一层特殊的保护层，可以最大限度地防止化学试剂腐蚀和机械损坏。使用时，将电磁搅拌棒（聚四氟乙烯包覆磁棒）放入反应容器内，打开电源开关，调节搅拌转速和控温旋钮至适当位置即可。温控范围一般为室温至 300℃ 或更高。

(二) 电动搅拌器

见图 3-87，由支架、搅拌电机和控制器组成。通过控制器可调节搅拌转速、加热强度，通过温控装置可实现自动恒温控制。

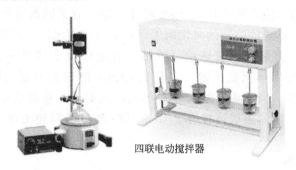

图 3-87　电动搅拌器

十四、溶解与沉淀

(一) 试样的溶解

溶解固体时，常用加热、搅拌等方法加快溶解速度。当固体物质溶解于溶剂时，如固体颗粒太大，可在研钵中研细。搅拌可加速溶质的扩散，从而加快溶解速度。对一些溶解度随温度升高而增加的物质来说，加热对溶解过程有利。

在试管中溶解固体时，可用振荡试管的方法加速溶解，振荡时不能上下振荡，也不能用手指堵住管口来回振荡。

在烧杯中用溶剂溶解试样时，加入溶剂时应先把烧杯适当倾斜，然后把量筒嘴靠近烧杯壁，让溶剂慢慢顺着杯壁流入；或通过玻璃棒使溶剂沿玻璃棒慢慢流入，以防杯内溶液溅出而损失。溶剂加入后，用玻璃棒搅拌，使试样完全溶解。对溶解时会产生气体的试样，则应先用少量水将其润湿成糊状，用表面皿将杯盖好。然后用滴管将试剂自杯嘴逐滴加入，以防生成的气体将粉状的试样带出。对于需要加热溶解的试样，加热时要盖上表面皿，要防止溶液剧烈沸腾和迸溅。加热后要用蒸馏水冲洗表面皿和烧杯内壁，冲洗时也应使水顺杯壁流下。在实验的整个过程中，盛放试样的烧杯要用表面皿盖上，以防脏物落入。放在烧杯中的玻璃棒，不要随意取出，以免溶液损失。

(二) 沉淀

沉淀剂的加入：沉淀剂的浓度、加入量、温度及速度应根据沉淀类型而定。如果是一次加入的，则应沿烧杯内壁或沿玻璃棒加到溶液中，以免溶液溅出。加入沉淀剂时通常是左手用滴管逐滴加入，右手用玻璃棒轻轻搅拌溶液，使沉淀剂不致局部过浓。

沉淀剂加完后，玻璃棒不要取出，同时应检查沉淀是否完全，方法是：将溶液静置后，在上层清液中加入 1 滴沉淀剂，观察滴液处有无混浊，若无混浊说明沉淀已完全；如有混浊则补加沉淀剂至沉淀完全为止。

十五、结晶和固液分离

在无机物的制备中，经常要用到蒸发（浓缩）、结晶（重结晶）、溶液与结晶（沉淀）的分离（过滤、离心分离）、洗涤和干燥等一系列的操作，必须熟练掌握，现分述如下。

(一) 蒸发（浓缩）

当溶液很稀而所制备的物质的溶解度又较大时，为了能从中析出该物质的晶体，必须通过加热，使水分不断蒸发，溶液不断浓缩；蒸发到一定程度时冷却，就可析出晶体。

常用的蒸发容器是蒸发皿，其蒸发的面积较大，有利于快速浓缩。蒸发皿内所盛液体的量不应超过其容积的 2/3。

蒸发浓缩应视溶质的性质可分别采用直接加热或水浴加热的方法进行。若无机物对热是稳定的，可以用煤气灯（应先预热）、电热套直接加热。对于固态时带有结晶水或低温受热易分解的物质，由它们形成的溶液的蒸发浓缩，一般只能在水浴上间接加热。

随着水分的蒸发，溶液逐渐被浓缩，浓缩的程度取决于溶质溶解度的大小及对晶粒大小的要求。当物质的溶解度较大时，必须蒸发到溶液表面出现晶膜时才停止，冷却后即可结晶出大部分溶质。当物质的溶解度较小或高温时溶解度较大而室温时溶解度较小，此时不必蒸发到液面出现晶膜就可冷却。如结晶时希望得到较大的晶体，就不宜浓缩到太高的浓度。

（二）结晶与重结晶

大多数物质的溶液蒸发到一定浓度下冷却，就会析出溶质的晶体。

从溶液中析出的晶体的颗粒大小与结晶条件有关。如果溶液的浓度较高，溶质在水中的溶解度随温度下降而显著减小时，冷却得越快，那么析出的晶体就越细小，否则就得到较大颗粒的结晶。搅拌溶液和静置溶液，可以得到不同的效果，前者有利于细小晶体的生成，后者有利于大晶体的生成。

利用不同物质在同一溶剂中的溶解度差异，可以对含有杂质的化合物进行纯化，所谓杂质是指含量较低的一些物质，它们包括不溶性的机械杂质和可溶性的杂质两类，在实际操作中是先在加热情况下使被纯化的物质溶于一定量的水中，形成饱和溶液，趁热过滤，除去不溶性机械杂质，然后使滤液冷却，此时被纯化的物质已经是过饱和的，从溶液中结晶析出，而对于可溶性杂质来说，远未达到饱和状态，仍留在母液中，过滤使晶体与母液分离，便得到较纯净的晶体物质，这种操作过程就叫做重结晶。如果一次重结晶达不到纯化的目的，可以进行二次重结晶，有时甚至要进行多次重结晶操作才能得到纯净的化合物。

重结晶纯化物质的方法，只适用于那些溶解度随温度上升而增大的化合物，对于其溶解度受温度影响很小的化合物则不适用。

从纯度的要求来说，细小晶体的生成有利于生成物纯度的提高，因为它不易裹入母液或别的杂质，而粗大晶体，特别是结成大块的晶体的形成，则不利于纯度的提高。

如果溶液容易发生过饱和现象，则可以用搅拌、摩擦器壁或投入几粒小晶体（晶种）等办法，使形成结晶中心，过量的溶质便会全部结晶析出。

选择适宜的溶剂是重结晶操作的关键，通常根据"相似相溶"原理来选择。所选溶剂必须具备下列条件：

① 不与被提纯物质起反应；
② 待提纯物质的溶解度随温度的变化有明显的差异；
③ 杂质的溶解度很大（结晶时使杂质留在母液中）或很小（使杂质在热过滤时被除去）；
④ 溶剂沸点应低于待提纯物质的熔点，且不可太高，因为太高时，附着于晶体表面的溶剂不易除去。

重结晶是提纯固体物质常用的重要方法之一，它适用于溶解度随温度有显著变化的化合物，对于其溶解度受温度影响很小的化合物则不适用。

(三) 固液分离、沉淀的洗涤

溶液与沉淀的分离方法有三种：倾析法、过滤法、离心分离法。

1. 倾析法

当沉淀的结晶颗粒较大或相对密度较大，静置后容易沉降至容器的底部时，可用倾析法分离或洗涤，倾析的操作与转移溶液的操作是同时进行的，洗涤时，可在盛有沉淀的容器内加入少量洗涤剂（常用蒸馏水，酒精等），充分搅拌后静置，沉降，再小心地倾析出洗涤液，如此重复操作两三遍，即可洗净沉淀。

2. 过滤法

过滤是最常用的分离方法之一，当溶液和沉淀的混合物通过过滤器（如滤纸）时，沉淀就留在过滤器上，溶液则通过过滤器而漏入接收的容器中，过滤所得的溶液叫做滤液。

溶液的温度、黏度、过滤时的压力，过滤器的孔隙和沉淀物的状态，都会影响过滤的速度，热的溶液比冷的溶液易过滤，溶液的黏度愈大，过滤愈慢，减压过滤比常压过滤快，过滤器的孔径要选择适当，太大会透过沉淀，太小则易被沉淀堵塞，使过滤难以进行。如果沉淀是胶状的，必须在过滤前加热一段时间来破坏溶胶，促使胶体聚沉，以免胶状沉淀透过滤纸。总之，应考虑各方面的因素来选用不同的过滤方法。

常用的三种过滤方法是常压过滤、减压过滤、热过滤，现分述如下。

(1) 常压过滤　此法最为简便和常用，先把滤纸折叠成四层并剪成扁形（圆形滤纸不必再剪），如果漏斗的规格不标准（非60°），滤纸和漏斗将不密合，这时需要重折滤纸，把它折成一个适当的角度。展开后可成大于60°角的锥形，或成小于60°角的锥形，根据漏斗的角度来选用，使滤纸与漏斗密合，然后撕去一小角，用食指把滤纸按在漏斗内壁上，用水湿润滤纸，并使它紧贴在壁上，轻压滤纸，赶走气泡。加水至滤纸边缘使之形成水柱（即漏斗颈中充满水）。若不能形成完整的水柱，可一边用手指堵住漏斗下口，一边稍掀起三层那一边的滤纸，用洗瓶在滤纸和漏斗之间加水，使漏斗颈和锥体的大部分被水充满，然后一边轻轻按下掀起的滤纸，一边断续放开堵在出口处的手指，即可形成水柱。滤液以本身的重量引漏斗内液体下漏使过滤大为加速。气泡的存在将延缓液体在漏斗颈内流动而减缓过滤的速度，漏斗中滤纸的边缘应略小于漏斗的边缘（图3-88）。过滤时应注意，漏斗要放在漏斗架上，漏斗颈要靠在接收容器的壁上，先转移溶液，后转移沉淀，转移溶液时，应把它滴在三层滤纸处并使用玻棒（玻璃棒简称玻棒）引流，每次转移量不能超过滤纸高度的2/3。

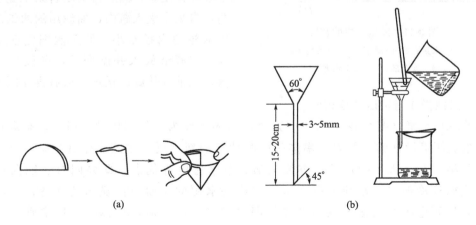

图3-88　常压过滤

如果需要洗涤沉淀，则等溶液转移完毕后往盛有沉淀的容器中加入少量洗涤剂，充分搅拌并放置，待沉淀下降后，把洗涤液转移入漏斗，如此重复三遍，再把沉淀转移到滤纸上，对于残留在烧杯内的少量沉淀，可按图 3-89 所示的方法将其完全转移到滤纸上。即用左手拿住烧杯，玻棒放在杯嘴上，以食指按住玻棒，烧杯嘴朝向漏斗倾斜，玻棒下端指向滤纸三层部分，右手持洗瓶吹出液流冲洗烧杯内壁，使杯内残留的沉淀随液流沿玻棒流入滤纸内。沉淀完全移转至滤纸上后，在滤纸上进行最后的洗涤，用洗瓶吹出细小缓慢的液流，从滤纸上部沿漏斗壁螺旋式向下吹洗，如图 3-90 所示使沉淀集中到滤纸锥体的底部直到沉淀洗净为止。

图 3-89　沉淀的转移

图 3-90　漏斗中沉淀的洗涤

洗涤时贯彻少量多次的原则，这样的洗涤效率高，检查滤液中的杂质含量，可以判断沉淀是否已经洗涤干净。

（2）减压过滤（简称抽滤）　在减压过滤装置图 3-91 中，水泵中急速的水流不断将空气带走，从而使吸滤瓶内压力减小，在布氏漏斗内的液面与吸滤瓶内产生一个压力差，提高了过滤的速度，在连接水泵的橡皮管和吸滤瓶之间安装一个安全瓶，用于防止因关闭水阀或水泵内流速的改变产生自来水倒吸，进入吸滤瓶将滤液沾污并冲稀，也正因为如此，在停止过滤时，应该首先从吸滤瓶上拔掉橡皮管，然后再关闭自来水龙头，以防止自来水吸入瓶内，抽滤用的滤纸应比布氏漏斗的内径略小，但又能把瓷孔全部盖没，将滤纸放入并湿润后，慢慢打开水龙头，先抽气使滤纸紧贴，然后再往漏斗内转移溶液，其他操作与常压过滤相似。

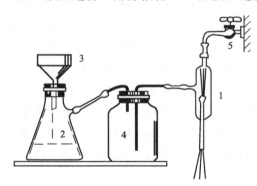

图 3-91　减压过滤的装置
1—水泵；2—吸滤瓶；3—布氏漏斗；
4—安全瓶；5—自来水龙头

水循环真空泵（图 3-92 和图 3-93）是以循环水作为工作流体的喷射泵，是利用流体射流产生负压而设计的一种大功率多头同时抽气的新型循环水式多用真空泵，具有不用油、无污染、功率大、噪声低、方便灵活、节水省电等优点。此泵同时还能向反应装置中提供循环冷却水，特别是在水压不足或缺水源的实验室更显示其优越性。该泵操作简单，打开电源开关接上抽气橡皮管即可抽气，用毕后，拔掉抽气橡皮管，关闭电源开关。

图 3-92 水循环真空泵

图 3-93 真空抽滤系统

（3）热过滤　如果溶液中的溶质在温度下降时很容易大量结晶析出，而我们又不希望它在过滤过程中留在滤纸上，这时就要趁热进行过滤，过滤时可把玻璃漏斗放在铜质的热漏斗内（图 3-94），热漏斗内装有热水，以维持溶液的温度。也可以在过滤前把普通漏斗放在水浴上用蒸汽加热，然后使用，此法比较简单易行，另外，热过滤时选用的漏斗颈部愈短愈好，以免过滤时溶液在漏斗颈内停留过久，因散热降温，析出晶体而发生堵塞。

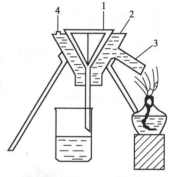
图 3-94　热过滤漏斗与操作（热漏斗）
1—玻璃漏斗；2—铜制外套；3—铜支管；4—注水孔

（4）超细粉末的固液分离　由于超细粉末颗粒很细，沉降太慢，同时颗粒常常带有电荷，更使其沉降困难。传统的过滤介质如滤布、滤网、烧结金属或陶瓷，都只能分离颗粒尺寸大于约 1μm 的固体颗粒。对于制备超细粉末涉及的固液分离，采用膜分离过滤技术和电渗、电泳脱水技术是理想的选择。

下面只针对超细微粉浓缩脱水和洗涤的工艺要求，着重介绍膜微滤。见图 3-95～图 3-97。

微滤实质上与普通过滤没有区别，也以膜两侧的压差作为过滤的推动力，只是过滤介质——膜的孔径更小，过滤更精密。滤膜截留微粒的作用局限于膜的表面。

从材质上可区分为有机膜及无机膜。有机膜的主要品种有：纤维素酯膜、合成高分子膜（如聚芳香酰胺、聚矾、聚四氟乙烯、聚丙烯、聚碳酸酯等）。无机膜主要由 Al_2O_3、ZrO_2、碳质、碳化硅、不锈钢、镍等制成。

关于膜滤国内外都有许多专著，必要时读者可以选读参考。

3. 离心分离法

当被分离的沉淀的量很少时，可以应用离心分离法，实验室内常用电动离心机（图 3-98），把要分离的混合物放在离心管中，再把离心管装入离心机的套管内，在对面的套管内则放一盛有与其等体积的水的离心管，离心机旋转一段时间后，使其自然停止旋转，通过离心作用，沉淀紧密地聚集在离心管底部，而溶液在上部，用滴管将溶液吸出，如需洗涤，可往沉淀中加入少量洗涤剂，充分搅拌后再离心分离，重复操作两三遍即可。

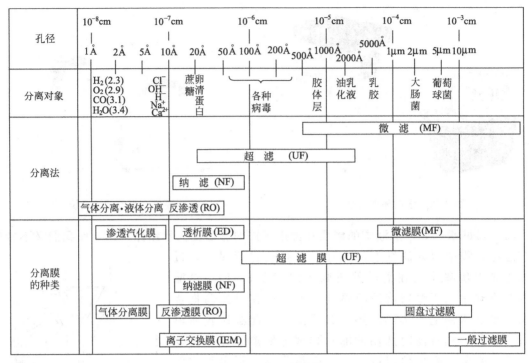

图 3-95　膜过滤图谱

图 3-96　微孔滤膜（带外包装）

图 3-97　全玻璃换膜过滤器

图 3-98　电动离心机

十六、固体的干燥

固体干燥主要是除去固体表面的水分及有机溶剂。最简单的方法是采用自然晾干或吸附的方法。

晾干是将要干燥的样品放在表面皿或敞开的容器中,使其在空气中慢慢晾干。有些带结晶水的晶体,不能烘烤,可以用有机溶剂洗涤后晾干。吸附是将样品放在装有各种类型干燥剂的干燥器中进行干燥。有些易吸水潮解或需要长时间保持干燥的固体,应放在干燥器(参见"十八、干燥剂、干燥器及其使用注意事项")内。

如果分离出来的沉淀对热是稳定的,需要干燥时可把沉淀放在表面皿上,在电烘箱中烘干,也可把它放在蒸发皿上,用水浴或煤气灯加热烘干。

十七、温度测量仪表

一般的温度测量仪表都有检测和显示两个部分。在简单的温度测量仪表中,这两部分是连成一体的,如水银温度计;在较复杂的仪表中则分成两个独立的部分,中间用导线连接,如热电偶或热电阻是检测部分,而与之相配的指示和记录仪表是显示部分。

按测量方式,温度测量仪表可分为接触式和非接触式两大类。测量时,其检测部分直接与被测介质相接触的为接触式温度测量仪表;在测量时,检测部分不必与被测介质直接接触的为非接触式温度测量仪表,它还可用于测运动物体的温度。

普通温度计一般用玻璃制成,下端的水银球与上面一根内径均匀的厚壁毛细管相连通,管外刻有表示温度的刻度,分度为1℃和2℃的温度计一般可估计到0.1℃(或0.2℃)的读数,分度为0.1℃的温度计可估计到0.01℃的读数。每支温度计都有一定的测温范围,通常以最高的刻度来表示,如100℃、250℃、360℃等,用石英代替玻璃制成温度计,可测至620℃。任何温度计都不允许测量超过它的最高刻度的温度。温度计的水银球玻璃壁很薄,容易破碎,使用时要轻拿轻放,切不可用来当作搅拌棒使用,测量液体温度计,要使水银完全浸在液体中,注意勿使水银球接触容器的底部或侧壁,测量过高温的温度计切不可立即用冷水冲洗。温度计的水银球一旦被打碎,洒出水银,要立即用硫黄粉覆盖。

光学高温计、辐射温度计和比色温度计,都是利用物体发射的热辐射能随温度变化的原理制成的辐射式温度计。现在便携式数字温度计已逐渐得到应用,装有微处理器的便携式红外辐射温度计具有存储计算功能,能显示一个被测表面的多处温度,或一个点温度的多次测量的平均温度、最高温度和最低温度等。此外,现在还研制出多种其他类型的温度测量仪表,如用晶体管测温元件和光导纤维测温元件构成的仪表,采用热象扫描方式的热象仪,可直接显示和拍摄被测物体温度场的热象图,另外还有利用激光测量物体温度分布的温度测量仪器等。

十八、干燥剂、干燥器及其使用注意事项

1. 常用干燥剂

见表3-9。

表3-9 常用干燥剂

干燥剂	酸碱性质	与水作用的产物	说　明[①]
$CaCl_2$	中性	$CaCl_2 \cdot H_2O$ $CaCl_2 \cdot 2H_2O$ $CaCl_2 \cdot 6H_2O$	脱水量大,作用快,效率不高。$CaCl_2$颗粒大,易与干燥后溶液分离,为良好的初步干燥剂。不可用于干燥醇类、胺类或酚类、酯类和酸类。氯化钙六水合物在30℃以上失水
Na_2SO_4	中性	$Na_2SO_4 \cdot 7H_2O$ $Na_2SO_4 \cdot 10H_2O$	价格便宜,脱水量大,作用慢,效率低。为良好的常用初步干燥剂。物理外观为粉状,需把干燥后的溶液过滤分离。$Na_2SO_4 \cdot 10H_2O$在33℃以上失水

续表

干燥剂	酸碱性质	与水作用的产物	说 明[①]
$MgSO_4$	中性	$MgSO_4 \cdot H_2O$ $MgSO_4 \cdot 7H_2O$	比 Na_2SO_4 作用快,效率高。为一般良好的干燥剂。$MgSO_4 \cdot 7H_2O$ 在 48℃ 以上失水
$CaSO_4$	中性	$CaSO_4 \cdot \frac{1}{2} H_2O$	脱水量小但作用很快,效率高。建议先用脱水量大的干燥剂作为溶液的初步干燥剂。$CaSO_4 \cdot \frac{1}{2} H_2O$ 加热 2～3h 即可失水
$CuSO_4$	中性	$CuSO_4 \cdot H_2O$ $CuSO_4 \cdot 3H_2O$ $CuSO_4 \cdot 5H_2O$	较 $MgSO_4$、Na_2SO_4 效率高,但比两者价格都贵
K_2CO_3	碱性	$K_2CO_3 \cdot \frac{3}{2} H_2O$ $K_2CO_3 \cdot 2H_2O$	脱水量及效率一般。适用于酯类、腈类和酮类,但不可用于酸性有机化合物
H_2SO_4	酸性	$H_3O^+ + HSO_4^-$	适用于烷基卤化物和脂肪烃,但不可用于烯类、醚类及弱碱性物质。脱水效率高
P_2O_5	酸性	HPO_3 $H_4P_2O_7$ H_3PO_4	参见硫酸说明。也适用于醚类、芳香卤化物以及芳香烃类。脱水效率极高。建议将溶液先经预干燥。干燥后溶液可蒸馏与干燥剂分开
CaH_2	酸性	$H_2 + Ca(OH)_2$	效率高但作用慢。适用于碱性、中性或弱酸性化合物。不能用于对碱敏感的物质。建议先将溶液通过初步干燥。干燥后的溶液蒸馏与干燥剂分开
Na	碱性	$H_2 + NaOH$	效率高但作用慢。不可用于对碱土金属或碱敏感的化合物。应练习掌握分解过量的干燥剂。溶液需先进行初步干燥后再用金属钠干燥。干燥后溶液可蒸馏与干燥剂分开
BaO 或 CaO	碱性	$Ba(OH)_2$ 或 $Ca(OH)_2$	作用慢但效率高。适用于醇类及胺类,而不适用于对碱敏感的化合物。干燥后可把溶液蒸馏而与干燥剂分开
KOH 或 NaOH	碱性	溶液	快速有效,但应用范围几乎只限于干燥胺类
♯3A 或 ♯4A 分子筛[②]	中性	能牢固吸着水分	快速、高效。需将液体经初步干燥后再用。干燥后把溶液蒸馏以与干燥剂分开。分子筛为硅酸铝的商品名称,具有一定直径小孔的结晶型结构。♯3A、♯4A 分子筛的孔径大小仅允许水或其他小分子(如氨分子)进入。水由于水化而被牢牢吸着。水化后分子筛可在常压或减压下 300～320℃ 加热活化

① 脱水量为一定质量的干燥剂所能除去的水量,而效率则为水合干燥剂平衡时的水量。
② 数字为分子筛孔径的大小,现以 Å 为单位 (1Å=0.1nm)。

2. 干燥器

干燥器带有磨口的玻璃盖子。为了使干燥器密闭,在盖子磨口处均匀地涂上一层凡士林。干燥器中带孔的圆板将干燥器分为上下两室,上室放被干燥的物体,下室装干燥剂。干燥剂不宜过多,约占下室的一半即可,否则可能沾污被干燥的物体,影响分析结果。因不同的干燥剂具有不同的蒸气压,常根据被干燥物的要求加以选择。最常用的干燥剂有硅胶、CaO、无水 $CaCl_2$、$Mg(ClO_4)_2$、浓 H_2SO_4 等。硅胶是硅酸凝胶(组成可用通式 $xSiO_2 \cdot yH_2O$ 表示)烘干除去大部分水后,得到的白色多孔固体,具有高度的吸附能力。为了便于观察,将硅胶放在钴盐溶液中浸泡,使之呈粉红色,烘干后变为蓝色。蓝色的硅胶具有吸湿能力,当硅胶变为粉红色时,表示已经失效,应重新烘干至蓝色。

干燥剂加入见图 3-99。启盖时,左手扶住干燥器,右手握住盖上的圆球,向前推开干燥器盖,不可向上提起(见图 3-100)。搬动干燥器时必须按图 3-101 的方法,防止盖子跌落打碎。

经高温灼烧后的坩埚,必须放在干燥器中冷却至与天平室温度一致后才能称量。若直接放在空气中冷却,则会吸收空气中的水汽而影响称量结果。当高温坩埚放入干燥器后,不能立即盖紧盖子。一方面因为干燥器中的空气因高温而剧烈膨胀,推动干燥器盖,有时甚至会

图 3-99　干燥剂加入　　　　图 3-100　打开干燥器　　　　图 3-101　挪动干燥器

将器盖推落打碎；另一方面，当干燥器中的空气从高温降到室温后，压力大大降低，器盖很难打开。即使打开了，也可能由于空气流的冲入将坩埚中的被测物冲散，使分析失败。

十九、重量分析基本操作

根据被测组分和试样其他组分的分离方法不同可分为三种方法：沉淀法、气化法、电解法。沉淀法是重量分析中的主要方法，这种方法是称样后把样品溶解，然后将被测组分定量形成难溶沉淀，再把沉淀过滤、洗涤、烘干、灼烧，最后称重，计算它的含量。

（一）样品的溶解

这里主要指易溶于水或酸的样品的溶解操作。

① 准备好洁净的烧杯，合适的搅拌棒（搅拌棒的长度应高出烧杯 5～7cm）和表面皿（表面皿的大小应大于烧杯口）。烧杯内壁和底不应有划痕。

② 称入样品后，用表面皿盖好烧杯。

③ 溶样时应注意：

a. 溶样时若无气体产生，可取下表面皿，将溶剂沿杯壁或沿着下端紧靠杯壁的搅拌棒加入烧杯，边加边搅拌，直至样品全部溶解。然后盖上表面皿。

b. 溶样时若有气体产生（如碳酸钠加盐酸），应先加少量水润湿样品，盖好表面皿，由烧杯嘴与表面皿的间隙处滴加溶剂。样品溶解后，用洗瓶吹洗表面皿的凸面，流下来的水应沿杯壁流入烧杯（图 3-102）并吹洗烧杯壁。

c. 溶解样品时，若需要加热，应盖好表面皿。停止加热时，应吹洗表面皿和烧杯壁。

d. 若样品溶解后必须加热蒸发，可在杯口放上玻璃三角或在杯沿上挂三个玻璃钩，再放表面皿。

（二）沉淀

根据所形成的沉淀的性状（晶形或非晶形）选择适当的沉淀条件。

1. 晶形沉淀

图 3-102　吹洗表面皿

① 在热溶液中进行沉淀，必要时将溶液稀释。

② 操作时，左手拿滴管加沉淀剂溶液。滴管口应接近液面，勿使溶液溅出。滴加速度要慢，接近沉淀完全时可以稍快。与此同时，右手持搅拌棒充分搅拌，但需注意不要碰到烧杯的壁或底。

③ 应检查沉淀是否完全。方法是：静置，待沉淀下沉后，于上层清液液面加少量沉淀剂，观察是否出现混浊。

④ 沉淀完全后，盖上表面皿，放置过夜或在水浴上加热 1h 左右，使沉淀陈化。

2. 非晶形沉淀

沉淀时宜用较浓的沉淀剂溶液，加沉淀剂和搅拌速度都可快些，沉淀完全后要用热蒸馏水稀释，不必放置陈化。

沉淀所需试剂应事先准备好。加入液体试剂时应沿烧杯壁或沿搅拌棒加入，勿使溶液溅出。沉淀剂一般用滴管逐滴加入，并同时搅拌，以减少局部过饱和现象，搅拌时不要用搅拌棒敲打和刻划杯壁。若需要在热溶液中进行沉淀，最好在水浴上加热。

（三）过滤和洗涤

对于过滤后只要烘干即可进行称量的沉淀，则可采用微孔玻璃坩埚过滤。若沉淀需经灼烧称重则应选无灰定量滤纸过滤（若滤纸的灰分过重，则需进行空白校正）。

1. 无灰定量滤纸过滤

（1）滤纸的选择

① 根据沉淀的性质选择合适致密程度的滤纸：胶状沉淀 $Fe_2O_3 \cdot xH_2O$ 等疏松的无定形沉淀，沉淀体积庞大，难以洗涤，应选用质松孔大的快速滤纸；$BaSO_4$、CaC_2O_4 等细晶型沉淀应选用致密孔小的慢速滤纸。沉淀越细，所选用的滤纸就越致密。

② 滤纸的大小要与沉淀的多少相适应：过滤后，漏斗中的沉淀一般不要超过滤纸圆锥高度的 1/3，最多不得超过 1/2。细晶型沉淀应选直径较小（7～9cm）致密的慢速滤纸。无定形沉淀，宜选用直径较大的（9～11cm）的快速滤纸。

（2）漏斗的选择　重量分析使用的漏斗是长颈漏斗。

① 应选用锥体角度为 60°、颈口倾斜角度为 45°的长颈漏斗。颈长一般为 15～20cm，颈的直径通常以 3～5mm 左右为宜。

② 漏斗的大小要与滤纸的大小相适应，滤纸的上缘应低于漏斗上沿 0.5～1cm。将沉淀转移至滤纸中后，沉淀高度不得超过滤纸的 1/3。

（3）滤纸的折叠和漏斗的准备　参见图 3-88 常压过滤部分。

（4）沉淀的过滤和洗涤　沉淀的过滤一般分为三个步骤：

① 用倾注法尽可能地过滤上层清液，避免沉淀过早堵塞滤纸上的空隙，影响过滤速度，并洗涤沉淀数次，为加速过滤和提高洗涤效率，过滤时尽可能不搅起沉淀；

② 把沉淀转移到漏斗上；

③ 洗净玻棒和烧杯内壁。

此三步操作一定要一次完成，不能间断，若时间间隔过久，沉淀会干涸，粘成一团，也就几乎无法洗涤干净了，尤其是过滤胶状沉淀时更应如此。

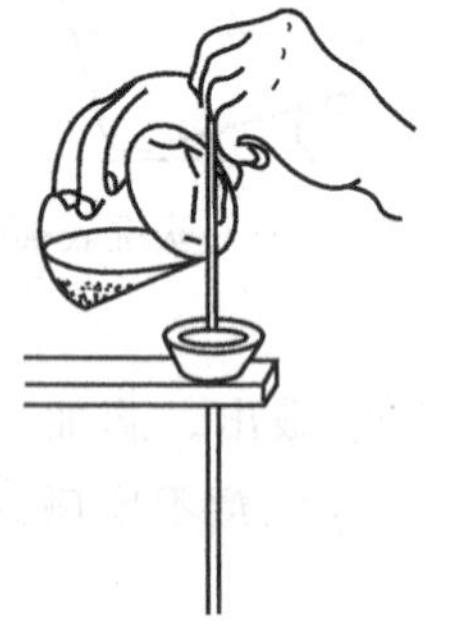

过滤前，把有沉淀的烧杯倾斜静置，但玻棒不要靠在烧杯嘴处，因为烧杯嘴处可能粘有少量沉淀。待沉淀下降后，轻轻拿起烧杯，勿搅动沉淀，将上层清液沿玻棒倾入漏斗中，进行过滤。

过滤时，左手拿起烧杯到漏斗正上方，右手轻轻从烧杯中拿出玻棒，将玻棒下端碰一下烧杯内壁，使悬在玻棒下端的液体流回烧杯，然后将烧杯嘴紧贴着玻棒；并使玻棒竖直向下，玻棒的下端尽可能靠近滤纸三层处，但不接触滤纸（图 3-103）（不要将玻棒对着滤纸锥体的中心或一层处，以免液流将滤纸冲破）。慢慢地沿玻棒

图 3-103　倾泻法过滤

将溶液倾注于漏斗上，每次倾入的溶液量一般只充满滤纸的 2/3，最多加到滤纸边缘以下约

5mm 处。滤液再多，少量沉淀因毛细管作用越过滤纸上缘，造成损失。应控制倾注的速度，使沉淀上层清液的倾注过程最好一次完成。暂停倾泻溶液时，应先把烧杯扶正，扶正时要保持玻棒竖直且与烧杯嘴紧贴，使烧杯嘴沿玻棒向上提起，逐渐使烧杯直立后，才可与玻棒分开，这样才能使最后一滴液体顺着玻棒流下，不至沿着烧杯嘴流到烧杯外面去。

带沉淀的烧杯放置方法如图 3-104 所示，烧杯下放一块木头，使烧杯倾斜，以利沉淀和清液分开，待烧杯中沉淀澄清后，继续倾注，重复上述操作，直至上层清液倾完为止。

过滤开始，就要注意观察滤液是否透明，如果滤液混浊，可能有沉淀透过滤纸，应检查原因，采取措施，另换洁净烧杯重新过滤滤液或重做。

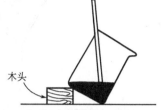

图 3-104　过滤时带沉淀和溶液的烧杯放置方法

用倾泻法将清液完全过滤后，应对沉淀作初步洗涤。沉淀先用倾注法洗涤，选用什么洗涤液，应根据沉淀的类型和实验内容而定。洗涤时，沿烧杯壁旋转着加入约 10mL 洗涤液（或蒸馏水）吹洗烧杯四周内壁，使黏附着的沉淀集中在烧杯底部，充分搅拌，放置，待沉淀下沉后，按前述方法，倾出过滤清液。此阶段洗涤的次数根据沉淀的性质而定，晶形沉淀洗 3～4 次，无定形沉淀 5～6 次。

最后将沉淀定量地转移到滤纸上，这是工作的关键。如果失去一滴悬浊液，就会使整个分析失败。转移沉淀时，在沉淀上加入 10～15mL 洗涤液（加入量应不超过漏斗一次能容纳的量），搅起沉淀使之均匀，小心地使悬浊液顺着玻棒倒在滤纸上。这样重复 4～5 次，即可将大部分沉淀转移到滤纸上。烧杯中留下的极少量沉淀，可用图 3-105 所示的方法转移：把烧杯倾斜并将玻棒架在烧杯口上，下端应在烧杯嘴上，且超出杯嘴 2～3cm，玻棒下端对着滤纸的三层处，用洗瓶压出洗液，冲洗烧杯内壁，将残余的沉淀连同溶液完全转移到滤纸上。

图 3-105　沉淀转移

如有少许沉淀牢牢黏附在烧杯壁上而吹洗不下来，可用前面折叠滤纸时撕下的纸角，以水湿润后，先擦玻棒上的沉淀，再用玻棒按住纸块沿杯壁自上而下旋转着把沉淀擦"活"，然后用玻棒将它拨出，放入该漏斗中心的滤纸上，与主要沉淀合并，用洗瓶吹洗烧杯，把擦"活"的沉淀微粒涮洗入漏斗中。在明亮处仔细检查烧杯内壁、玻棒、表面皿是否干净不黏附沉淀，若仍有一点痕迹，再行擦拭，转移，直到完全为止。

沉淀全部转移至滤纸上后，接着要进行洗涤，目的是除去吸附在沉淀表面的杂质及残留液。洗涤前，应将洗瓶中玻管（玻璃管的简称）内的气体压出，使洗瓶的出口管充满液体，以免冲洗时，气体和液流同时压出，冲在沉淀上溅起沉淀。用洗瓶压出洗涤液，从滤纸的多重边缘开始，自上而下螺旋式地洗涤滤纸上的沉淀（图 3-106），最后到多重部分停止，这称为"从缝到缝"，这样，可使沉淀洗得干净且可将沉淀集中到滤纸的底部，也便于以后滤纸的折卷。

洗涤沉淀时，为了提高效率，应在前一份洗涤液流尽后，再加入新的一份洗涤液。还应注意，同样量的洗涤液分多次洗涤效果较好，这通常称为"少量多次"的洗涤原则，但洗涤液体积不能过大，否则沉淀因溶解损失较多，而且洗涤时间过长。"少量多次"洗涤原则，不仅适用于沉淀的洗涤，也适用于用蒸馏水或标准溶液洗涤定量分析用的玻璃仪器。

图 3-106 洗涤沉淀

沉淀一般至少洗涤 8~10 次，无定形沉淀的洗涤次数还要多些。当洗涤 7~8 次以后，可以检查沉淀是否洗净。如果滤液中的成分也要分析时，检查过早会损失一部分滤液而引入误差。

检查时用一洁净的试管承接 1~2 滴滤液，根据不同实验的要求，选择杂质中最易检验的离子，用灵敏、快速的定性反应来检查，例如用 $AgNO_3$ 检验 Cl^- 等。

无论是盛着沉淀还是盛着滤液的烧杯，都应该经常用表面皿盖好。每次过滤完液体后，即应将漏斗盖好，以防落入尘埃。

2. 用微孔玻璃坩埚（玻璃砂芯坩埚）过滤

（1）微孔玻璃坩埚的准备 选择合适孔径的玻璃坩埚，用稀盐酸或稀硝酸浸洗，然后用自来水冲洗，再把玻璃坩埚安置在具有橡皮垫圈的吸滤瓶上（图 3-107），用抽水泵抽滤，在抽气下用蒸馏水冲洗坩埚。冲洗干净后，在与干燥沉淀相同的条件下，在烘箱中烘至恒重。

图 3-107 具有橡皮垫圈的吸滤瓶　　　　　图 3-108 沉淀帚

（2）过滤与洗涤 过滤与洗涤的方法和用滤纸过滤相同。只是应注意，开始过滤前，先倒溶液于玻璃坩埚中，然后再打开水泵，每次倒入溶液不要等吸干，以免沉淀被吸紧，影响过滤速度。过滤结束时，先要松开吸滤瓶上的橡皮管，最后关闭水泵，以免倒吸。

擦净搅拌棒和烧杯内壁上的沉淀时，只能用沉淀帚（图 3-108），不能用滤纸。沉淀帚一般可自制，剪一段乳胶管，一端套在玻棒上，另一端用橡胶胶水黏合，用夹子夹扁晾干即成。

（四）沉淀的包裹和烘干

可用扁头玻棒或顶端细而圆的玻棒，从滤纸的三层处，小心地将滤纸与漏斗壁拨开，用洗净的手从滤纸三层处的外层把滤纸和沉淀取出。

晶形沉淀可按照图 3-109 法或图 3-110 法卷成小包将沉淀包好后，用滤纸原来不接触沉淀的那部分，将漏斗内壁轻轻擦一下，擦下可能粘在漏斗上部的沉淀微粒。把滤纸包层数较多的一边向上放入已恒重的坩埚中，这样可使滤纸较易灰化。

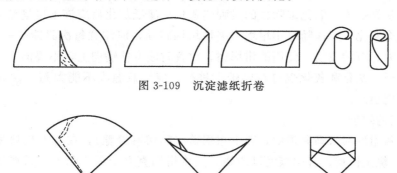

图 3-109　沉淀滤纸折卷

图 3-110　沉淀滤纸折叠（晶形沉淀）

若是无定形沉淀，因沉淀量较多，把滤纸的边缘向内折，把圆锥体的敞口封上，如图 3-111 所示，然后小心取出，倒转过来，尖头向上，放入已恒重的坩埚中。

然后将沉淀和滤纸进行烘干。烘干时应在煤气灯（或电炉）上进行。在煤气灯上烘干时，将放有沉淀的坩埚斜放在泥三角上（注意，滤纸的三层部分向上），坩埚底部枕在泥三角的一边上，坩埚口朝向泥三角的顶角，调好煤气灯。为使滤纸和沉淀迅速干燥，应该用反射焰，即用小火加热坩埚盖中部，这时热空气流便进入坩埚内部，而水蒸气则从坩埚上面逸出，如图 3-112(a) 所示。沉淀烘干这一步不能太快，尤其对于含有大量水分的胶状沉淀，很难一下烘干，若加热太猛，沉淀内部水分迅速汽化，会挟带沉淀溅出坩埚，造成实验失败。

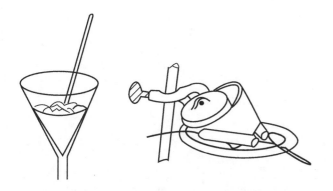

图 3-111　沉淀滤纸折叠（无定形沉淀）

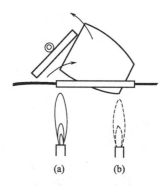

图 3-112　滤纸的炭化和灰化

凡是用微孔玻璃滤器过滤的沉淀，可用烘干的方法处理。烘干一般是在 250℃ 以下进行的。其方法为将微孔玻璃滤器连同沉淀放在表面皿上，置于烘箱中，根据沉淀性质确定干燥温度。一般第一次烘干约 2h，第二次约 45min 到 1h。沉淀烘干后，置于干燥器中冷至室温后称重。如此，重复烘干，称重，直至恒重为止。注意每次操作条件要保持一致。

（五）滤纸的炭化和灰化

滤纸和沉淀干燥后（这时滤纸只是被干燥，而不变黑），将煤气灯逐渐移至坩埚底部［图 3-112(b)］，稍稍加大火焰，使滤纸炭化。注意火力不能突然加大，如温度升高太快，滤纸会生成整块的炭，需要较长时间才能将其完全烧完。如遇滤纸着火，可用坩埚盖盖住，使坩埚内火焰熄灭（切不可用嘴吹灭），同时移去煤气灯。火熄灭后，将坩埚盖移至原位，继续加热至全部炭化。炭化后加大火焰，并使氧化焰完全包住坩埚，烧至红热，把炭完全烧成灰，这种将炭燃烧成二氧化碳除去的过程叫灰化。滤纸灰化后应该不再呈黑色。为了使坩埚壁上的炭完全灰化，应该随时用坩埚钳夹住坩埚转动，但注意每次只能转一极小的角度，以免转动过剧时，沉淀飞扬。使用的坩埚钳，放置时注意使嘴向上，不要向下。

沉淀的烘干、炭化和灰化也可在电炉上进行。应注意温度不能太高。这时坩埚是直立的，坩埚盖不能盖严。

(六) 沉淀的灼烧

灰化后，将坩埚移入马弗炉中，盖上坩埚盖（稍留有缝隙），在与空坩埚相同的条件下（定温定时）灼烧至恒重。若用煤气灯灼烧，则将坩埚直立于泥三角上，盖严坩埚盖，在氧化焰上灼烧至恒重。切勿使还原焰接触坩埚底部，因还原焰温度低，且与氧化焰温度相差较大，以致坩埚受热不均匀而容易损坏。

灼烧时将炉温升至指定温度后应保温一段时间（通常，第一次灼烧 45min 左右，第二次灼烧 20min 左右）。灼烧后，切断电源，打开炉门，将坩埚移至炉口，待红热稍退，将坩埚从炉中取出（从炉内取出热坩埚时，坩埚钳应预热，且注意不要触及炉壁），放在洁净的泥三角或洁净的耐火瓷板上，在空气中冷却至红热退去，再将坩埚移入干燥器中（开启 1~2 次干燥器盖）冷却 30~60min，待坩埚的温度与天平温度相同时再进行称量。再灼烧、冷却、称量，直至恒重为止。注意每次冷却条件和时间应一致。称重前，应对坩埚与沉淀总重量有所了解，力求迅速称量。

所谓恒重，是指相邻两次灼烧后的称量差值不大于 0.4mg。

第四章　分析试样的采集与制备

分析过程一般要经过采样、试样的预处理、测定和结果的计算四个步骤。其中，采样是第一步，也是关键的一步，如果采得的样品由于某种原因不具备充分的代表性，那么，即使分析方法好，测定准确，计算无差错，最终也不会得出正确的结论。因此，加强对采样理论的学习，对具体的分析工作有着重要的指导意义。

一、采样的目的和基本原则

采样的基本目的是从被检的总体物料中取得有代表性的样品。

实际工作中采样的具体目的可划分为下列几个方面。

（一）技术方面的目的

为了确定原材料、半成品及成品的质量；为了控制生产工艺过程；为了鉴定未知物；为了确定污染的性质、程度和来源；为了验证物料的特性或特性值；为了测定物料随时间、环境的变化；为了鉴定物料的来源等。

（二）商业方面的目的

为了确定销售价格；为了验证是否符合合同的规定；为了保证产品销售质量满足用户的要求等。

（三）法律方面的目的

为了检查物料是否符合法令要求；为了检查生产过程中泄漏的有害物质是否超过允许极限；为了法庭调查；为了确定法律责任；为了进行仲裁等。

（四）安全方面的目的

为了确定物料是否安全或危险程度；为了分析发生事故的原因；为了按危险性进行物料的分类等。

因此，采样的具体目的不同，要求也各异。采样要从采样误差和采样费用两方面考虑。首先要满足采样误差的要求，采样误差是不能以样品的检测来作补偿的。有时采样费用（如物料费用、作业费等）较高，这样在设计采样方案时就要适当地兼顾采样误差和费用。

二、采样方案和采样记录

（一）采样方案

根据采样的具体目的和要求以及所掌握的被采物料的所有信息制定采样方案，包括确定总体物料的范围；确定采样单元和二次采样单元；确定样品数、样品和采样部位；规定采样操作方法和采样工具；规定样品的加工方法；规定采样安全措施等。

（二）采样记录

为明确采样工与分析工的责任，方便分析工作，采样时应记录被采物料的状况与采样操作。如物料的名称、来源、编号、数量、包装情况、存放环境、采样部位、所采的样品数和样品量、采样日期、采样人姓名等，必要时根据记录填写采样报告。实际工作中例行的常规采样，可简化上述规定。

三、采样技术

(一) 采样误差

1. 采样随机误差

采样随机误差是在采样过程中由一些无法控制的偶然因素所引起的偏差，这是无法避免的。增加采样的重复次数可以缩小这个误差。

2. 采样系统误差

由于采样方案不完善、采样设备有缺陷、操作者不按规定进行操作以及环境等的影响，均可引起采样的系统误差。系统误差的偏差是定向的，必须尽力避免。增加采样的重复次数不能缩小这类误差。

采得的样品都可能包含采样的随机误差和系统误差。在应用样品的检测数据来研究采样误差时，还必须考虑实验误差的影响。

(二) 物料的类型

物料按特性值变异性可以分为两大类，即均匀物料和不均匀物料。

1. 均匀物料的采样

原则上可以在物料的任意部位进行。但要注意采样过程不应带进杂质；避免在采样过程中引起物料变化（如吸水、氧化等）。

2. 不均匀物料的采样

除了要注意与均匀物料相同的两点外，一般采取随机采样。对所得样品分别进行测定，再汇总所有样品的检测结果。

随机不均匀物料是指总体物料中任一部分的特征平均值与相邻部分的平均值无关的物料。对其采样可以随机选取，也可以非随机选取。

(三) 样品数和样品量

在满足需要的前提下，样品数和样品量越少越好。

1. 样品数

对一般化工产品，都可用多单元物料来处理。采样操作分两步进行。第一步，选取一定数量的采样单元，其次是对每个单元按物料特性值的变异性类型分别进行采样。总体物料的单元数小于 500 的，推荐按表 4-1 的规定确定采样单元数。总体物料的单元数大于 500 的，推荐按总体单元数立方根的三倍（即 $3\times\sqrt[3]{N}$，N 为总体的单元数）确定采样单元数，如遇有小数时，则进为整数。

表 4-1　确定采样单元数的规定

总体物料单元数	最少采样单元数	总体物料单元数	最少采样单元数
1～10	全部	182～216	18
11～49	11	217～254	19
50～64	12	255～296	20
65～81	13	297～343	21
82～101	14	344～394	22
102～125	15	395～450	23
126～151	16	451～512	24
152～181	17		

2. 样品量

采样时，样品量应满足以下要求：至少满足 3 次重复检测的需要；当需要留存备考样品时，必须满足备考样品的需要；对采样的样品物料如需进行制样处理时，必须满足加工处理的需要。

（四）样品的容器和保存

1. 样品容器

对盛样品的容器有以下要求：具有符合要求的盖、塞或阀门，在使用前必须洗净、干燥；材质必须不与样品物质起作用，并不能有渗透性；对光敏性物料，盛样的容器应是不透光的，或在容器外罩避光塑料袋。

2. 样品标签

样品盛入容器后，随即在容器上贴上标签。标签内容包括：样品名称及样品编号；总体物料批号及数量；生产单位；采样者等。

3. 样品的保存和撤销

按产品采样方法标准或采样操作规程中规定的样品的保存量（作为备考样）、保存环境、保存时间以及撤销办法等有关规定执行。对剧毒、危险样品的保存和撤销，除遵守一般规定外，还必须严格遵守有关规定。

以上内容主要采编自 GB/T 6678—2003《化工产品采样总则》。

四、固体化工产品的采样

GB/T 6679—2003《固体化工产品采样通则》推荐，对固体化工产品采样时，应根据采样目的、采样条件、物料状况（批量大小、几何状态、粒度、均匀程度、特性值的变异性分布）确定样品种类。固体化工的样品类型有：部位样品、定向样品、代表样品、截面样品和几何样品。

对样品的基本要求是：采样检验就是要通过样品的分析来对总体物料的质量做出评价和判断。因此对样品的基本要求首先要保证采得的固体样品能够代表总体物料的特性。其次，采集的样品量能够代表总体物料的所有特性，并能满足分析检验需要的最佳量。最后确定所应采取的样品数。

（一）采样方法

不同种类、不同状态的物料应该使用不同的采样方法。

1. 粉末、小颗粒、小晶体物料的采样

采件装物料时，用探子或其他工具，在采样单元中，按一定方向，插入一定深度取定向样品。每个采样所取定向样品的方向和数量由容器中物料的均匀程度决定。

采散装静止物料时，根据物料量的大小和均匀程度，用勺、铲或采样探子在大物料的一定部位或沿一定方向采取部位样品或定向样品。

采散装运动物料时，用自动采样器、勺子或其他合适的工具从皮带运输机的落流中，按一定时间间隔或随机取截面样品。

2. 粗粒和规则块状物料的采样

采件装物料时，如果可以不保持物料原始状态，把物料粉碎并充分混合后，按上面小颗粒物料采样法采样；如果必须保持物料的原始状态，可直接沿一定方向，在一定深度上取定向样品。

3. 大块物料的采样

采静止物料时，可根据物料状况，用合适的工具取部位样品、定向样品、几何样品或代表样品。

采运动物料时,随机或按一定时间间隔采取截面样品。如果物料允许粉碎,按小颗粒物料取样法采样。

4. 可切割的固体物料的采样

用刀子或其他工具(例如金属线)在一定部位采取截面样品或一定形状和质量的几何样品。

5. 要求特殊处理的固体物料的采样

该种物料是指同周围环境中的一种或多种成分起反应的固体及活泼和不稳定的固体。进行特殊处理的目的是保护样品和总体物料的特性,不因所用的采样技术而产生变化。

与氧气、水、二氧化碳有反应的固体,应在隔绝氧气、水、二氧化碳的条件下采样,如果固体和这些物质的反应十分缓慢,在采样精确度允许的前提下,可以通过快速采样的办法。

不能受灰尘或其他气体污染的固体,采样应在清洁空气中进行。

不能受真菌或细菌污染的固体,应在无菌条件下采样。

易受光影响而发生变化的固体,应在隔绝有害光线的条件下采样。

组成随温度变化的固体应在其正常组成所要求的温度下采样。

有放射性的固体及有毒固体的采样,按 GB/T 3723 和产品标准中的有关规定执行。

(二) 样品制备

1. 样品制备的原则

① 原始样品的各部分应有相同的概率进入最终样品。

② 制备技术和装置在样品制备过程中不破坏样品代表性,不改变样品组成,不使样品受到污染和损失。

③ 在检验允许的条件下,为了不加大采样误差,在缩减样品的同时缩减粒度。

④ 应根据待测特性、原始样品量和粒度以及待测物料的性质确定样品制备的步骤和制备技术。

从上述原则出发,从较大量的原始样品中得到最佳量的、能满足检验要求的、待测性质能代表总体物料特性的样品。

2. 样品制备技术

样品制备一般包括粉碎、混合、缩分三个步骤。应根据具体情况,一次或多次重复操作,直到得到最终样品。

① 粉碎:用研钵、锤子或适当的装置及研磨机械来粉碎样品。

② 混合:根据样品量的大小,用手铲或合适的机械混合装置来混合样品。

③ 缩分:根据物料状态,用四等分法和交替铲法或用分样器、分格缩分铲或其他适当的机械分样器来缩分样品。

最终样品量应足够检验和备考用。一般,样品分成两等份,一份供检测用,一份供备考用。每份应为检验用量的三倍。根据样品的储放时间,选择合适的包装材质和包装形式。

样品包装容器按 GB/T 6678 的规定,容器在装入样品后应立即贴上写有规定内容的标签(按 GB/T 6678 的规定)。

样品制成后应尽快检验。备检样品储存时间一般为六个月。根据实际需要和物料特性,可以适当延长和缩短。

采样报告按 GB/T 6678 的规定执行。

五、液体化工产品的采样

GB/T 6680—2003 给出了《液体化工产品采样通则》。

液体化工产品一般是用容器包装后储存和运输。液体化工产品的采样，首先应根据容器情况和物料的种类来选择采样工具，确定采样方法。液体化工产品通常在采样前应进行预检，并根据检查结果制定采样方案，按此方案采得具有代表性的样品。

(一) 预检内容

① 了解被采物料的容器大小、类型、数量、结构和附属设备情况。
② 检查被采物料的容器是否破损、腐蚀、渗漏并核对标志。
③ 观察容器内物料的颜色、黏度是否正常。表面或底部是否有杂质、分层、沉淀和结块等现象。

确认可疑或异常现象后，制定相应的采样方案后方可采样。

(二) 物料的混匀与采样的代表性

如被采容器内物料已混合均匀，采取混合样品作为代表性样品。

如被采容器内物料未混合均匀，根据目的不同，可采用把容器中的物料混匀后随机采得的混合样品，或采用部位样品（从物料的特定部位或物料流的特定部位和时间采得的一定数量的样品，它是代表瞬时或局部环境的一种样品）按一定比例混合成平均样品作为代表性样品。

1. 单相低黏度液体

可用以下几种方法混匀：

① 小容器（如瓶、罐）用手摇晃进行混匀。
② 中等容器（如桶、听）用滚动、倒置或手工搅拌器进行混匀。
③ 大容器（如储罐、槽车、船舱）用机械搅拌器、喷射循环泵进行混匀。

2. 多相液体

① 可用上述各种方法使其混合成不会很快分离的均匀相后采样。
② 如不易混匀，就分别采各层部位样品混合成平均样品作为代表性样品，部位样品类型分布如图 4-1 所示。

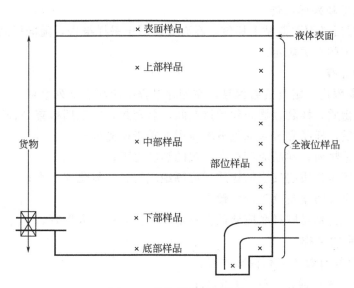

图 4-1 部位样品类型分布

a. 表面样品。

在物料表面采得的样品，以获得此物料表面的资料。对浅容器把表面取样勺放入被采容器中，使勺的锯齿上缘和液面保持同一水平，从锯齿流入勺内的液体为表面液体，对深储槽把开口的采样瓶放入容器中，使瓶口刚好低于液面，流入瓶中液体为表面样品。

b. 底部样品。

在物料的最低点采得的样品。对中小型容器用开口采样管或带底阀的采样管或罐，从容器底部采得样品，对大型容器则从排空口采得底部样品。

c. 上部、中部、下部样品。

在液面下相当于总体积 1/6、1/2、5/6 的深处采得的部位样品。采取样品时，用与被采物料黏度相适应的采样管（瓶、罐）封闭后放入容器中，到所需位置，打开管口、瓶塞或采样罐底阀，充满后取出。

d. 全液位样品。

从容器内全液位采得的样品。用与被采物料黏度相适应的采样管，两端开口慢慢放入液体中，使管内外液面保持同一水平，到达底部时封闭上端或下端，提出采样管，把所得的样品放入容器中。还可用玻璃瓶加铅锤或者把玻璃瓶置于加重笼罐中，敞口放入容器内，降到底部后以适当速度上提，使露出液面时瓶灌满 3/4。

把采得的一组部位样品按一定比例混合成的样品称为平均样品。

对于多个容器则把随机抽取的几个容器中采得的全液位样品混合后所得批混合样品作为代表性样品。

（三）采样的其他注意事项

① 样品容器和采样设备必须清洁、干燥，不能用与被采取物料起化学作用的材料制造。

② 采样过程中防止被采物料受到环境污染和变质。

③ 采样者必须熟悉被采产品的特性、安全操作的有关知识和处理方法。

④ 一般情况下，采得的原始样品量要大于实验室样品需要量，因而必须把原始样品缩分成 2~3 小样，一份送实验室检测，一份保留，在必要时封送一份给买方。

（四）样品标签和采样报告

样品装入容器后必须立即贴上标签，在必要时写出采样报告，随同样品一起提供。其要求按 GB/T 6678 中的有关规定。

（五）样品的储存

样品在规定期限内一定要妥善保管，在储存过程中应注意下列事项：

① 对易挥发物质，样品容器必须预留空间，需密封，并定期检查是否泄漏；

② 对光敏物质，样品应装入棕色玻璃瓶中并置于避光处；

③ 对温度敏感物质，样品应储存在规定的温度之下；

④ 易与周围环境物质起反应的物质，应隔绝氧气、二氧化碳、水；

⑤ 对高纯物质应防止受潮和灰尘侵入；

⑥ 对危险品，特别是剧毒品应储放在特定场所，并由专人保管。

六、其他产品的采样

其他产品的采样可参考下列标准进行：

《气体化工产品采样通则》GB/T 6681；

《工业用化学产品采样安全通则》GB/T 3723；

《工业用化学产品采样词汇》GB/T 4650；

《水质采样方案设计技术规定》GB 12997；

《水质采样技术指导》GB 12998；
《水质采样样品的保存和管理技术规定》GB 12999；
《水质湖泊和水库采样技术指导》GB/T 14581；
《新鲜水果和蔬菜的取样方法》GB 8855；
《精油取样方法》GB/T 14455.2；
《饲料采样》GB/T 14699.1。

第五章 实 验

实验一 安全教育、常用仪器的认领、洗涤和干燥

一、预习要点

① 《实验规则》,《实验室安全守则》。
② 化学实验基本仪器介绍。
③ 化学实验基本操作。

二、目的要求

① 熟悉化学实验室规则尤其是安全规则、要求;懂得实验室安全的重要性,遇到事故要知道怎样处理。
② 领取化学实验常用仪器,认识常用仪器,熟悉其名称、规格,了解使用注意事项。
③ 了解洗净各种玻璃器皿的意义,练习、掌握常用玻璃仪器的洗涤和干燥方法。

三、实验原理

1. 玻璃仪器的洗涤

化学实验所用的玻璃仪器必须是十分洁净的。因此洗涤仪器是一项很重要的操作,这不仅是一个实验前必须做的准备工作,也是一个技术性的工作。仪器洗得是否合格,器皿是否干净,直接影响实验结果的可靠性与准确度,甚至会影响实验成败。不同的实验任务对仪器洁净程度的要求不同,洗涤时应根据污物性质和实验要求选择不同方法。

一般而言,附着在仪器上的污物既有可溶性物质,也有尘土、不溶物及有机物等。常见洗涤方法如下。

(1) 水刷洗 用水和毛刷刷洗仪器,可以去掉仪器上附着的尘土、可溶性物质及易脱落的不溶性物质,但不能洗去油污和一些有机物。注意使用毛刷刷洗时,不可用力过猛,以免戳破容器。

(2) 合成洗涤剂水刷洗 先将待洗仪器用少量水润湿后,加入少量去污粉或洗涤剂,再用毛刷擦洗,最后用自来水洗去去污粉颗粒、残余洗涤剂,并用蒸馏水洗去自来水中带来的钙、镁、铁、氯等离子,每次蒸馏水的用量要少(本着"少量、多次"的原则)。温热的洗涤液去污能力更强,必要时可短时间浸泡。去污粉中细沙有损玻璃,一般不使用。

(3) 铬酸洗液(因毒性较大尽可能不用) 这种洗液是由浓 H_2SO_4 和 $K_2Cr_2O_7$ 配制而成的。

配制:称 20g 工业重铬酸钾,加 40mL 水,加热溶解。冷却后,将 360mL 浓硫酸沿玻璃棒慢慢加入上述溶液中,边加边搅。冷却,转入棕色细口瓶备用(如呈绿色,可加入浓硫酸将三价铬氧化后继续使用)。

铬酸洗液有很强的氧化性和酸性,对有机物和油垢的去污能力特别强。洗涤时,仪器应用水冲洗并倒尽残留的水后,使之尽量保持干燥,以免洗液被稀释。倒少许洗液于器皿中,转动器皿使其内壁被洗液浸润(必要时可用洗液浸泡),洗液可反复使用,用后倒回原瓶并

密闭，以防吸水（颜色变绿即失效，可加入固体高锰酸钾使其再生。这样，实际消耗的是高锰酸钾，可减少六价铬对环境的污染），再用水冲洗器皿内残留的洗液，直至洗净为止。

在进行精确的定量实验时，实验中往往用到一些口小、管细的仪器，如移液管、容量瓶和滴定管等具有精确刻度的玻璃器皿，可恰当地选择洗液来洗。

不论用哪种方法洗涤器皿，最后都必须用自来水冲洗，当倾去水后，内壁只留下均匀一薄层水，如壁上挂着水珠，说明没有洗净，必须重洗。直到器壁上不挂水珠，再用蒸馏水或去离子水荡洗三次。

洗液对皮肤、衣服、桌面、橡皮等有腐蚀性，使用时要特别小心。铬酸洗液具有很强的腐蚀性和毒性，六价铬对人体有害，又污染环境，故近年来较少使用。NaOH/乙醇溶液洗涤附着有机物的玻璃器皿，效果较好。

（4）碱性高锰酸钾洗液　4g 高锰酸钾溶于少量水，加入 10g 氢氧化钠，再加水至 100mL。主要洗涤油污、有机物，浸泡。浸泡后器壁上会留下二氧化锰棕色污迹，可用盐酸洗去。

（5）"对症"洗涤法　针对附着在玻璃器皿上不同物质的性质，采用特殊的洗涤法，如硫黄用煮沸的石灰水；难溶硫化物用 HNO_3/HCl；铜或银用 HNO_3；AgCl 用氨水；煤焦油用浓碱；黏稠焦油状有机物用回收的溶剂浸泡；MnO_2 用热浓盐酸等。

光度分析中使用的比色皿等，系光学玻璃制成，不能用毛刷刷洗，可用 HCl-乙醇浸泡、润洗。

洗净的玻璃仪器的内壁应能被水均匀地湿润而不挂水珠，并且无水的条纹。

2. 玻璃仪器的干燥

（1）空气晾干　又叫风干，是最简单易行的干燥方法，只要将仪器在空气中放置一段时间即可。

（2）烤干　将仪器外壁擦干后用小火烘烤，并不停转动仪器，使其受热均匀。该法适用于试管、烧杯、蒸发皿等仪器的干燥。

（3）烘干　将仪器放入烘箱中，控制温度在 105℃左右烘干。待烘干的仪器在放入烘箱前应尽量将水倒净并放在金属托盘上，或用气流烘干机烘干。此法不能用于精密度高的容量仪器。

（4）吹干　用电吹风吹干。

（5）有机溶剂法　先用少量丙酮或无水乙醇使内壁均匀润湿后倒出，再用乙醚使内壁均匀润湿后倒出。再依次用电吹风冷风和热风吹干，此种方法又称为快干法。

四、实验用品

化学实验常用仪器。

$K_2Cr_2O_7(s)$，H_2SO_4（浓），NaOH(s)，HCl，去污粉，洗衣粉，洗涤剂，丙酮，乙醇，乙醚。

五、实验步骤

1. 按仪器清单认领基础化学实验所需常用的仪器，熟悉其名称、规格、用途、性能及其使用方法和注意事项。

2. 选用适当的洗涤方法洗涤已领取的仪器。

利用各种洗涤液，通过物理和化学方法，除去玻璃器皿上的污物。根据实验要求和仪器的性质采用不同的洗液和方法。

① 凡能用毛刷洗的器皿，均用肥皂或合成洗涤剂、去污粉等仔细刷洗，再用自来水冲干净，最后用蒸馏水冲洗 3 次，直至完全清洁。置于器皿架上自然沥干或置烤箱干燥后备用。

② 凡不能用毛刷洗的器皿，如容量瓶、滴定管、刻度吸管等，应先用自来水冲洗，沥干，再用重铬酸钾洗液浸泡，然后用自来水冲洗干净，再用蒸馏水冲洗至少 3 次。

③ 凡沾有染料的器皿，先用清水初步洗净，再置重铬酸钾洗液或稀盐酸中浸泡可以除去；如果使用 3‰盐酸-乙醇洗涤效果更好。一般染料多呈碱性，故不宜用肥皂水或碱性洗液。

④ 黏附有血浆的刻度吸管等，可先用 45％尿素浸泡使血浆蛋白溶解，然后用水冲洗干净，如不能达到清洁要求，则可浸泡于重铬酸钾洗液中 4~6h，再用水洗涤干净，也可先用 1‰氨水浸泡使血浆膜溶解，然后再依次用 1‰稀盐酸和水及蒸馏水冲洗。

⑤ 新购置的玻璃仪器有游离碱存在，如有影响，须置 1‰~2‰稀盐酸中浸泡 2~6h，除去游离碱，再用流水冲洗干净，容量较大的器皿经水洗净后注入少量浓盐酸，使布满整个容器内壁，数分钟后倾出盐酸，再用流水冲洗干净，然后用蒸馏水冲洗 2~3 次。

⑥ 使用过的器皿，应当立即洗涤干净，久置干涸后，洗涤更加困难。如不能及时洗涤者，应用流水初步冲洗后，再泡入清水中，以后再按 a、b 方法洗涤。

⑦ 所有器皿在用重铬酸钾洗液浸泡前，必须用清水冲洗，然后将水沥干，再用洗液浸泡，这样可以减免洗液的变质。

洗净的玻璃仪器，用蒸馏水冲洗后，内壁应十分明亮光洁，无水珠附着在玻璃壁上。若有水珠附着于玻璃壁，则表示不干净，必须重新洗涤。

3. 选用适当方法干燥洗涤后的仪器。

不同的实验对仪器是否干燥及干燥程度要求不同。有些可以是湿的，有的则要求是干燥的。应根据实验要求来干燥仪器。

① 自然晾干：仪器洗净后倒置，控去水分，自然晾干。

② 气流烘干：将洗涤好的玻璃仪器倒置在气流烘干机加热风管上，开启电源，调节温控旋钮至适当位置，一般干燥 5~10min 即可。

③ 干燥箱烘干：110~120℃烘 1h。

4. 按能否用于加热、容量仪器与非容量仪器等将所领取的仪器进行分类。

六、操作要点

① 对不同污染物和不同器皿选择合适的洗涤方法进行洗涤。

② 对不同器皿选择合适的干燥方法。

七、注意事项

① 铬酸洗液具有强氧化性和腐蚀性，使用时应注意安全。

② 六价铬为公认的致癌物，不可随意向下水道排放。

③ 若不慎将铬酸洗液沾污皮肤或衣物，应即刻用大量水冲洗。

八、问题讨论

① 实验室安全的重要意义是什么？

② 洗涤仪器有几种方法？比较玻璃仪器不同洗涤方法的适用范围和优缺点。

③ 量筒、吸量管、滴定管等带有刻度的计量仪器可以用加热的方法进行干燥吗？

④ 烤干试管时为什么管口要略向下倾斜？

⑤ 玻璃仪器洗涤洁净的标志是什么？

实验二　玻璃管（棒）和滴管的制作

一、预习要点
① 煤气灯或酒精喷灯的使用。
② 玻璃工操作以及塞子钻孔等内容，弄清操作要点。

二、目的要求
① 了解酒精喷灯的构造和原理，掌握正确的使用方法。
② 初步学会玻璃管（棒）的截断、弯曲、拉制和熔烧等基本操作。
③ 练习塞子钻孔基本操作。

三、实验原理
有关煤气灯、酒精喷灯的构造、火焰性质、使用方法以及玻璃工操作参见基本操作部分。

四、实验用品
煤气灯或酒精喷灯，三角锉刀（或小砂轮片），钻孔器，玻璃管，玻璃棒，胶塞，胶吸头，石棉网，火柴，钢尺。

五、实验步骤

1. 酒精喷灯的使用（见前面基本操作部分）

① 使用酒精喷灯时，首先用捅针捅一捅酒精蒸气出口，以保证出气口畅通。
② 借助小漏斗向酒精壶内添加酒精，酒精壶内的酒精不能装得太满，以不超过酒精壶容积（座式）的 2/3 为宜。
③ 拧紧酒精壶铜帽。
④ 往预热盘里注入一些酒精，点燃酒精使灯管受热，待酒精接近燃完且在灯管口有火焰时，上下移动调节器调节火焰为正常火焰。
⑤ 座式喷灯连续使用不能超过半小时，如果超过半小时，必须暂时熄灭喷灯，待冷却后，添加酒精再继续使用。
⑥ 用毕后，用石棉网或硬质板盖灭火焰，也可以将调节器上移来熄灭火焰。若长期不用时，须将酒精壶内剩余的酒精倒出。
⑦ 若酒精喷灯的酒精壶底部凸起时，不能再使用，以免发生事故。

2. 截断玻璃管和玻璃棒

① 先用一些废玻璃管（棒）反复练习截断玻璃管和玻璃棒的基本操作。
② 制作长为 16cm、14cm、12cm 的玻璃棒各一根，并烧熔好断口（不要烧过头），玻璃棒的直径选取以 4～5mm 为宜。

3. 拉细玻璃管和玻璃棒

① 练习拉细玻璃管和玻璃棒的基本操作。
② 制作 20cm、16cm 搅棒和滴管各两支和一个玻璃勺。玻璃勺制作，用 140mm 一端拉细的玻璃棒，将其细端烧熔后，用镊子夹并且弯成 90°角，即制成玻璃勺，如图 5-1 所示。

烧熔滴管小口一端要特别小心，不能长久地置于火焰中，否则，管口直径会收缩，甚至会封死，烧熔滴管粗口一端则要完全烧软，制作的滴管规格要求是滴管中每滴出 20～25 滴

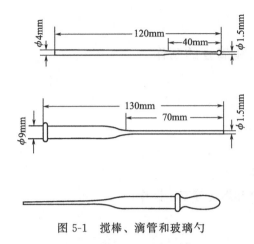

图 5-1 搅棒、滴管和玻璃勺

水的体积等于 1mL。

4. 玻璃搅拌棒的制备

这里所说的玻璃搅拌棒是指装在电动搅拌头上的搅拌棒。

取一根一定长度的玻璃棒，在煤气灯火焰上将距一端约 2cm 处烧软后，先弯成 135°，再将弯曲部分烧软化后放在石棉网（板）上，用老虎钳等硬物压扁即可。

5. 弯曲玻璃管

练习玻璃管的弯曲，完成 120°、90°、60° 等角度。

6. 塞子钻孔及玻璃管安装

按塑料瓶口的直径大小选取一个合适的橡皮塞，塞子应以能塞入瓶口 1/3 为宜。根据玻璃管直径选用一个小钻孔管，在所选胶塞中间钻出一孔（见图 5-2）。

图 5-2 钻孔的方法

图 5-3 把玻璃管插入塞子的手法

把制作好的弯管按图 5-3 所示的手法，边转边插入胶塞中去，操作时可先将玻璃管蘸些水以保持润滑，不要硬塞，孔径小时可以用圆锉刀把孔锉大一些，否则，玻璃管易折断而伤手。

六、操作要点

1. 玻璃弯管的制备

常用的玻璃弯管有 45°、75°、90°、135° 等。初学者容易出现的问题有：弯曲部分变细了、扭曲了、瘪了等。为此：

① 加热部分要稍宽些，同时要不时转动使其受热均匀。

② 不能一面加热一面弯曲，一定要等玻璃管烧软后离开火焰再弯，弯曲时两手用力要均匀，不能有扭力、拉力和推力。

③ 玻璃管弯曲角度较大时，不能一次弯成，先弯曲一定角度，将加热中心部位稍偏离原中心部位，再加热弯曲，直至达到所要求的角度为止。

④ 弯制好的玻璃弯管不能立即和冷的物件接触，要把它放在石棉网（板）上自然冷却。

2. 毛细管的拉制

常用的毛细管有熔点管、沸点管、薄层色谱点样用的毛细管、减压蒸馏用的毛细管及滴管等，内径要求各不相同。初学者容易出现的问题及克服方法是：

① 玻璃管尚未烧柔软就拉，把玻璃管拉成了哑铃形，所以一定要等玻璃管烧软化后再

拉，软化程度要比弯玻璃管强一些。

② 玻璃管尚未离开火焰就拉，毛细管很快被拉断，所以要等玻璃管烧软化后离开火焰再拉，拉的速度既不能太快也不能太慢。应根据毛细管内径要求而定，内径小的可快点，内径大的可慢点。

③ 拉后的毛细管未等冷却就立即放在台子上，使毛细管两端弯曲或破裂，所以拉毛细管时，两手要端平，使玻璃管烧软化后离开火焰向相反方向拉，拉后稍停片刻再放到垫有石棉网（板）的台子上冷却。

七、注意事项

① 切割玻璃管、玻璃棒时要防止划破手。

② 灼烧的玻璃管（棒）切不可直接放在实验台上，而应放在石棉网上，防止烧焦台面；未冷却之前，也不要用手去摸，防止烫伤手。应待玻璃管（棒）冷却后再进行下一步操作。

③ 注意灯的点燃、熄灭等规范操作。

④ 酒精是易燃品，使用时要多加小心。实验完毕后，要及时把酒精喷灯熄灭。

⑤ 注意凌空火焰和侵入火焰产生的原因及处理方法。

⑥ 注意选择塞子的类型和一般选用原则。

八、问题讨论

① 切割玻璃管（棒）以及在塞孔内穿进玻璃管等操作中，怎样防止割伤或刺伤皮肤。

② 刚刚烧过的灼热的玻璃和冷的玻璃往往外表很难分辨，怎样防止烫伤？

实验三　由金属铜制备五水合硫酸铜

一、预习要点

① "无机及分析化学实验基本操作"中关于托盘天平、电子台秤的使用方法及注意事项。

② "无机及分析化学实验基本操作"中化学药品的取用、液体体积的量度、化学试剂的存放。

③ "无机及分析化学实验基本操作"中水浴加热、蒸发浓缩、结晶和固液分离等基本内容。

二、目的要求

① 练习托盘天平、电子台秤的使用，蒸发浓缩、减压过滤和重结晶等基本操作。

② 了解由金属制备它的某些盐的方法，弄清重结晶提纯物质的原理。

三、实验原理

纯铜属不活泼金属，不能溶于非氧化性的酸中，但其氧化物在酸中却溶解，因此在工业上制备胆矾（硫酸铜）时，先把铜烧成氧化铜，然后与适当浓度的硫酸反应而生成硫酸铜。本实验采用浓硝酸作氧化剂，以铜片与稀硫酸、浓硝酸反应来制备硫酸铜，反应式为：

$$Cu + 2HNO_3 + H_2SO_4 = CuSO_4 + 2NO_2\uparrow + 2H_2O$$

产物中除硫酸铜外，还含有一定量的硝酸铜和一些可溶性或不溶性的杂质，不溶性杂质可过滤除去，而硝酸铜则利用它和硫酸铜在水中溶解度的不同，通过结晶的方法将其除去（留在母液中），过滤收集到的固体产品即为五水合硫酸铜（$CuSO_4 \cdot 5H_2O$）。

表 5-1　硫酸铜和硝酸铜在水中的溶解度 (g/100 g水)

温度	0℃	20℃	40℃	60℃	80℃
$CuSO_4 \cdot 5H_2O$	23.3	32.3	46.2	61.1	83.8
$Cu(NO_3)_2 \cdot 6H_2O$	81.8	125.1			
$Cu(NO_3)_2 \cdot 3H_2O$			~160	~178.5	~208

由表 5-1 中数据可知,硝酸铜 [$Cu(NO_3)_2 \cdot 6H_2O$ 或 $Cu(NO_3)_2 \cdot H_2O$] 在水中的溶解度不论在高温或低温下都比硫酸铜 ($CuSO_4 \cdot 5H_2O$) 大得多,在本实验所得的产物中它的量又小,因此,当热的溶液冷却到一定温度时硫酸铜首先达到过饱和而硝酸铜却远远没有达到饱和,随着温度的继续下降,硫酸铜不断从溶液中析出,硝酸铜则绝大部分留在溶液中,有小部分作为杂质伴随硫酸铜出来的硝酸铜可以和其他一些可溶性杂质一起,通过重结晶的方法除去,最后达到制得纯五水合硫酸铜的目的。

四、实验用品

仪器:蒸发皿,烧杯 (100mL),布氏漏斗,吸滤瓶,量筒 (100mL,10mL);

药品:H_2SO_4 ($3mol \cdot L^{-1}$),浓 HNO_3,单质铜。

五、实验步骤

1. 五水合硫酸铜的粗产品制备

称量 2.5g 铜片置于蒸发皿中,然后加入 8mL $3mol \cdot L^{-1}$ H_2SO_4,搅拌均匀。接着缓慢地分次加入 3.5mL 浓硝酸 (反应过程产生大量有毒的二氧化氮气体,操作应在通风橱中进行),待反应缓和后,盖上表面皿,放在水浴上加热,加热过程需要补加 4mL $3mol \cdot L^{-1}$ H_2SO_4 和 1mL 浓 HNO_3 (由于反应情况不同,补加的酸量要根据具体反应情况而定,在保持反应继续顺利进行的情况下,尽量少加硝酸) 待铜屑近于全部溶解,趁热用倾析法将溶液转入一个小烧杯 (或直接转入另一瓷蒸发皿中,如果仍有一些不溶性残渣,可用少量 $3mol \cdot L^{-1}$ H_2SO_4 洗涤后弃去,洗涤液合并于小烧杯中,随后再将硫酸铜溶液转入洗净的蒸发皿中,在水浴上加热浓缩至表面有晶膜出现为止,取下蒸发皿,置于冷水上冷却,即有蓝色粗的五水硫酸铜晶体析出,冷却至室温抽滤,称重,计算产率。

2. 粗产品的提纯-重结晶

将粗产品以每克加 1.2mL 水的比例,溶于蒸馏水中加热使其完全溶解并趁热过滤,滤液收集在一个小烧杯中,让其慢慢冷却,即有晶体析出 (如无晶体析出,可在水溶液上再加热蒸发,稍微浓缩) 冷却后,用抽滤法除去母液,晶体干燥后,再放在二层滤纸间进一步挤压吸干,然后将产品放在表面皿上称重,计算收率,母液回收。

六、注意事项

① 浓硝酸具有强氧化性和腐蚀性,量取和使用过程应注意安全。

② 此反应产生剧毒的 NO_2 气体,一定要在通风橱或通风口处进行。

③ 此反应剧烈,注意控制浓硝酸的滴加速度一定要慢,防止反应过于剧烈,产生危险。

④ 蒸发浓缩的过程中,蒸发至有晶膜出现为止;禁止蒸干,造成可溶性杂质 (如硝酸铜) 不能除去。

⑤ 抽率产品时,尽量不要用水冲洗布氏漏斗内的五水合硫酸铜,以防止其溶于水。

七、问题讨论

① 什么情况下可使用倾析法?什么情况下使用常压过滤或者减压过滤?

② 在减压过滤操作中,a. 未开循环水泵之前把沉淀转入布氏漏斗内;b. 结束时先关上

循环水泵开关，各会产生何种影响？

③ 蒸发浓缩 $CuSO_4$ 的水溶液时，为什么要水浴加热？

④ 什么叫重结晶？重结晶的目的是什么？

实验四　化学试剂与药用氯化钠的制备与限度检验

一、预习要点

① 了解本实验所用仪器及使用时应注意事项。主要包括：台秤、烧杯、量筒、布氏漏斗和吸滤瓶、蒸发皿、泥三角、滴管、滴瓶、吸量管、pH 试纸、滤纸等。

② 了解化学实验基本操作中有关内容。主要包括：试剂及其取用，溶解、蒸发浓缩、结晶，沉淀剂的加入，减压过滤，吸量管使用等。

二、目的要求

① 学习掌握提纯氯化钠的原理，学会从混合物中除去杂质的方法。

② 验证物质在溶解过程中自始至终存在着溶解和结晶这一对矛盾。

③ 掌握下述基本操作：

a. 台秤、天平的使用。

b. 试样的溶解。

c. 沉淀：沉淀剂的加入、晶形沉淀的条件（稀、慢、热搅、陈）、沉淀的洗涤、过滤（常压过滤和减压过滤）、加热、蒸发、浓缩、结晶、干燥。

④ 了解产品纯度检验方法及 SO_4^{2-} 等杂质限度检验方法，了解药品的检查方法，掌握用目视比色法和比浊法进行限量分析的原理和方法。

三、实验原理

化学试剂或医药用 NaCl 都是以粗食盐为原料提纯的。

粗食盐中除含有少量泥沙、少量有机不溶性杂质外，还含有 SO_4^{2-}、CO_3^{2-}、I^-、K^+、Ca^{2+}、Mg^{2+}、Fe^{3+} 以及其他一些金属离子等可溶性杂质。这些杂质的存在不仅使食盐极易潮解，影响食盐的储运，而且也不适合医药和化学试剂的要求，因此制备试剂和药用 NaCl 必须除去这些杂质。

通常不溶性杂质可采取过滤的方法除去，可溶性杂质可根据其性质借助于化学方法，选用合适的试剂使其转化为难溶沉淀或气体而分离，一些不易用沉淀法分离的杂质也可根据溶解度不同进行分离。

粗食盐提纯的具体方法如下。

首先将粗食盐溶于水，通过过滤与不溶性杂质分离。

在滤液中加入 $BaCl_2$ 溶液，除去 SO_4^{2-}：

$$Ba^{2+} + SO_4^{2-} = BaSO_4 \downarrow$$

然后再加入饱和 Na_2CO_3 溶液，除去 Ca^{2+}、Mg^{2+} 和过量的 Ba^{2+}：

$$Ba^{2+} + CO_3^{2-} = BaCO_3 \downarrow （白）$$

$$Ca^{2+} + CO_3^{2-} = CaCO_3 \downarrow （白）$$

$$4Mg^{2+} + 5CO_3^{2-} + 2H_2O = Mg(OH)_2 \cdot 3MgCO_3 \downarrow （白） + 2HCO_3^-$$

$$Fe^{3+} + 3OH^- = Fe(OH)_3 \downarrow （红棕）$$

过量的 Na_2CO_3 用 HCl 中和后除去：

$$CO_3^{2-} + 2HCl \rightleftharpoons H_2CO_3 + 2Cl^-$$
$$H_2CO_3 \rightleftharpoons H_2O + CO_2\uparrow$$

粗盐中 K^+、I^-、Br^- 和上述沉淀剂不起作用，仍留在溶液中，由于它们在粗食盐中含量极少，因此在蒸发和浓缩食盐溶液时，NaCl 先结晶出来，上述杂质仍留在溶液中。吸附在 NaCl 晶体上的少量杂质可通过洗涤而除去，药用 NaCl 可进行重结晶，最后得到纯度很高的 NaCl。

在提纯过程中，为了检查某种杂质是否除尽，常取少量澄清液体，滴加适当的试剂进行检验，这种方法称为中间控制检验，常简称为"中控"。

最后在核定产品级别时，需做产品检验，内容包括 NaCl 的含量测定和杂质限度检验。NaCl 的含量可用硝酸银沉淀滴定法进行定量测定（本实验不做要求）。

杂质分析采用限量分析法，通常是把产品配成一定浓度的溶液与标准系列的溶液进行目视比色或比浊，以确定其含量范围。如果产品溶液的颜色或浊度不深于某一标准溶液，则杂质含量即低于某一规定的限度，所以这种分析方法称为限量分析或限度检验。

钡盐、硫酸盐的限度检验是根据沉淀反应原理，用样品管和标准管在相同的条件下进行比浊试验，样品管不得比标准管更深。

铁盐的限度检验则采用比色法。

镁盐、钾盐和钙盐的限度检验，药典中采用比色法、比浊法；GB 1266—86 中采用原子吸收分光光度法。

重金属系指 Pb、Bi、Cu、Hg、Sb、Sn、Co、Zn 等金属离子，它们在一定的条件下能与 H_2S 或 Na_2S 作用而沉淀。用稀醋酸调节使溶液呈弱酸性，实验证明在 pH=3 时，HgS 沉淀最完全。重金属的检查是在相同的条件下进行比浊试验。

四、实验用品

仪器：台秤，烧杯，量筒，加热设备（酒精灯、三脚架或电热套、控温电炉），石棉网，布氏漏斗，吸滤瓶，蒸发皿，洗瓶，酸度计，奈氏比色管，吸量管等。

试剂：粗食盐。

酸：HCl（$6mol \cdot L^{-1}$，$0.02mol \cdot L^{-1}$，25%）。

碱：NaOH（$0.02mol \cdot L^{-1}$），饱和 Na_2CO_3 溶液。

盐：$1mol \cdot L^{-1}$ $BaCl_2$，25% $BaCl_2$ 溶液，硫酸钾-乙醇溶液〔准确称取 0.02g 硫酸钾，溶于 100mL 30%（V/V）乙醇溶液中〕，标准 K_2SO_4 溶液，标准铁盐溶液。

pH=4.5 乙酸-乙酸钠缓冲溶液（称取 16.4g 无水乙酸钠，溶于 50mL 水中，加 24mL 冰醋酸，用水稀释至 100mL）。

其他：10% 抗坏血酸，0.2% 邻菲咯啉，溴麝香草酚蓝指示剂，活性炭，广泛 pH 试纸，精密 pH（约 2）试纸。

五、实验步骤

1. 溶解粗食盐

称取 20g 粗食盐于 250mL 烧杯中，加 80mL 水，加热搅拌使粗食盐溶解（不溶性杂质沉于底部），如溶液有色可加入少量活性炭，加热至 80℃ 左右保温约 5min，过滤。

2. 除去 SO_4^{2-}

将溶液加热至近沸，边搅拌边逐滴加入 $1mol \cdot L^{-1}$ $BaCl_2$ 溶液 3~5mL。继续加热 5min，使沉淀颗粒长大而易于沉降。

3. 检查 SO_4^{2-} 是否除尽

将烧杯从石棉网上取下,待沉淀沉降后,在上层清液中加 1~2 滴 $1mol \cdot L^{-1}$ $BaCl_2$ 溶液,如果出现混浊,表示 SO_4^{2-} 尚未除尽,需继续加 $BaCl_2$ 溶液以除去剩余的 SO_4^{2-}。如果不混浊,表示 SO_4^{2-} 已除尽。抽滤,弃去沉淀。

4. 除去 Mg^{2+}、Ca^{2+}、Ba^{2+}、Fe^{3+} 等阳离子

将所得的滤液加热至近沸。搅拌下滴加饱和 Na_2CO_3 溶液至不再产生沉淀,再多加 0.5mL Na_2CO_3 溶液,静置。

5. 检查 Ba^{2+} 是否除尽

在上层清液中,加几滴饱和 Na_2CO_3 溶液,如果出现混浊,表示 Ba^{2+} 未除尽,需在原溶液中继续加 Na_2CO_3 溶液直至除尽为止。抽滤,弃去沉淀。

6. 除去过量的 CO_3^{2-}

往溶液中滴加 $6mol \cdot L^{-1}$ HCl,加热搅拌,中和到溶液的 pH 值约为 3~4(用 pH 试纸检查)。

7. 浓缩与结晶

把溶液倒入 250mL 烧杯中,蒸发浓缩到有大量 NaCl 结晶出现(变为黏稠状,约为原体积的 1/4)。冷却,减压过滤、吸干后用少量蒸馏水洗涤晶体,抽干。

将氯化钠晶体转移到蒸发皿中,烘干(为防止蒸发皿摇晃,可在石棉网上放置泥三角)。冷却后称重,计算产率。

8. 产品纯度的检验

化学试剂氯化钠依据 GB 1266—86,药用氯化钠依据《中华人民共和国药典》2005 年版。

(1)纯度

① 化学试剂氯化钠 各级 NaCl 试剂中 NaCl 含量不少于:优级纯 99.8%;分析纯 99.5%;化学纯 99.5%。

NaCl 含量测定方法(选做):称取 0.15g 干燥恒重的样品,称准至 0.0002g,溶于 70mL 水中,加 10mL1% 淀粉溶液,在摇动下用 $0.1mol \cdot L^{-1}$ 硝酸银标准溶液避光滴定,近终点时,加 3 滴 0.5% 荧光素指示液,继续滴定至乳液呈粉红色。

NaCl 的含量(X)按下式计算:

$$X = \frac{Vc \times 0.05844}{m} \times 100$$

式中 V——硝酸银标准溶液之用量,mL;

c——硝酸银($AgNO_3$)标准溶液之浓度,$mol \cdot L^{-1}$;

m——样品质量,g;

0.05844——每 1mL 硝酸银滴定液($0.1mol \cdot L^{-1}$)相当于 NaCl 之克数。

② 药用氯化钠 按干燥品计算,含氯化钠(NaCl)不得少于 99.5%。

测定方法(暂不做):取本品约 0.12g,精密称定,加水 50mL 溶解后,加 2% 糊精溶液 5mL 与荧光黄指示液 5~8 滴,用硝酸银滴定液($0.1mol \cdot L^{-1}$)滴定。

(2)溶液酸碱性

① 化学试剂氯化钠 称取 5g 样品,称准至 0.01g,溶于 100mL 不含二氧化碳的水中,用酸度计测定,pH 值应在 5.0~8.0 之间。

② 药用氯化钠 取本品 5.0g 加水 50mL 溶解后,加溴麝香草酚蓝指示液 2 滴,如显黄色,加氢氧化钠滴定液（0.02mol·L^{-1}）0.10mL 应变为蓝色;如显蓝色或绿色,加盐酸滴定液（0.02mol·L^{-1}）0.20mL,应变为黄色。

(3) 杂质最高含量与限度检验

① 杂质最高含量（指标以百分含量计） 见表 5-2。

表 5-2 氯化钠杂质最高含量（指标以百分含量计）

名称	化学试剂				药用	
	优级纯	分析纯	化学纯	测定方法	指标	测定方法
澄清度试验	合格	合格	合格	玻璃乳浊液法	澄清	取 5.0g 产品,溶于 25mL 水中
水不溶物	0.003	0.005	0.02	重量法(110℃)		
干燥失重	0.2	0.5	0.5	重量法(130℃)	0.5	重量法(130℃)
碘化物	0.001	0.002	0.012	三氯化铁氧化-四氯化碳萃取比色法	不得显蓝色痕迹	亚硝酸钠氧化-淀粉指示剂法比色法
溴化物	0.005	0.01	0.05	铬酸氧化-四氯化碳萃取比色法	不得更深	三氯甲烷萃取-氯胺 T 比色法
硫酸盐	0.001	0.002	0.005	钡盐比浊法	0.002	钡盐比浊法
氮化合物（以氮计）	0.0005	0.001	0.003	纳氏试剂比色法	—	—
磷酸盐	0.0005	0.001		磷钼蓝比色法		
镁	0.001	0.002	0.005	原子吸收分光光度法	0.001	标准镁溶液太坦黄比色对照法
钾	0.01	0.02	0.04	原子吸收分光光度法	0.02	四苯硼酸钠比浊法
钙	0.002	0.005	0.01	原子吸收分光光度法	5min 内不得发生混浊	草酸铵沉淀法
亚铁氰化物[以 Fe(CN)$_6$ 计]	0.0001	0.0001	—	普鲁士蓝比色法	—	—
铁	0.0001	0.0002	0.0005	邻菲咯啉比色法	0.0003	
砷	0.00002	0.00005	0.0001	溴化汞试纸法	0.00004	
钡	0.001	0.001	0.001	标准对照比浊法	15min 两液同样澄清	稀硫酸-水对照比浊法
重金属（以铅计）	0.0005	0.0005	0.001	硫化氢比浊法	0.0002	

② 限度检验 本实验仅选择化学试剂氯化钠部分杂质（SO_4^{2-} 和 Fe^{3+}）进行限度检验。

杂质测定：样品须称准至 0.01g。

a. SO_4^{2-} 限度检验。称取 1.00g 产品,溶于 10mL 水中,稀释至 20mL,加 0.5mL 25% 盐酸溶液,加入至 1.25mL 溶液 I 中,稀释至 25mL,放置 5min,所呈浊度不得大于标准。

注：溶液 I 的制备——取 2.5mL 硫酸钾-乙醇溶液,与 10mL 25% 氯化钡溶液混合,准确放置 1min（使用前混合）。

标准是取下列数量的硫酸盐杂质标准液：优级纯 0.01mg SO_4^{2-};分析纯 0.02mg SO_4^{2-};化学纯 0.05mg SO_4^{2-}。

稀释至 20mL,与同体积样品溶液同时同样处理。

b. Fe 的限量分析。称取 5g 样品,溶于水,用 25% 盐酸溶液调至 pH 值为 2（用精密 pH 试纸测定）,稀释至 30mL,加 0.5mL 10% 抗坏血酸溶液、10mL pH=4.5 乙酸-乙酸钠缓冲溶液、3mL 0.2% 邻菲咯啉溶液,稀释至 50mL,放置 15min,所呈红色不得深于标准。

标准是取下列数量的铁杂质标准液：优级纯 0.005mg Fe；分析纯 0.010mg Fe；化学纯 0.025mg Fe。

与样品同时同样处理。

六、注意事项

① 减压抽滤过程中,应注意滤纸大小正好覆盖住布氏漏斗的底部,不能太小而盖不住布氏漏斗的孔,也不能太大而在布氏漏斗底部折叠起来。安装布氏漏斗时,布氏漏斗的斜口要对着抽滤瓶的抽气口。抽滤结束时,应先拔出连接在抽气循环水泵上的橡皮管,再关循环水泵。若先关循环水泵,循环水泵中的污水会倒流入抽滤瓶中。

② 限度检验比色和比浊时应注意特别认真观察。

七、问题讨论

① 在除去 Ca^{2+}、Mg^{2+}、SO_4^{2-} 时,为什么要先加入 $BaCl_2$ 溶液,然后再加入 Na_2CO_3 溶液?

② 为什么用 $BaCl_2$(毒性很大)而不用 $CaCl_2$ 除去 SO_4^{2-}?

③ 在除去 Ca^{2+}、Mg^{2+}、Ba^{2+} 等离子时,能否用其他可溶性碳酸盐代替 Na_2CO_3?

④ 加 HCl 除 CO_3^{2-} 时,有的方法将溶液的 pH 值调到 2~3,也有的调到 pH 值为 3~4,还有的调至近中性(pH=6),你认为调到 pH 值为多少最好?为什么?

⑤ 查阅有关资料,说明硫酸盐杂质标准液和铁杂质标准液的配制方法。

八、参考文献

[1] 国家药典委员会. 中华人民共和国药典(第 2 部)[M]. 北京:化学工业出版社, 2005:760~761.

[2] GB 1266—1986. 化学试剂 氯化钠 [S]. 北京:中国标准出版社,1986.

实验五 化学反应热效应的测定

一、预习要点

① 有关热力学的基本概念。

② 化学反应热效应测定原理和方法。

二、目的要求

① 测定过氧化氢稀溶液的分解热,了解测定反应热的原理和方法。

② 学习温度计、秒表的使用和简单的作图方法。

三、实验原理

量热计是测定反应热效应常用的仪器。本实验采用普通保温杯和分刻度为 0.1℃ 的温度计作为简易量热计,来测量过氧化氢稀溶液的催化分解反应热。装置如图 5-4 所示。

过氧化氢浓溶液在温度高于 150℃ 或混入具有催化活性的 Fe^{2+}、Mn^{2+}、Cr^{3+} 等一些多变价的金属离子时,就会发生爆炸性分解:

$$H_2O_2(l) = H_2O + \frac{1}{2}O_2(g)$$

但在常温和无催化活性杂质存在的情况下,过氧化氢相当稳定。对于过氧化氢稀溶液来说,升高温度或加入催化剂,均不会引起爆炸性分解。本实验以二氧化锰为催化剂,用简易量热计测定其稀溶液的催化分解反应热效应。

化学反应所产生的热量,除了使反应溶液的温度升高外,还

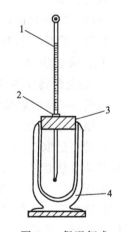

图 5-4 保温杯式
简易量热计

1—温度计;2—橡皮圈;
3—泡沫塑料塞;4—保温杯

使简易量热计的温度升高,所以要测定反应热,必须预先知道溶液的比热容和量热计的热容。由于所采用的是过氧化氢稀溶液,故可把它的比热容视为水的比热容($c=4184$ J·g^{-1}·K^{-1}),而量热计的热容 C_p(J·K^{-1}) 可用下法测得:往盛有一定质量 m(g) 水(温度为 T_1)的量热计中,迅速加入相同质量的热水(温度为 T_2),测得混合后的水温为 T_3,则

$$热水失热 = cm(T_2 - T_3)$$
$$冷水得热 = cm(T_3 - T_1)$$
$$量热计得热 = (T_3 - T_1)C_p$$

根据热量平衡得到:

$$cm(T_2 - T_3) = cm(T_3 - T_1) + (T_3 - T_1)C_p$$

$$C_p = \frac{cm(T_2 + T_1 - 2T_3)}{T_3 - T_1}$$

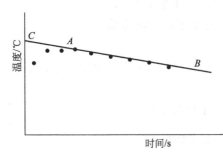

图 5-5 温度-时间曲线

严格地说,简易量热计并非绝热体系。因此,在测量温度变化时会碰到下述问题,即当冷水温度正在上升时,体系和环境已发生了热量交换,这就使人们不能观测到最大的温度变化。这一困难,可用外推作图法予以消除,即根据实验所测得的数据,以温度对时间作图(图 5-5)。在所得各点间作一最佳直线 AB,延长 BA 与纵轴相交于 C,C 点所表示的温度就是体系上升的最高温度。如果量热计的隔热性能好,在温度升高到最高点时,数分钟内温度并不下降。那么可不用外推作图法。

应当指出的是,由于过氧化氢分解时,有氧气放出,所以本实验的反应热 ΔH 不仅包括体系内能的变化,还应包括体系对环境所做的膨胀功,但因后者所占的比例很小,在近似测量中,通常可忽略不计。

四、实验用品

仪器:温度计(0~50℃、分刻度为 0.1℃),保温杯,量筒,烧杯,研钵,秒表。

药品:二氧化锰,碘化钾,H_2O_2(0.3%)。

材料:泡沫塑料塞,吸水纸。

五、实验步骤

1. 测定量热计热容 C_p

按图 5-4 装配好保温杯式简易量热计。保温杯盖可用泡沫塑料或软木塞。杯盖上的小孔要稍比温度计直径大一些,为了不使温度计接触杯底,在温度计底端套一橡皮圈。

用量筒取 50mL 的蒸馏水,把它倒入干净的保温杯中,盖好塞子,用双手握住保温杯进行摇动(注意尽可能不使液体溅到塞子上),几分钟后观察温度,若连续 3min 温度不变,记下温度 T_1。另再量取 50mL 蒸馏水。倒入 100mL 烧杯中,把此烧杯置于温度高于室温 20℃ 的热水浴中,放置 10~15min 后,准确读出热水温度 T_2(为了节省时间,在其他准备工作之前就把蒸馏水置于热水浴中),迅速将此热水倒入保温杯中,盖好塞子,按上述同样的方法摇动保温杯。在倒热水的同时,按动秒表,每 10s 记录一次温度,记录三次后,隔 20s 记录一次,直到体系温度不再变化或等速下降为止。倒尽保温杯中的水,把保温杯洗净并用吸水纸擦干待用。

2. 测定过氧化氢稀溶液的分解热

取 100mL 已知浓度的过氧化氢溶液，把它倒入保温杯中，塞好塞子，缓缓摇动保温杯，观测温度 3min，当溶液温度不变时，记下温度 T_1'。迅速加入 0.5g 研细过的二氧化锰粉末，塞好塞子后，立即摇动保温杯，以使二氧化锰粉末悬浮在过氧化氢溶液中。在加入二氧化锰的同时，按动秒表，每隔 10s 记录一次温度。当温度升高到最高点时，记下此时的温度 T_2'，以后每隔 20s 记录一次温度。在相当一段时间（例如 3min）内若温度保持不变，T_2' 即可视为该反应达到最高温度，否则就需用外推法求出反应的最高温度。

应当指出的是，由于过氧化氢的不稳定性，因此其溶液浓度的标定应在本实验前不久进行。此外，无论是在量热计热容的测定中，还是在过氧化氢分解热的测定中，保温杯摇动的节奏要始终保持一致。

3. 数据记录和处理

(1) 量热计热容 C_p 的计算　见表 5-3。

表 5-3　量热计热容 C_p 的计算

冷水温度 T_1/K	
热水温度 T_2/K	
冷热水混合温度 T_3/K	
冷(热)水的质量	
水的比热容 c/4184J·g^{-1}·K^{-1}	
量热计的热容 C_p/J·K^{-1}	

(2) 分解热的计算　见表 5-4。

表 5-4　分解热的计算

反应前温度 T_1'/K	
反应后温度 T_2'/K	
ΔT/K	
H_2O_2 溶液的体积 V/mL	
反应放出的总热量 Q/J	
分解热 ΔH/J·mol^{-1}	
与理论值比较百分误差/%	

$$Q = (T_2' - T_1')C_p + c(H_2O_2)V(T_2' - T_1') = [C_p + c(H_2O_2)V]\Delta T$$

$$\Delta H = \frac{Q}{c(H_2O_2)V/1000} = \frac{[C_p + c(H_2O_2)V]\Delta T}{c(H_2O_2)V/1000}$$

式中，$c(H_2O_2)$ 为过氧化氢的物质的量浓度。

过氧化氢分解热实验值与理论值的相对百分误差为 $\pm 10\%$。

六、注意事项

① 过氧化氢溶液（约 0.3%）使用前应用 $KMnO_4$ 或碘量法准确测定其物质的量浓度。

② 二氧化锰要尽量研细，并在 110℃ 烘箱中烘干 1~2h 后，置于干燥器中待用。

③ 一般市售保温杯的容积为 250mL 左右，故过氧化氢的实际用量以 150mL 为宜。为

了减小误差，应尽可能取用较多量（例如 400mL 或 500mL 的保温杯）的过氧化氢做实验（注意此时 MnO_2 的用量亦应相应按比例增加）。

④ 重复分解热实验时，一定要使用干净的保温杯。

⑤ 实验协作者注意相互密切配合。

七、问题讨论

① 杯盖上小孔为何要稍比温度计直径大些？这样做对实验结果会产生什么影响？

② 实验中使用二氧化锰的目的是什么？在计算反应所放出的总热量时，是否要考虑所加二氧化锰的热效应？

③ 实验中为何要均匀摇动保温杯使二氧化锰粉末悬浮在过氧化氢溶液中？

④ 试分析本实验结果产生误差的原因，你认为影响本实验结果的主要因素是什么？

实验六 化学反应速率和速率常数的测定

一、预习要点

① 化学反应速率基本概念以及浓度、温度和催化剂对反应速率的影响。

② 本实验测定反应速率及速率常数的基本原理、实验方法。

二、目的要求

① 了解浓度、温度和催化剂对反应速率的影响。

② 测定过二硫酸铵与碘化钾反应的平均反应速率，并计算不同温度下的反应速率常数。

三、实验原理

在水溶液中，过二硫酸铵与碘化钾发生如下反应：

$$(NH_4)_2S_2O_8 + 3KI = (NH_4)_2SO_4 + K_2SO_4 + KI_3$$

它的离子反应方程式为：

$$S_2O_8^{2-} + 3I^- = 2SO_4^{2-} + I_3^- \tag{1}$$

因为化学反应速率是以单位时间内反应物或生成物浓度的改变值来表示的，所以上述反应的平均速率为：

$$v = \frac{c_{S_2O_8^{2-},1} - c_{S_2O_8^{2-},2}}{t_2 - t_1} = \frac{\Delta c_{S_2O_8^{2-}}}{\Delta t}$$

式中，$\Delta c_{S_2O_8^{2-}}$ 为 $S_2O_8^{2-}$ 在 Δt 时间内浓度的改变值。为了测定出 $\Delta c_{S_2O_8^{2-}}$，在混合 $(NH_4)_2S_2O_8$ 和 KI 溶液时，用淀粉溶液作指示剂，同时加入一定体积的已知浓度的 $Na_2S_2O_3$，这样溶液在反应(1)进行的同时，也进行着如下反应：

$$2S_2O_3^{2-} + I_3^- = S_4O_6^{2-} + 3I^- \tag{2}$$

反应(2)进行得非常快，几乎瞬间完成，而反应(1)却慢得多，于是由反应(1)生成的碘立刻与 $S_2O_3^{2-}$ 反应，生成了无色的 $S_4O_6^{2-}$ 和 I^-，因此在开始一段时间内，看不到碘与淀粉作用而显示出来的特有的蓝色，但是，一旦 $Na_2S_2O_3$ 耗尽，则继续游离出来的碘，即使是微量的，也能使淀粉指示剂变蓝。所以蓝色的出现就标志着反应(2)的完成。

从反应方程式(1)和(2)的关系可以看出，$S_2O_8^{2-}$ 浓度的减少量等于 $S_2O_3^{2-}$ 减少量的一半，即：

$$\Delta c_{S_2O_8^{2-}} = \frac{\Delta c_{S_2O_3^{2-}}}{2}$$

因为 $S_2O_3^{2-}$ 在溶液显蓝色时几乎完全耗掉，故 $\Delta c_{S_2O_3^{2-}}$ 实际上就等于反应开始时 $Na_2S_2O_3$ 的浓度，由于本实验中的每份混合溶液只改变 $(NH_4)_2S_2O_8$ 和 KI 的浓度，而使用的 $Na_2S_2O_3$ 的起始浓度都是相同的，因此到蓝色出现时已耗去的 $S_2O_8^{2-}$ 即 $\Delta c_{S_2O_8^{2-}}$ 也都是相同的。这样只要记下从反应开始到溶液出现蓝色所需要的时间（Δt），就可以求算在各种不同浓度下的平均反应速率 $\dfrac{\Delta c_{S_2O_8^{2-}}}{\Delta t}$。

实验证明：过二硫酸铵与碘化钾的反应速率和反应的浓度的关系如下：

$$\frac{\Delta c_{S_2O_8^{2-}}}{\Delta t} = k c_{S_2O_8^{2-}} c_{I^-} \tag{3}$$

式中的 k 为反应速率常数，$c_{S_2O_8^{2-}}$ 和 c_{I^-} 分别为两种离子的初始浓度（$mol \cdot L^{-1}$），利用（3）即可求算出反应速率常数 k 值。

四、实验用品

量筒（10mL），烧杯（50mL），秒表，温度计（0~100℃）。

KI（$0.20 mol \cdot L^{-1}$），$Na_2S_2O_3$（$0.010 mol \cdot L^{-1}$），淀粉溶液（$2g \cdot L^{-1}$），$(NH_4)_2S_2O_8$（$0.20 mol \cdot L^{-1}$），KNO_3（$0.20 mol \cdot L^{-1}$），$(NH_4)_2SO_4$（$0.20 mol \cdot L^{-1}$），$Cu(NO_3)_2$（$0.020 mol \cdot L^{-1}$），冰。

五、实验步骤

1. 浓度对反应速率的影响

① 用量筒（每个试剂所用的量筒都要贴上标签，以免混乱）。准确量取 10.0mL $0.20 mol \cdot L^{-1}$ KI 溶液，2.0mL $2g \cdot L^{-1}$ 的淀粉溶液与 4.0mL $0.010 mol \cdot L^{-1}$ $Na_2S_2O_3$ 溶液于 50mL 烧杯中混合均匀。

② 用量筒准确量取 10.0mL $0.20 mol \cdot L^{-1}$ $(NH_4)_2S_2O_8$ 溶液迅速加到烧杯中，同时按动秒表并将溶液搅拌均匀。观察溶液，刚一出现蓝色，即迅速停止计时，将反应时间计入表 5-5 中。

用上述方法参照表 5-5 重复进行实验编号 2~5，为了使溶液的离子强度和总体积保持不变，在 2~5 实验编号中所减少的 $(NH_4)_2S_2O_8$ 或 KI 的用量可分别用 $0.20 mol \cdot L^{-1}$ $(NH_4)_2SO_4$ 和 $0.20 mol \cdot L^{-1}$ KNO_3 来补充 [注意：在进行实验 2、3、4、5 时，为避免因有一部分溶液残留在量筒因而影响实验结果，可将 $(NH_4)_2SO_4$ 溶液先加到 $(NH_4)_2S_2O_8$ 溶液中，或将 KNO_3 溶液先加到 KI 溶液中进行冲稀，然后再一起加进烧杯中]。

根据表 5-5 中各种试剂的用量，计算实验中参加反应的试剂的起始浓度及反应速率常数，逐一填入表 5-5 的空格内。

2. 温度对反应速率的影响

① 在 50mL 烧杯中加入 5.0mL $0.20 mol \cdot L^{-1}$ KI 溶液，2.0mL $2g \cdot L^{-1}$ 淀粉溶液，4.0mL $0.010 mol \cdot L^{-1}$ $Na_2S_2O_3$ 溶液和 5.0mL $0.20 mol \cdot L^{-1}$ KNO_3 溶液。

② 在另一个 50mL 烧杯中加入 10.0mL $0.20 mol \cdot L^{-1}$ $(NH_4)_2S_2O_8$ 溶液。

③ 将烧杯放在冰水浴中冷却，待两种试液均冷却到室温下 10℃时，把 $(NH_4)_2S_2O_8$ 试液迅速倒入盛混合液的烧杯中，立即按动秒表并用玻璃棒将溶液搅拌均匀，观察到溶液刚出现蓝色即停止计时，将反应时间和温度记录在表 5-6 中（编号为 6）。

④ 室温下重复上述实验（与实验编号 4 相同），将反应时间和温度记录在表 5-6 中（编

号为7）。

⑤ 在高于室温10℃条件下重复上述实验，将盛有试液的烧杯放入温水浴中升温，温水浴采取冷水与热水相混的办法制成，待温水浴温度高于室温12~13℃时，让其自然降温，指示液温度高于室温10℃时，将$(NH_4)_2S_2O_8$溶液加入混合液中，计时，搅拌，将时间和温度记录在表5-6中（编号为8）。

根据反应时间计算三个温度下的速率常数，并填入表5-6中。

3. 催化剂对反应速率的影响

① 在50mL烧杯中加入5.0mL 0.20mol·L^{-1} KI溶液，2.0mL 2g·L^{-1}淀粉溶液，4.0mL 0.010mol·L^{-1} $Na_2S_2O_3$溶液和5.0mL 0.20mol·L^{-1} KNO_3溶液。

② 将10.0mL 0.20mol·L^{-1} $(NH_4)_2S_2O_8$溶液迅速加到上述烧杯中，同时计时和搅拌，至溶液出现蓝色时为止。

将以上实验时的反应时间以及前面实验7的结果一起记入表5-7中进行比较。

表5-5　$(NH_4)_2S_2O_8$和KI的浓度对反应速率的影响

项　目	实　验　编　号	1	2	3	4	5
试剂用量/mL	0.20mol·L^{-1}KI	10.0	10.0	10.0	5.0	2.5
	2g·L^{-1}淀粉	2.0	2.0	2.0	2.0	2.0
	0.010mol·L^{-1} $Na_2S_2O_3$	4.0	4.0	4.0	4.0	4.0
	0.20mol·L^{-1} KNO_3	—	—	—	5.0	7.5
	0.20mol·L^{-1} $(NH_4)_2SO_4$	—	5.0	7.5	—	—
	0.20mol·L^{-1} $(NH_4)_2S_2O_8$	10.0	5.0	2.5	10.0	10.0
试剂起始浓度	$(NH_4)_2S_2O_8$					
	KI					
	$Na_2S_2O_3$					
反应时间 Δt/s						
速率常数 k						

表5-6　温度对反应速率的影响

实验编号	反应温度/℃	反应时间 t/s	反应速率常数 k
6			
7			
8			

表5-7　催化剂对反应速率的影响

实验编号	加入0.020mol·L^{-1} $Cu(NO_3)_2$滴数	反应时间 t/s
7	0	
9	2	

4. 记录和结果

总结以上三部分的实验结果说明各种因素（浓度、温度、催化剂）如何影响反应速率。

六、问题讨论

① 在向KI、淀粉和$Na_2S_2O_3$混合溶液中加$(NH_4)_2S_2O_8$时，为什么必须越快越好？

② 在加入$(NH_4)_2S_2O_8$时，先计时后搅拌或先搅拌后计时，对实验结果各有何影响？

实验七　水溶液中的解离平衡与缓冲溶液

一、预习要点
① 解离平衡、同离子效应、缓冲溶液等内容。
② 根据缓冲溶液有关计算公式，计算各种缓冲溶液中组分的毫升数。
③ 盐类水溶液的酸碱性及影响盐类水解的因素。
④ 沉淀溶解平衡，主要是沉淀的生成和溶解条件及溶度积原理。

二、目的要求
① 通过实验进一步了解强弱电解质解离的差别，加深对解离平衡、同离子效应等理论的理解。
② 学习缓冲溶液的配制并试验其缓冲作用。
③ 了解缓冲容量与缓冲剂浓度和缓冲组分比值的关系。
④ 掌握广泛 pH 试纸及精密 pH 试纸的使用方法，熟悉 pH 计的使用方法。
⑤ 了解盐类的水解反应和抑制水解的方法。
⑥ 了解盐类水溶液的酸碱性？
⑦ 掌握外界条件对盐类水解平衡与沉淀平衡的影响。
⑧ 掌握沉淀的生成和溶解条件。
⑨ 测定磷酸盐的水解常数。

三、实验原理
强电解质在水溶液中完全解离，弱电解质（弱酸或弱碱）在水溶液中都发生部分解离，解离出来的离子与未解离的分子间处于平衡状态，例如醋酸（HAc）：

$$HAc \rightleftharpoons H^+ + Ac^- \qquad K_a = \frac{c(H^+)c(Ac^-)}{c(HAc)}$$

如果往溶液中增加更多的 Ac^-（比如加入 NaAc）或 H^+ 都可以使平衡向左方移动，降低 HAc 的解离度，这种作用称为同离子效应。

如果溶液中同时存在着弱酸以及它的盐（共轭碱），例如 HAc 和 NaAc，这时加入少量的酸可被 Ac^- 结合为解离度很小的 HAc 分子，加入少量的碱则被 HAc 所中和，溶液的 pH 值始终改变不大，这种溶液称为缓冲溶液，同理弱碱及其盐（共轭酸）也可组成缓冲溶液，缓冲溶液的 pH 值（以 HAc 和 NaAc 为例）为：

$$pH = pK_a - \lg \frac{c_{酸}}{c_{碱}}$$

弱酸和强碱或弱碱和强酸以及弱酸和弱碱所生成的盐，在水溶液中都发生水解，从而使溶液的酸碱性发生变化，例如

$$NaAc + H_2O \rightleftharpoons NaOH + HAc \text{ 或 } Ac^- + H_2O \rightleftharpoons OH^- + HAc$$
$$NH_4Cl + H_2O \rightleftharpoons H^+ + NH_3 \cdot H_2O + Cl^- \text{ 或 } NH_4^+ + H_2O \rightleftharpoons H^+ + NH_3 \cdot H_2O$$

根据同离子效应，往溶液中加入 H^+ 或 OH^- 就可以阻止它们（NH_4^+ 或 Ac^-）水解，另外，由于水解是吸热反应，所以加热则可促使盐的水解。

难溶强电解质在一定温度下与它的饱和溶液中的相应离子处于平衡状态，例如：

$$Ag_2CrO_4(s) \rightleftharpoons 2Ag^+(aq) + CrO_4^{2-}(aq) \qquad K_{sp}^{\ominus} = [c(Ag^+)/c^{\ominus}]^2[c(CrO_4^{2-})/c^{\ominus}]$$

$K_{sp}^{\ominus}$ 称为溶度积。若任意情况下难溶电解质的离子浓度的乘积用 Q_i 表示，并称之为离

子积。Q_i 的表示方式与该物质的 $K_{sp}^{\ominus}$ 表示方式相同，区别是离子积 Q_i 表示其数值视条件改变而改变，$K_{sp}^{\ominus}$ 仅是 Q_i 的一个特例，代入 $K_{sp}^{\ominus}$ 表达式的离子浓度必须是难溶电解质饱和溶液中构晶离子的平衡浓度。

当 $Q_i > K_{sp}^{\ominus}$ 时，溶液为过饱和溶液，将有沉淀析出，直至 $Q_i = K_{sp}^{\ominus}$，溶液成为饱和溶液为止。当 $Q_i < K_{sp}^{\ominus}$ 时，表示溶液未饱和，无沉淀析出，如果溶液中有足量的固体存在（或加入固体），固体将溶解，直至 $Q_i = K_{sp}^{\ominus}$，溶液成为饱和溶液为止。若使溶液中构成沉淀晶体的任一离子浓度降低，当满足条件 $Q_i < K_{sp}^{\ominus}$ 时，沉淀就会溶解。此即为溶度积原理。

如在 AgCl 饱和溶液中加入 $NH_3 \cdot H_2O$，使 Ag^+ 转化为 $Ag(NH_3)_2^+$，AgCl 沉淀便可溶解。

根据类似的原理，往含有 AgCl 沉淀的溶液中加入 I^-，它便与 Ag^+ 结合为溶解度更小的 AgI 沉淀，这时溶液中 Ag^+ 浓度减小了，对于 AgCl 来说已成为不饱和溶液，而对于 AgI 来说，只要加入足够量的 I^-，便是过饱和溶液，结果，一方面 AgCl 不断溶解，另一方面不断有 AgI 沉淀生成，最后 AgCl 沉淀全部转化为 AgI 沉淀。

如果溶液中同时含有几种离子，当加入沉淀剂时，在都可能生成沉淀的情况下，哪个先满足条件 $Q_i > K_{sp}^{\ominus}$，哪个就先沉淀，这种先后析出沉淀的现象叫分步沉淀或分级沉淀。

四、实验用品

pH 计，试管，烧杯。

酸：$HCl(0.1 mol \cdot L^{-1}, 6 mol \cdot L^{-1})$，$HAc(0.1 mol \cdot L^{-1}, 1 mol \cdot L^{-1})$。

碱：$NaOH(0.1 mol \cdot L^{-1}, 0.001 mol \cdot L^{-1})$，$NH_3 \cdot H_2O(0.1 mol \cdot L^{-1}, 2 mol \cdot L^{-1})$。

盐：NH_4Cl(固，饱和)，$(NH_4)_2C_2O_4$（饱和），Na_2CO_3（$0.1 mol \cdot L^{-1}$，饱和），$NaAc$(固，$0.1 mol \cdot L^{-1}$，$1 mol \cdot L^{-1}$)，EDTA(固)，$KMnO_4$(固)，$CaCl_2$($0.1 mol \cdot L^{-1}$，$0.001 mol \cdot L^{-1}$)，$SbCl_3$(固)。

$0.1 mol \cdot L^{-1}$ 盐溶液：NH_4Ac，$NaCl$，Na_2SO_4，Na_3PO_4，Na_2HPO_4，NaH_2PO_4，K_2CrO_4，$MgCl_2$，$Al_2(SO_4)_3$，$AgNO_3$。

其他：pH 试纸（广泛，精密），甲基橙，酚酞。

五、实验步骤

1. 溶液的 pH 值

用 pH 试纸测试浓度各为 $0.1 mol \cdot L^{-1}$ 的 HCl、HAc、NaOH、$NH_3 \cdot H_2O$ 的 pH 值，并与计算值作比较（HAc 和 $NH_3 \cdot H_2O$ 的解离常数均为 1.8×10^{-5}）。

2. 同离子效应

① 取约 1mL $0.1 mol \cdot L^{-1}$ HAc 溶液倒入小试管中，加入 1 滴甲基橙，观察溶液的颜色，然后加入少量固体 NaAc，观察颜色有何变化？解释之。

② 取约 1mL $0.1 mol \cdot L^{-1}$ $NH_3 \cdot H_2O$ 溶液倒入小试管中，加入 1 滴酚酞，观察溶液的颜色，然后加入少量固体 NH_4Cl，观察颜色变化，并解释之，过量无色。

③ 取两支小试管，各加入 5 滴 $0.1 mol \cdot L^{-1}$ $MgCl_2$ 溶液，在其中一支试管中再加入 5 滴饱和 NH_4Cl 溶液，然后分别在这两支试管中加入 5 滴 $2 mol \cdot L^{-1}$ $NH_3 \cdot H_2O$，观察两试管中的现象有何不同？何故？

3. 缓冲溶液的配制和性质

① 用等体积 $0.1 mol \cdot L^{-1}$ HAc 和 $0.1 mol \cdot L^{-1}$ NaAc 配制缓冲溶液 10mL，该缓冲溶液 pH 值为多少？用 $0.1 mol \cdot L^{-1}$ HAc 和 $0.1 mol \cdot L^{-1}$ NaAc 配制 pH=4.0 的缓冲溶液

10mL，应如何配制？用 1mol·L^{-1} HAc 和 1mol·L^{-1} NaAc 配制 pH＝4.0 的缓冲溶液 10mL，应如何配制？

② 将上述缓冲溶液配好后，用 pH 计测量溶液的 pH 值，检验其和理论值符合程度。将上述各溶液分成两等份，第一份加入 10 滴 0.1mol·L^{-1} NaOH，摇匀，另一份加入 10 滴 0.1mol·L^{-1} HCl，摇匀，再次测量其 pH 值。

③ 用蒸馏水代替上述缓冲溶液，做对照实验。对比上述各实验后可得出什么结论？

4. 盐类水解和影响水解平衡的因素

① 在点滴板上，用精密 pH 试纸测浓度为 0.1mol·L^{-1} 的 NaCl、Na$_2$CO$_3$、Al$_2$(SO$_4$)$_3$ 和 NH$_4$Ac 的 pH 值，解释所观察到的现象，pH 值有什么不同？

② 用酸度计测定 0.1mol·L^{-1} 的 Na$_3$PO$_4$、Na$_2$HPO$_4$、NaH$_2$PO$_4$ 溶液的 pH 值，酸式盐是否都为酸性？计算磷酸盐的水解常数并与文献值对比。

③ 取少量 SbCl$_3$ 固体，加到盛有 1mL 蒸馏水的小试管中，有何现象产生？用 pH 试纸测试溶液的酸碱性；滴加 6mol·L^{-1} HCl，振摇试管，沉淀是否溶解？再加水稀释，会发生什么变化？解释上述现象，写出有关反应方程式。

5. 溶度积原理的应用

① 沉淀的生成：在一支试管中加入 1mL 0.1mol·L^{-1} CaCl$_2$ 溶液，然后加入约 1mL 0.1mol·L^{-1} NaOH 溶液，观察有无沉淀生成；在另一支试管中加入 1mL 0.001mol·L^{-1} CaCl$_2$ 溶液，然后加入约 1mL 0.001mol·L^{-1} NaOH 溶液，观察有无沉淀生成。试以溶度积原理加以解释上述现象。

② 沉淀的溶解：自行设计实验方案制出 CaC$_2$O$_4$ 沉淀，并采用生成弱电解质、生成配离子、利用氧化还原反应三种方法使之溶解。

③ 沉淀的转化：自行设计实验方案制出 CaSO$_4$ 沉淀，并采用沉淀转化法使之转化为 CaCO$_3$ 后将其溶解。

④ 分步沉淀：在试管中加入 0.5mL 0.1mol·L^{-1} NaCl 溶液和 0.5mL 0.1mol·L^{-1} K$_2$CrO$_4$ 溶液，混匀后逐滴加入 0.1mol·L^{-1} AgNO$_3$ 溶液，边加边振荡，观察形成沉淀颜色的变化，并加以解释。

六、问题讨论

① 将 10mL 0.2mol·L^{-1} HAc 溶液和 10mL 0.1mol·L^{-1} NaOH 溶液混合，问所得溶液是否具有缓冲能力？

② 若将 10mL 0.2mol·L^{-1} HAc 溶液和 10mL 0.2mol·L^{-1} NaOH 溶液混合，所得溶液是否具有缓冲能力？

③ 在使用 pH 试纸检测溶液的 pH 值时，应注意哪些问题？

④ 实际使用时，应如何正确选用和配制合乎要求的缓冲溶液？

⑤ 试解释为什么 NaHCO$_3$ 水溶液呈碱性，而 NaHSO$_4$ 水溶液呈酸性？

⑥ 如何配制 Sn^{2+}、Bi^{3+}、Fe^{3+} 等盐的水溶液？

⑦ 利用平衡移动原理，判断下列难溶电解质是否可用 HNO$_3$ 来溶解？
MgCO$_3$、Ag$_3$PO$_4$、AgCl、CaC$_2$O$_4$、BaSO$_4$

实验八 分析天平性能的测定与称量练习

一、预习要点

① 分析天平。

② 有效数字的记录。

二、目的要求

① 了解电光分析天平、电子分析天平的基本结构、主要部件的功能和砝码组合。
② 掌握电光分析天平、电子分析天平的使用规则、使用方法、技巧、维护及保养。
③ 测试分析天平的工作性能，包括稳定性、灵敏度、不等臂性等。
④ 学会直接称量法和差减称量法（递减称量法）。
⑤ 学会正确使用称量纸和称量瓶。
⑥ 会正确记录有效数字。

三、实验原理

见"天平"部分有关分析天平的介绍。

分析天平是根据杠杆原理设计而成的。

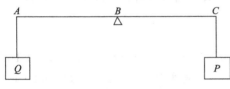

设杠杆 ABC（见图 5-6），B 为支点，A 为重点，C 为力点。在 A 及 C 上分别载重 Q 及 P，Q 为被称物的重量，P 为砝码的总重量。当达到平衡时，即 ABC 杠杆呈水平，则根据杠杆原理 $Q \times AB = P \times BC$，若 B 为 ABC 的中点，则 $AB = BC$，所以 $Q = P$，这就是等臂天平的原理。国产 TG528B 型、TG629 型阻尼天平、TB 型半自动电光天平、TG328A 型全自动天平均属于等臂天平。

图 5-6 天平原理图

若 B 点不是中点，Q 为固定的重量锤，P 为砝码总重量，$Q \times AB = P \times BC$，当称物体重量时，减去 P 的砝码，仍使 $Q \times AB =$（物重＋P-砝码）$\times BC$，这就是不等臂天平的原理，如国产 TG729B 型单盘减码式全自动电光天平。

电光天平的最大称量为 20~200g，称至 0.1mg 的称为万分之一天平，称至 0.01mg 的为十万分之一天平，称至 0.001mg 的为百万分之一天平。

1. 天平的计量性能

天平的计量性能规定天平衡量的精确度。从实用角度看，需从稳定性、灵敏性、正确性和示值变动性四项指标来衡量。

（1）稳定性　天平的稳定性是指：平衡中天平横梁在扰动后离开平衡位置，仍旧能自动恢复原来平衡位置的能力。这是天平计量的先决条件。它实际上包含于天平的灵敏性和示值变动性之中。因此，对于稳定性不规定具体的鉴定指标。

（2）灵敏性（灵敏度）E　天平的灵敏度是指天平能够"觉察"出两盘中称重物的质量之差的能力。分析天平的灵敏度通常用在处于平衡状态下的分析天平的一个盘上增加 1mg 质量所引起的指针偏转的程度（分度值）来表示，指针偏斜程度愈大，则该天平的灵敏度愈高。

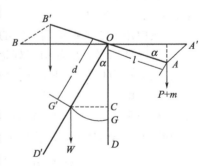

图 5-7 天平灵敏度原理图

设等臂天平（见图 5-7）的臂长为 l，d 为重心 G 或 G' 到支点 O 的距离，W 为梁重，p 为秤盘重，m 为增加的重量。当天平两边都是空盘时，指针位于 OD 处，而当右边秤盘增加重量 m 时，指针偏斜至 OD' 处，横梁由 OA 偏斜至 OA'，其偏斜角为 α，则根据原理，支点右边的力矩等于支点左边的力矩之和，即：

$$(p+m)\times OA = p\times OB + W\times CG'$$

因为
$$m\times OB = W\times CG'$$
$$OB = A'O\times \cos\alpha = l\times \cos\alpha$$
$$CG' = OG'\sin\alpha = d\times \sin\alpha$$

所以
$$m\times l\times \cos\alpha = W\times d\times \sin\alpha$$

$$\frac{\sin\alpha}{\cos\alpha} = \tan\alpha = \frac{ml}{Wd}$$

由于 α 一般很小，所以可认为：

$$\tan\alpha = \alpha$$

因 $\alpha = \frac{ml}{Wd}$，当 $m = 1\text{mg}$

$$\alpha = \frac{1}{Wd}$$

此式即灵敏度的简易公式。由公式可知，天平的灵敏度与以下因素有关：天平的臂长愈长，灵敏度愈高；天平的梁重愈重，灵敏度愈低；支点与重心间的距离愈短，灵敏度愈高。

但是天平的灵敏度并非仅与这三个因素有关，还与天平梁载重时的变形、支点和载重点的玛瑙刀的接触点（即玛瑙刀的刀口尖锐性及平整性）有关。所以，天平梁制成三角状，中间挖空，三角状顶上设一垂直的灵敏度调节螺丝，水平方向设置两个零点调节螺丝，支点玛瑙刀口略低于载重玛瑙刀口的翘梁，且天平梁的材质采用铝合金或钛合金等轻金属制成。

三角状翘梁是为了减少变形的影响，挖空及采用轻金属材质是为了减轻梁重，灵敏度调节螺丝是为了利用螺母本身重量的高低位置来调节 d 的长度，水平零点调节螺丝是利用螺母重量调节螺母离支点的距离来调整力矩的大小改变零点位置。

天平的灵敏度一般以标牌的格数来衡量，即灵敏度=格（分度）/ mg：

$$E = \frac{n}{r}\text{（分度/mg）}$$

式中，E 为灵敏度；n 为指针偏转的分度数；r 为测定灵敏度用的小砝码质量（mg）。

灵敏度有空载灵敏度和重载灵敏度之分。

灵敏度也常常用其倒数（感量 S 表示指针偏转一个分度所需的毫克数）来表示：

$$S = \frac{r}{n}\text{（mg/分度）}$$

电光天平的感量一般调成 1mg/格、0.1mg/格、0.01mg/格，将标牌制成透明膜，装在指针上，然后，通过光学放大 10 倍使天平的表观"感量"为 0.1mg/格、0.01mg/格、0.001mg/格。因此，又称万分之一天平、十万分之一天平、百万分之一天平。由于实际感量较低，所以它能很快达到平衡，既能达到快速称重，又能提高读数的精密度，且在 10mg（对十万分之一天平是 1mg，对百万分之一天平是 0.1mg）以内的称重无需加砝码直接由屏幕上读数。

新出厂的 TG328B 分析天平的一个分度值是按 0.1mg 设计的。

一般使用中要求增加 10mg（空载或重载）质量时，指针偏转的分度值应在 100mg±2mg。

(3) 正确性（不等臂性） 正确性是指天平横梁两臂正确固定的比例关系。对于等臂天平来说，正确性常用不等臂性来说明，一般分析天平的两臂长度之差不得超过十万分之一。

不等臂误差与被测物体的质量成正比,因此规定此项误差以天平在最大载荷时由臂长不等引起的误差的量值来表示。使用中的天平(TG328B)不得大于9分度。

(4) 示值变动性 是指天平在载荷不变的情况下,多次重复开关,天平平衡点变化的情况或重复出现的性能。

使用中的天平一般要求示值变动性不超过1分度。

2. 称量方法

(1) 直接称量法 适用范围:不易吸水、在空气中性质稳定的物质或器皿。如铜片的称量,称量瓶称量。

将所称的物质如坩埚、小烧杯、小表面皿等直接置于电光天平的左边(或右边,即与砝码非同侧边)称量盘上,加砝码或转动指数盘到投影屏平衡,则所加砝码即所称物质的质量。

(2) 指定质量称量法 适用范围:不易吸水、在空气中性质稳定的物质。如金属试样,矿石试样等。

即先称容器质量(如烧杯、表面皿、铝铲、硫酸纸等),然后将砝码或指数盘加到指定质量,用牛角匙轻轻振动使试样慢慢倒入容器,使平衡点与目标值一致。

(3) 差减称量法 适用范围:除上述稳定试样外,还可用于易吸水、易氧化或易于与 CO_2 反应的物质以及粉末、易挥发的样品,应用较广。

先将样品置于称量瓶中,称出试样加称量瓶的总质量 W_1,然后将样品倒出一部分,再称剩余试样加称量瓶的质量为 W_2,则第一份试样质量为 (W_1-W_2) 克,依此类推,称出第二份、第三份试样……

若是易吸水、易氧化或易与二氧化碳反应的液体样品,如浓硫酸、氢氧化钠等,可将试样装入小滴瓶中代替称量瓶并按上述步骤进行。

称量取药品时按图5-8所示步骤进行:从干燥器中取出装有试样的称量瓶,用小纸片夹住称量瓶,在接受器的上方,打开瓶盖,倾斜瓶身,用瓶盖轻敲瓶口上部边沿,使试样慢慢落入容器中。当倾出的样品接近所需量时,一边继续轻敲瓶口,一边逐渐将瓶身竖直,使在瓶口的试样进入接受器,然后盖上瓶盖,放回托盘上,准确称取其质量,两次质量之差即为所称样品的质量。

称量瓶拿法　　从称量瓶中敲出试样

图5-8 称量

分析天平只有经称前检查和调零后才可使用。其加码原则为:先大后小,折半添加。

① 整克砝码的确定 打开天平左侧门,将被称物放在天平左盘中心,关闭天平左侧门。打开天平右侧门,将其在托盘天平上粗称克数相当的成克的砝码用镊子夹取放在天平右盘中心,以克为单位的砝码一般即可确定。

② 克以内砝码的确定　克以内的需加圈码，即通过转动指数盘的外圈和内圈完成。

a. 指数盘外圈（100～900mg）的确定：首先转动外圈指数盘，先加 500mg，半开旋钮，如光屏上标尺迅速左移，表示所加砝码轻了，关上升降旋钮。改加 800mg，如光屏上标尺右移，表示所加砝码重了，关上升降旋钮。改加 600mg，如光屏上标尺左移，表示所加砝码轻了，关上升降旋钮。改加 700mg，如光屏上标尺右移，表示所加砝码重了。这表明所加砝码的质量就在 600～700mg。将外圈指数盘拨回 600mg，此时外圈即确定。

b. 指数盘内圈（10～90mg）的确定：再转动内圈指数盘，先加 50mg，如光屏上标尺右移，表示所加砝码重了，关上升降旋钮。改加 30mg，如光屏上标尺左移，表示所加砝码轻了，关上升降旋钮。改加 40mg，如光屏上标尺左移，表示所加砝码轻了。这表明所加砝码的质量应在 40～50mg，此时内圈即确定。

c. 光屏读数（10mg 以内）的确定：内圈确定后，将升降旋钮缓缓全开，此时光屏上标尺移动缓慢，待光屏上标尺稳定后即可从光屏上读出 10mg 以内的数值（标尺上 1 小格为 0.1mg，不足 1 小格时采用"四舍五入"）。

③ 质量的确定　如右盘放置砝码为 17g，光屏上标尺稳定后指数盘和光屏如下所示，则该被称量物的质量是：

右盘砝码读数　　　　17.　　　g
指数盘读数　　　　　0.230　 g
光屏读数　　　　　　0.0013 g
　　　　　　　　　————————
　　　　　　　　　　17.2313g

被称量物的质量＝砝码的质量＋圈码的质量＋光屏上所示的质量

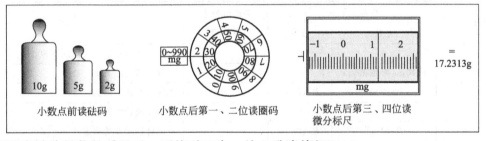

小数点前读砝码　　小数点后第一、二位读圈码　　小数点后第三、四位读微分标尺

记录完被称量物的质量后，再核对一次，关上升降旋钮。

④ 清理　称量完毕后，将被称量物取出，砝码放回砝码盒中，关好边门，将圈码指数盘恢复到"0.00"位置，切断电源，套好防尘罩。

全机械加码电光分析天平的称量方法，除克以上砝码由另一指数盘加减外，其余操作与半机械加码电光分析天平相同。

四、实验用品

TG 328B 型半自动电光天平或其他型号分析天平、电子分析天平，10mg 标准砝码，已知质量的金属片，台秤，称量瓶，锥形瓶，不易吸潮的试样。

五、实验步骤

1. 称量前检查（三查一调）

将天平防尘罩取下，折叠整齐置于适当位置。

① 查：天平是否处于水平位置，如不水平，可调节天平前部下方支脚底座上的两个水

平调节螺丝，使水泡水准器中的水泡位于正中。

② 查：读数盘的读数是否在零位。圈码是否完好并正确挂在圈码钩上，砝码盒内砝码、镊子是否齐全。

③ 查：天平是否处于休止状态，天平横梁、吊耳位置是否正常；两盘中是否有灰尘或其他落入物体，如有，需用小毛刷清扫。

④ 调：零点调节。天平的零点是指天平空载时的平衡点，每次称量之前都要先测定天平的零点。天平的外观检查完毕后，接通电源，顺时针慢慢旋动升降旋钮到底开启天平，此时可以看到缩微标尺的投影在光屏上移动，当标尺指针稳定后，若光屏上刻度线与标尺的 0 刻度不重合，偏离较小时，可拨动天平底板下面的微动调零杆，移动光屏的位置，使其重合，这时零点即调好（若偏离较大，调屏不能解决，应请老师通过旋转天平梁上的平衡螺丝来调整，再用微动调节杆调好）。

2. 天平计量性能的检查

检查天平计量性能的过程通常称为天平的检定。天平的正式检定应按天平检定规程（JJG 98—1990 非自动天平检定规程）进行。但对于实验室中天平计量性能的检查，可适当简化，操作步骤如下：

① 启动天平，观察零点位置，如平衡点不在零点，可通过调零杆调节。如大于 0±2 格则需关闭天平，用平衡螺丝调节。

② 计量性能的检查：各步观测程序与记录按表 5-8 进行，操作时不得在天平开启状态下加减任何重物，只有在天平门关闭状态下才可开启天平，反之亦然，只有在关闭天平后才可打开天平门。

表 5-8 天平计量性能观测程序与记录表

观测程序	秤盘上载荷		平衡位置 L_i（分度数）	备 注
	左盘	右盘		
1	0	0		零点调整和示值变动性的测定 1
2	r(10mg 标准砝码)	0		空载灵敏度的测定
3	P_1(20g)	P_2(20g)		不等臂性误差的测定 1
4	0	0		示值变动性的测定 2
5	P_2(20g)	P_1(20g)		不等臂性误差的测定 2
6	P_2(20g)+r(10mg)	P_1(20g)		重载灵敏度的测定
7	0	0		示值变动性的测定 3

③ 数据处理

空载灵敏度：$E_0 = \dfrac{|L_2 - L_1|}{r}$ 重载灵敏度：$E_D = \dfrac{|L_6 - L_5|}{r}$

示值变动性：$\Delta_0 = L_{\max}(空) - L_{\min}(空)$ 不等臂性误差：$Y = \dfrac{|L_3 + L_5|}{2}$

3. 称量练习

首先称量已知质量的铜片，与教师核对准确无误后方可进行下面的操作。

(1) 直接法称量练习

① 称量瓶的洗涤与干燥 称量瓶依次用洗涤剂、自来水、蒸馏水洗涤干净后，置于 105℃ 的烘箱中烘干。

② 称量瓶的称量　调整和记录天平的零点后，用叠好的纸条拿取带盖的称量瓶一只，放在天平的左盘中央。在右盘上添加砝码，直至达到平衡。准确读取砝码质量，指数盘读数及投影屏读数（准确至0.1mg），记录在记录本上。

③ 用直接法准确称取0.3000g±0.0200g给定固体试样（称准到小数点后第四位）　称量纸叠成凹形，放入天平左盘中央，先称称量纸（约0.1～0.2g），小心地加入试样到称量纸上，再称称量纸与试样总质量。

（2）减量法称量练习　在称量瓶中装入1g左右的固体试样，盖上瓶盖后在台秤上粗称。然后放入天平左盘中央，按直接称量法准确称其质量（称准到小数点后第四位），然后旋转天平的指数盘，减去0.2g圈码，取出称量瓶，用其瓶盖轻轻地敲打瓶口上方，使样品落到一个干净的250mL烧杯中，估计取出的试样在0.2g左右时，将称量瓶再放回左盘中，旋开旋钮，若指针向右移动，说明倒出的试样还少于0.2g，应再次敲取（注意不应一下敲取过多），直到指针向左，表示倒出的试样已超过0.2g，这时把圈码再减去0.1g，若指针向右，则表示倒出来的试样少于0.3g，因此称取的试样在0.2~0.3g之间，符合要求。记下称量瓶和试样的准确质量，两次称量之差，即为样品质量。用同样的操作，在另一干净的锥形瓶中，再准确称取另一份试样。

用减量法称取每一份试样时，最好在一到二次能倒出所需要的量，以减少试样的吸湿和节省称量时间。

注意：拿取称量瓶应用纸条夹取，不可直接用手，以防沾污，造成称量误差。若从称量瓶中倒出的药品太多，不能再倒回称量瓶中，应重新称量。天平称量操作应耐心细致，不可急于求成。

称量记录示例见表5-9。

表5-9　称量记录

称量物	砝码质量/g	圈码质量/mg	投影屏读数/mg	称量物质量/g	试样质量/g
称量瓶	10,5,2,1	930	1.9	18.9319	
已知质量物（号）	1	880	0.1	1.8801	
称量瓶+试样质量	10,5,2,2	700	0.9	19.7009	
倒出第一份试样后的质量	10,5,2,2	470	3.1	19.4731	0.2278
倒出第二份试样后的质量	10,5,2,2	230	1.9	19.2319	0.2412

六、操作要点

① 分析天平是一种精密仪器，使用时一定要遵循使用规则，严格操作，爱护国家财物。

② 在加减砝码（包括圈码），取放称量物，转动升降旋钮时，一定要轻而缓。

③ 在加减砝码（包括圈码），取放称量物时，要关掉天平，使其停止工作，以便保护刀口。

④ 从荧光屏光带的移动方向，正确判断出药品和砝码哪边重，哪边轻。

⑤ 一旦发现故障时，立即报告教师，不能自行乱动。

⑥ 开始使用天平时，首先要检查它是否完好，并且在该天平的记录本（该天平的使用档案）上登记签名。使用完毕，要请指导教师检查。

七、注意事项

① 在使用前检查仪器是否正常。

② 要先用台秤粗称，再用分析天平精确称量；这样既可节省称量时间，又不易损坏天平。

③ 要特别注意加减砝码及取放称量物时都必须在天平的关闭状态下进行，且开启天平的升降旋钮、打开两侧门、加减砝码以及取放被称物等操作，动作要轻、缓，绝不可用力过猛。

④ 不管是用哪一种称量方法，都不许用手直接拿称量瓶或试样，可用一干净纸条或塑料薄膜等套住拿取，取放称量瓶瓶盖也要用小纸片垫着拿取。

八、问题讨论

① 什么是天平的稳定性、灵敏度、不等臂性？
② 分析天平的主要部件是什么？怎样注意保护？
③ 用分析天平称量时，怎样读数？应保留几位小数？
④ 使用称量瓶时应注意什么？
⑤ 使用分析天平时应注意什么？
⑥ 称量方法有几种？如何选择称量方法？在什么情况下用直接法称量？什么情况下用减量法称量？
⑦ 准确进行减量法称量的关键是什么？用减量法称取试样时，若称量瓶内的试样吸湿，将对称量结果造成什么误差？若试样倾入烧杯内后再吸湿，对称量结果是否有影响？
⑧ 分析天平的灵敏度主要取决于天平的什么零件？分析天平的灵敏度越高，是否称量的准确度就越高？称量时如何维护天平的灵敏性？
⑨ 为什么在天平梁没有托住以前，绝对不许把任何东西放在盘上或从盘上取下，也不能加减圈码？
⑩ 天平左盘上放一个50g砝码，右盘上放置20g、20g、10g砝码，开启天平时，读数是否会恰恰指向零点，为什么？
⑪ 用半自动电光天平称量时，如何判断是该加码还是减码？光标向左移动，应加砝码还是减砝码？向右移动呢？
⑫ 为什么要注意保护玛瑙刀口？保护玛瑙刀口要注意哪些问题？
⑬ 使用天平时，为什么要强调轻开轻关天平旋钮？为什么必须先关闭旋钮，方可取放称量物体、加减砝码和圈码？否则会引起什么后果？
⑭ 为什么称量时，通常只允许打开天平箱左右边门，不得开前门？读数时如果没有把天平门关闭，会引起什么后果？

实验九　容量器皿的校准

一、预习要点

① 有效数字的运算规则。
② 滴定管、容量瓶、移液管的使用方法。

二、目的要求

① 进一步掌握有效数字的正确测量、记录，并能进行正确计算。
② 掌握滴定管、容量瓶、移液管的使用方法。
③ 了解容量器皿校准的意义，学习容量器皿的校准方法。
④ 进一步熟悉分析天平的称量操作。

三、实验原理

滴定管、移液管和容量瓶是分析实验室常用的玻璃容量仪器,这些容量器皿都具有刻度和标称容量,此标称容量是 20℃时以水体积来标定的。合格产品的容量误差应小于或等于国家标准规定的容量允差。但由于不合格产品的流入、温度的变化、试剂的腐蚀等原因,容量器皿的实际容积与它所标称的容积往往不完全相符,有时甚至会超过分析所允许的误差范围,若不进行容量校准就会引起分析结果的系统误差。因此,在准确度要求较高的分析工作中,必须对容量器皿进行校准。

特别值得一提的是,校准是技术性很强的工作,操作要正确、规范。校准不当和使用不当都是产生容量误差的主要原因,其误差可能超过允差或量器本身固有误差,而且校准不当的影响将更加有害。所以,校准时必须仔细、正确地进行操作,使校准误差减至最小。凡是使用校正值的,其校准次数不可少于两次,两次校准数据的偏差应不超过该量器容量允差的 1/4,并以其平均值为校准结果。

由于玻璃具有热胀冷缩的特性,在不同的温度下容量器皿的体积也有所不同。因此,校准玻璃容量器皿时,必须规定一个共同的温度值,这一规定温度值为标准温度。国际标准和我国标准都规定以 20℃为标准温度,即在校准时都将玻璃容量器皿的容积校准到 20℃时的实际容积,或者说,量器的标称容量都是指 20℃时的实际容积。

如果对校准的精确度要求很高,并且温度超出 20℃±5℃,大气压力及湿度变化较大,则应根据实测空气压力、温度求出空气密度,利用下式计算实际容量:

$$V_{20} = (I_L - I_E) \times [1/(\rho_W - \rho_A)] \times (1 - \rho_A/\rho_B) \times [1 - \gamma(t-20)]$$

式中 I_L——盛水容器的天平读数,g;

I_E——空容器的天平读数,g;

ρ_W——温度 t 时纯水的密度,$g \cdot mL^{-1}$;

ρ_A——空气密度,$g \cdot mL^{-1}$;

ρ_B——砝码密度,$g \cdot mL^{-1}$;

γ——量器材料的体热膨胀系数,K^{-1};

t——校准时所用纯水的温度,℃。

上式引自国际标准 ISO 4787—1984《实验室玻璃仪器——玻璃量器容量的校准和使用法》。ρ_W 和 ρ_A 可从有关手册中查到,ρ_B 可用砝码的统一名义密度值 $8.0 g \cdot mL^{-1}$,γ 值则依据量器材料而定。

产品标准中规定玻璃量器采用钠钙玻璃(体热膨胀系数为 $25 \times 10^{-6} K^{-1}$)或硼硅玻璃($10 \times 10^{-6} K^{-1}$)制造,温度变化对玻璃体积的影响很小。用钠钙玻璃制造的量器在 20℃时校准与 27℃时使用,由玻璃材料本身膨胀所引起的容量误差只有 0.02%(相对),一般均可忽略。

应当注意,液体的体积受温度的影响往往是不能忽略的。水及稀溶液的热膨胀系数比玻璃大 10 倍左右,因此,在校准和使用量器时必须注意温度对液体密度或浓度的影响。

容量器皿常采用两种校准方法:相对校准(相对法)和绝对校准(称量法)。

1. 相对校准

在分析化学实验中,经常利用容量瓶配制溶液,用移液管取出其中一部分进行测定,最后分析结果的计算并不需要知道容量瓶和移液管的准确体积数值,只需知道二者的体积比是否为准确的整数,即要求两种容器体积之间有一定的比例关系。此时对容量瓶和移液管可采用相对校准法进行校准。例如，25mL 移液管量取液体的体积应等于 250mL 容量瓶量取体积的 10%。此法简单易行，应用较多，但必须在这两件仪器配套使用时才有意义。

2. 绝对校准

绝对校准是测定容量器皿的实际容积。常用的校准方法为衡量法，又叫称量法。即用天平称量被校准的容量器皿量入或量出纯水的表观质量，再根据当时水温下的表观密度计算出该量器在 20℃时的实际容量。

由质量换算成容积时，需考虑三方面的影响：

温度对水的密度的影响；

温度对玻璃器皿容积胀缩的影响；

在空气中称量时空气浮力对质量的影响。

在不同的温度下查得的水的密度均为真空中水的密度，而实际称量水的质量是在空气中进行的，因此必须进行空气浮力的校正。由于玻璃容器的容积亦随着温度的变化而变化，如果校正不是在 20℃时进行的，还必须加以玻璃容器随温度变化的校正值。此外还应对称量的砝码进行温度校正。

为了工作方便起见，将不同温度下真空中水的密度 ρ_T 值和其在空气中的总校正值 ρ_T（空）列于表 5-10。

表 5-10　不同温度下的 ρ_T 和 ρ_T（空）

温度/℃	ρ_T/(g·mL^{-1})	ρ_T(空)/(g·mL^{-1})	温度/℃	ρ_T/(g·mL^{-1})	ρ_T(空)/(g·mL^{-1})
5	0.99996	0.99853	18	0.99860	0.99749
6	0.99994	0.99853	19	0.99841	0.99733
7	0.99990	0.99852	20	0.99821	0.99715
8	0.99985	0.99849	21	0.99799	0.99695
9	0.99978	0.99845	22	0.99777	0.99676
10	0.99970	0.99839	23	0.99754	0.99655
11	0.99961	0.99833	24	0.99730	0.99634
12	0.99950	0.99824	25	0.99705	0.99612
13	0.99938	0.99815	26	0.99679	0.99588
14	0.99925	0.99804	27	0.99652	0.99566
15	0.99910	0.99792	28	0.99624	0.99539
16	0.99894	0.99773	29	0.99595	0.99512
17	0.99878	0.99764	30	0.99565	0.99485

根据上表可计算出任意温度下一定质量的纯水所占的实际容积。

例如，25℃时由滴定管放出 10.10mL 水，其质量为 10.08g，由上表可知，25℃时水的密度为 0.99612g/mL，故这一段滴定管在 20℃时的实际容积为：$V_{20} = 10.08/0.99612 = 10.12$(mL)。滴定管这段容积的校准值为 $10.12 - 10.10 = +0.02$ (mL)。

移液管、滴定管、容量瓶等的实际容积都可应用表 5-10 中的数据通过称量法进行校正。

温度对溶液体积的校正：上述容量器皿是以 20℃为标准来校准的，严格来讲只有在 20℃时使用才是正确的。但实际使用不是在 20℃时，则容量器皿的容积以及溶液的体积都会发生改变。由于玻璃的膨胀系数很小，在温度相差不太大时，容量器皿的容积改变可以忽略。则量取的液体的体积亦需进行校正。表 5-11 给出了不同温度下每 1000mL 水溶液换算到 20℃时的体积校正值。

已知一定温度下的校正值 ΔV，可按下式将量器在该温度下量取的体积 V_T 换算成为

20℃时的体积 V_{20}：

$$V_{20} = V_T(1 + \Delta V/1000)(\text{mL})$$

表 5-11　不同温度的水或稀溶液换算为 20℃时的体积校正值

温度 $T/℃$	体积修正值 $\Delta V/(\text{mL} \cdot \text{L}^{-1})$		温度 $T/℃$	体积修正值 $\Delta V/(\text{mL} \cdot \text{L}^{-1})$	
	纯水、0.01mol·L⁻¹溶液	0.1mol·L⁻¹溶液		纯水、0.01mol·L⁻¹溶液	0.1mol·L⁻¹溶液
5	+1.5	+1.7	20	0	0
10	+1.3	+1.45	25	−1.0	−1.1
15	+0.8	+0.9	30	−2.3	−2.5

例如，若在 10℃进行滴定操作，用了 25.00mL $c = 0.1\text{mol} \cdot \text{L}^{-1}$ 标准溶液，换算为 20℃时，其体积应为 $25.00 \times \left(1 + \dfrac{1.45}{1000}\right) \text{mL} = 25.04\text{mL}$

欲更详细、更全面地了解容量仪器的校准，可参考 JJG 196—90《常用玻璃量器检定规程》。

四、实验用品

分析天平，50mL 酸式滴定管，25mL 移液管，250mL 容量瓶，烧杯，温度计（公用，精度 0.1℃），50mL 磨口锥形瓶，洗耳球。

五、实验步骤

1. 滴定管的校准

准备好待校准已洗净的滴定管并注入与室温达平衡的蒸馏水至零刻度以上（可事先用烧杯盛蒸馏水，放在天平室内，并且杯中插有温度计，测量水温，备用），记录水温（$T℃$），调至零刻度后，从滴定管中以正确操作放出一定质量的纯水于已称重且外壁洁净、干燥的 50mL 具塞的锥形瓶中（切勿将水滴在磨口上）。每次放出的纯水的体积称为表观体积，根据滴定管的大小不同，表观体积的大小可分为 1mL、5mL、10mL 等，50mL 滴定管每次按每分钟约 10mL 的流速，放出 10mL（要求在 10.0mL±0.1mL 范围内）（应记录至小数点后几位？），盖紧瓶塞，用同一台分析天平称其质量并称准确至毫克位（为什么？）。直至放出 50mL 水。每两次质量之差即为滴定管中放出水的质量。以此水的质量除以由表 5-10 查得的实验温度下经校正后水的密度 ρ_T（空），即可得到所测滴定管各段的真正容积。并从滴定管所标示的容积和所测各段的真正容积之差，求出每段滴定管的校正值和总校正值。每段重复一次，两次校正值之差不得超过 0.02mL，结果取平均值。并将所得结果绘制成以滴定管读数为横坐标，以校正值为纵坐标的校正曲线。滴定管校准表见表 5-12。

表 5-12　滴定管校准表（示例）

校准时水的温度（℃）：　　　　　　　　水的密度（g·mL⁻¹）：

滴定管读数/mL	水的表观体积/mL	瓶与水的质量/g	水质量/g	真正容积/mL	校准值/mL	累积校准值/mL
0.00		29.200(空瓶)				
10.10	10.10	39.280	10.080	10.12	+0.02	+0.02
20.07	9.97	49.190	9.910	9.95	−0.02	0.00
30.04	9.97	59.180	9.990	10.03	+0.06	+0.06
39.99	9.95	69.130	9.930	9.97	+0.02	+0.08
49.93	9.94	79.010	9.880	9.92	−0.02	+0.06

2. 移液管的校准

方法同上。将 25 mL 移液管洗净，吸取纯水调节至刻度，将移液管水放出至已称重的锥形瓶中，再称量，根据水的质量计算在此温度时它的真正容积。重复一次，对同一支移液管两次校正值之差不得超过 0.02 mL，否则重做校准。测量数据按表 5-13 记录和计算。

表 5-13 移液管校准表

校准时水的温度（℃）：　　　　　　　水的密度（g·mL^{-1}）：

移液管 标称容积/mL	锥形瓶 质量/g	瓶与水的 质量/g	水 质量/g	实际 容积/mL	校准值/mL
25					

3. 容量瓶与移液管的相对校准

用已校正的移液管进行相对校准。用 25 mL 移液管移取蒸馏水至洗净而干燥的 250 mL 容量瓶（操作时切勿让水碰到容量瓶的磨口）中，移取十次后，仔细观察溶液弯月面下缘是否与标线相切，若不相切，可用透明胶带另作一新标记。经相互校准后的容量瓶与移液管均作相同标识，经相对校正后的移液管和容量瓶，应配套使用，因为此时移液管取一次溶液的体积是容量瓶容积的 1/10。由移液管的真正容积也可知容量瓶的真正容积（至新标线）。

六、注意事项

① 校正容量仪器时，必须严格遵守它们的使用规则。
② 称量用具塞锥形瓶不得用手直接拿取。

七、问题讨论

① 为什么要进行容量器皿的校准？影响容量器皿体积刻度不准确的主要因素有哪些？
② 为什么在校准滴定管的称量时只要称到毫克位？
③ 利用称量水法进行容量器皿校准时，为何要求水温和室温一致？若两者有差异时，以哪个温度为准？
④ 本实验从滴定管放出纯水于称量用的锥形瓶中时应注意些什么？
⑤ 滴定管有气泡存在时对滴定有何影响？应如何除去滴定管中的气泡？
⑥ 使用移液管的操作要领是什么？为何要垂直流下液体？为何放完液体后要停一定时间？最后留于管尖的液体如何处理？为什么？

八、参考文献

[1] 南京大学无机及分析化学编写组. 无机及分析化学实验. 北京：高等教育出版社，1998.
[2] JJG 196—1990 常用玻璃量器检定规程.

实验十　盐酸标准溶液的配制和标定

一、预习要点

① 基准物质、标准溶液的配制和标定。
② 滴定管的使用与滴定基本操作技术。
③ 有关反应原理。

二、目的要求

① 练习溶液的配制和滴定的准备工作，训练滴定操作进一步掌握滴定操作。

② 学会用基准物质标定盐酸浓度的方法。
③ 了解强酸弱碱盐滴定过程中 pH 的变化。
④ 熟悉指示剂的变色观察，掌握终点的控制。

三、实验原理

标定 HCl 溶液常用的基准物质是无水碳酸钠。无水碳酸钠作基准物质的优点是容易提纯，价格便宜。缺点是碳酸钠摩尔质量较小，具有吸湿性。因此 Na_2CO_3 固体需先在 270～300℃高温炉中灼烧至恒重，然后置于干燥器中冷却后备用。

Na_2CO_3 与 HCl 的反应如下：

$$Na_2CO_3 + 2HCl = 2NaCl + H_2O + CO_2 \uparrow$$

计量点时溶液的 pH 值为 3.89，可选用溴甲酚绿-甲基红指示液，用待标定的盐酸溶液滴定至溶液由绿色变为暗红色后煮沸 2 min，冷却后继续滴定至溶液再呈暗红色即为终点。根据 Na_2CO_3 的质量和所消耗的 HCl 体积，可以计算出 HCl 的准确浓度。

四、实验用品

分析天平（感量 0.01mg/分度），量筒，称量瓶，50mL 酸式滴定管，250mL 锥形瓶。

工作基准试剂无水 Na_2CO_3：先置于 270～300℃高温炉中灼烧至恒重后，保存于干燥器中。

HCl（浓或 $0.1mol \cdot L^{-1}$）。

溴甲酚绿-甲基红指示液（变色点 pH=5.1）。溶液 Ⅰ：称取 0.1g 溴甲酚绿，溶于乙醇（95%），用乙醇（95%）稀释至 100mL；溶液 Ⅱ：称取 0.2g 甲基红，溶于乙醇（95%），用乙醇（95%）稀释至 100mL；取 30mL 溶液 Ⅰ，10mL 溶液 Ⅱ，混匀。

五、实验步骤

1. 盐酸标准溶液的配制

量取 9mL 盐酸，注入 1000mL 水中，摇匀。

2. 盐酸标准溶液的标定

用减量法准确称取于 270～300℃高温炉中灼烧至恒重的工作基准试剂无水碳酸钠 4 份，每份重约 0.2g（应称准至 0.01mg），分别置于 250mL 锥形瓶中，各加 50mL 水，使其完全溶解。加 10 滴溴甲酚绿-甲基红指示液，用待标定的盐酸溶液滴定至溶液由绿色变为暗红色，煮沸 2min，冷却后继续滴定至溶液再呈暗红色，记下滴定用去的 HCl 体积（应记录至 0.01mL），同时做空白实验。

3. 计算

盐酸标准溶液的浓度 c_{HCl} 以摩尔每升（$mol \cdot L^{-1}$）表示，按下式计算：

$$c_{HCl} = \frac{m \times 1000}{(V_1 - V_2)M}$$

式中 m ——无水碳酸钠的质量的准确数值，g；
V_1 ——盐酸溶液的体积的数值，mL；
V_2 ——空白实验盐酸溶液的体积的数值，mL；
M ——无水碳酸钠的摩尔质量，$g \cdot mol^{-1}$，$M_{\frac{1}{2}Na_2CO_3} = 52.994$。

4. 实验报告格式

参见表 5-14。

表 5-14 盐酸标准溶液的标定

记录项目	序号				
	1	2	3	4	5
称量瓶＋碳酸钠质量(倒出前)/g					
称量瓶＋碳酸钠质量(倒出后)/g					
称出碳酸钠质量/g					
HCl 最后读数/mL					
HCl 最初读数/mL					
HCl 净用体积/mL					
$c(\text{HCl})/\text{mol} \cdot \text{L}^{-1}$					
平均值 $\bar{c}_{\text{HCl}}^{①}/\text{mol} \cdot \text{L}^{-1}$					
极差$(X_{\max}-X_{\min})$					
极差的相对值(极差值与浓度平均值的比值/%)					

① 弃去离群值后的计算值。

六、问题讨论

① 为什么 HCl 标准溶液配制后，都要经过标定？

② 标定 HCl 溶液的浓度除了用 Na_2CO_3 外，还可以用何种基准物质？

③ 用 Na_2CO_3 标定 HCl 溶液时能否用酚酞作指示剂？

④ 平行滴定时，第一份滴定完成后，若剩下的滴定溶液还足够做第二份滴定时，是否可以不再添加滴定溶液而继续滴第二份？为什么？

⑤ 配制酸碱溶液时，所加水的体积是否需要很准确？

⑥ 酸式滴定管未洗涤干净挂有水珠，对滴定时所产生的误差有何影响？滴定时用少量水吹洗锥形瓶壁，对结果有无影响？

⑦ 盛放 Na_2CO_3 的锥形瓶是否需要预先烘干？加入的水量是否需要准确？

⑧ 试分析实验中产生误差的原因。

七、参考文献

[1] GB/T 601—2002 化学试剂 标准溶液的制备.

[2] GB/T 11792—1989 测试方法的精密度.

[3] GB/T 603—2002 化学试剂 实验方法中所用制剂及制品的制备.

[4] JJF 1059—1999 中华人民共和国国家计量技术规范 测量不确定度评定与表示.

实验十一 氢氧化钠标准溶液的配制和标定

一、预习要点

① 基准物质、标准溶液的配制和标定。

② 滴定管的使用与滴定基本操作技术。

③ 有关反应原理。

二、目的要求

① 练习溶液的配制和滴定的准备工作，训练滴定操作进一步掌握滴定操作。

② 学习用邻苯二甲酸氢钾标定氢氧化钠的方法。

③ 了解强碱弱酸盐滴定过程中 pH 的变化。

④ 熟悉指示剂的变色观察，掌握终点的控制。

三、实验原理

由于 NaOH 容易吸收空气中的水分和 CO_2,故不能直接配制成标准溶液,必须经过标定以确定其准确的浓度。标定 NaOH 溶液的基准物质主要有邻苯二甲酸氢钾($KHC_8H_4O_4$,摩尔质量为 204.2g·mol^{-1})、草酸($H_2C_2O_4 \cdot 2H_2O$,摩尔质量为 126.07g·mol^{-1})等,其中以邻苯二甲酸氢钾使用最广泛。邻苯二甲酸氢钾,容易制得纯品,不含结晶水,在空气中不吸水,容易保存,摩尔质量大,比较稳定,是较好的基准物质。它与氢氧化钠的反应式为

$$\text{邻苯二甲酸氢钾} + NaOH = \text{邻苯二甲酸钾钠} + H_2O$$

反应物之间的摩尔比为 1:1。化学计量点的产物邻苯二甲酸钾钠是二元弱碱($K_{b1} = 2.6 \times 10^{-9}$),因此化学计量点时的溶液为弱碱性,pH ≈ 9。选用酚酞作指示剂,滴定终点由无色变为浅红色。

四、实验用品

分析天平(感量 0.01mg/分度),量筒,称量瓶,50mL 碱式滴定管,250mL 锥形瓶,塑料量筒。

工作基准试剂邻苯二甲酸氢钾:先置于 105~110℃ 电烘箱中干燥至恒重,保存于干燥器中。

浓 HCl(浓或 0.1mol·L^{-1}),NaOH(固或 0.1mol·L^{-1})。

酚酞指示液(10g·L^{-1})。

五、实验步骤

1. 氢氧化钠标准溶液的配制

称取 110g 氢氧化钠,溶于 100mL 无二氧化碳的水(怎样制备?)中,摇匀,注入聚乙烯容器中,密闭放置至溶液清亮。用塑料量筒量取上层清液 5.4mL,用无二氧化碳的水稀释至 1000mL,摇匀。

2. 氢氧化钠标准溶液的标定

称取于 105~110℃ 电烘箱中干燥至恒重的工作基准试剂邻苯二甲酸氢钾 4 份,每份约 0.75g(称准至 0.1mg),加无二氧化碳的水 50mL 溶解,加 2 滴酚酞指示液(10g·L^{-1}),用待标定的氢氧化钠溶液滴定至溶液呈粉红色,并保持 30 s。同时做空白实验。

3. 计算

氢氧化钠标准溶液的浓度 c_{NaOH} 以摩尔每升(mol·L^{-1})表示,按下式计算:

$$c_{NaOH} = \frac{m \times 1000}{(V_1 - V_2)M}$$

式中 m——邻苯二甲酸氢钾的质量的准确数值,g;

V_1——氢氧化钠溶液的体积的数值,mL;

V_2——空白实验氢氧化钠溶液的体积的数值,mL;

M——邻苯二甲酸氢钾的摩尔质量的数值,g·moL^{-1}($M_{KHC_8H_4O_8} = 204.22$)。

4. 实验报告格式

氢氧化钠标准溶液的标定记录格式自定。

六、问题讨论

① 为什么 NaOH 标准溶液配制后,要经过标定?

② 若蒸馏水中含有 CO_2，对测定有何影响？如何避免？

③ 市售的 NaOH 试剂中常有少量的 Na_2CO_3 等杂质，它们与酸作用即生成 CO_2，这对滴定终点有无影响？在配制 NaOH 标准溶液时，应采取什么措施？

④ 用邻苯二甲酸氢钾标定氢氧化钠溶液时，为什么用酚酞作指示剂而不用甲基红或甲基橙作指示剂？

⑤ 称取 NaOH 及邻苯二甲酸氢钾各用什么天平？为什么？

⑥ 标定时用邻苯二甲酸氢钾相对于用草酸有什么好处？

⑦ 试分析实验中产生误差的原因。

七、参考文献

[1] GB/T 601—2002 化学试剂　标准溶液的制备.

[2] GB/T 11792—1989 测试方法的精密度.

[3] GB/T 603—2002 化学试剂 实验方法中所用制剂及制品的制备.

[4] JJF 1059—1999 中华人民共和国国家计量技术规范 测量不确定度评定与表示.

实验十二　醋酸解离常数和解离度的测定

一、预习要点

① 解离常数和解离度测定原理和方法。

② 着重预习。关于酸度计的使用说明，记下操作要点和注意事项。

二、目的要求

① 测定醋酸的解离度和解离常数，加深对解离度和解离常数的理解。

② 学习正确使用 pH 计。

③ 进一步熟悉滴定管、移液管的使用方法。

三、实验原理

醋酸（CH_3COOH）简写成 HAc，是弱电解质，在溶液中存在如下解离平衡：

$$HAc \rightleftharpoons H^+ + Ac^- \quad K_i = \frac{c(H^+)c(Ac^-)}{c(HAc)} \tag{1}$$

$c(H^+)$、$c(Ac^-)$ 和 $c(HAc)$ 分别为 H^+、Ac^- 和 HAc 的平衡浓度，K_i 为解离常数。

醋酸溶液的总浓度 c 可以用标准 NaOH 溶液滴定。其解离出来的 H^+ 的浓度，可在一定温度下用 pH 计测定醋酸溶液的 pH 值，根据 $pH = -\lg c(H^+)$ 关系式计算出来。另外再从 $c(H^+) = c(Ac^-)$ 和 $c(HAc) = c - c(H^+)$ 关系式求出 $c(Ac^-)$ 和 $c(HAc)$，代入（1）便可计算出该温度下 K_i 的值。

$$醋酸的解离度 = \frac{c(H^+)}{c}$$

四、实验用品

酸度计，容量瓶（50mL），移液管（25mL），吸量管（10mL），碱式滴定管（50mL），锥形瓶（250mL），烧杯（50mL）。

NaOH 标准溶液（0.1mol·L^{-1}），HAc（近似 0.2mol·L^{-1}），酚酞指示剂。

五、实验步骤

1. 用 NaOH 标准溶液测定醋酸溶液的浓度（准确至三位有效数字）

用移液管吸取 25.00mL 0.2mol·L^{-1} HAc 溶液三份，分别置于三个 250mL 的锥形瓶中，各加 2~3 滴酚酞指示剂，分别用 NaOH 标准滴定溶液滴定至溶液呈现微红色，至半分钟内不褪色为止，记下所用 NaOH 溶液的毫升数。

把滴定的数据和计算结果填入表 5-15 中。

2. 配制不同浓度的醋酸溶液

用吸量管或滴定管分别取 2.50mL、5.00mL 和 25.00mL 已知其准确浓度的 $0.2 mol \cdot L^{-1}$ HAc 溶液于三个 50mL 容量瓶中，用蒸馏水稀释至刻度，摇匀，制得 $0.01 mol \cdot L^{-1}$、$0.02 mol \cdot L^{-1}$ 和 $0.1 mol \cdot L^{-1}$ HAc 溶液。

3. 测定 $0.01 mol \cdot L^{-1}$、$0.02 mol \cdot L^{-1}$、$0.1 mol \cdot L^{-1}$ 和 $0.2 mol \cdot L^{-1}$ HAc 溶液的 pH 值

用四个干燥的 50mL 烧杯，分别取 25mL 上述四种浓度的 HAc 溶液，由稀到浓分别用 pH 计测定它们的 pH 值，并记录温度（室温），pH 计的使用见附录一。

将测得的数据和计算结果列入表 5-16 中。

4. 记录和结果

表 5-15　醋酸的浓度

滴定序号		1	2	3
标准 NaOH 溶液的浓度/$mol \cdot L^{-1}$				
HAc 溶液的量/mL				
标准 NaOH 溶液的用量/mL				
HAc 溶液的浓度	测定值			
	平均值			

表 5-16　醋酸解离常数和解离度（温度℃）

HAc 溶液编号	c	pH 值	$[H^+]$	解离度 α	解离常数 K_a
1					
2					
3					
4					

根据实验结果讨论 HAc 解离度与其浓度的关系。

六、问题讨论

① 用酸度计测定 pH 值的操作步骤都有哪些？写出操作步骤的要点。

② 在测定一系列同一种电解质溶液的 pH 值时，测定的顺序按照由稀到浓和由浓到稀，结果有何不同？

③ 怎样正确使用玻璃电极？

实验十三　食用醋中总酸含量的测定

一、预习要点

① 酸度计的使用。

② 磁力搅拌器的使用。

③ 微量滴定管的使用。

二、目的要求

① 掌握强碱滴定弱酸的滴定过程和酸度计控制滴定终点的原理、方法。

② 练习微量滴定管的使用。

三、实验原理

食用醋的主要成分是醋酸（HAc），此外还含有少量的其他弱酸，如乳酸等。醋酸的解离常数 $K_a = 1.8 \times 10^{-5}$，可用 NaOH 标准溶液滴定，其反应式是：

$$\text{NaOH} + \text{HAc} = \text{NaAc} + \text{H}_2\text{O}$$

当用 $c_{\text{NaOH}} = 0.05 \text{mol} \cdot \text{L}^{-1}$ 标准溶液滴定相同浓度纯醋酸溶液时，化学计量点的 pH 值约为 8.6，可用酚酞作指示剂，滴定终点时由无色变为微红色。食用醋中可能存在的其他各种形式的酸也与 NaOH 反应，加之食醋常常颜色较深，不便用指示剂观察终点，故常采用酸度计控制 pH=8.2 为滴定终点，所得为总酸度。结果以醋酸（ρ_{HAc}）表示，单位为克每百毫升（g/100mL）。

四、实验用品

酸度计，磁力搅拌器，微量滴定管（10mL）。
NaOH 标准溶液（$0.050 \text{mol} \cdot \text{L}^{-1}$），食醋试液。

五、实验步骤

1. 食用醋总酸度的测定

准确吸取食用醋试样 10.0mL 置于 100mL 容量瓶中，加水稀释至刻度，摇匀。吸取 20.0mL 上述稀释后的试液于 200mL 烧杯中，加入 60mL 水，开动磁力搅拌器，用 NaOH 标准溶液（$0.050 \text{mol} \cdot \text{L}^{-1}$）滴至酸度计指示 pH=8.2。同时做试剂空白实验。根据 NaOH 标准溶液的用量，计算食用醋的总酸含量。

2. 结果计算

试样中总酸的含量（以醋酸计）按下式进行计算：

$$\rho = \frac{c(V_1 - V_2)M/1000}{V \times 20/100} \times 100$$

式中　ρ——试样中总酸的含量（以醋酸计），g/100mL；
　　　V_1——测定用试样稀释液消耗氢氧化钠标准溶液的体积，mL；
　　　V_2——试剂空白消耗氢氧化钠标准溶液的体积，mL；
　　　c——氢氧化钠标准溶液的浓度，$\text{mol} \cdot \text{L}^{-1}$；
　　　M——醋酸的摩尔质量，$\text{g} \cdot \text{mol}^{-1}$；
　　　V——试样体积，mL。

计算结果保留三位有效数字。
在重复条件下获得的两次独立测定结果的绝对差值不得超过算术平均值的 10%。

六、问题讨论

① 已标定的 NaOH 标准溶液在保存时吸收了空气中的 CO_2，以它测定溶液 HAc 的浓度，若用酚酞为指示剂，对测定结果产生何种影响？改用甲基橙，结果又如何？
② 为什么本实验计算结果保留三位有效数字？

七、参考文献

GB/T 5009.41—2003 食醋卫生标准的分析方法.

实验十四　酸式磷酸酯的制备及其组分的测定

以烷基磷酸酯盐类为基础的表面活性剂耐热性能好，抗静电、润滑性能优良，并具有易乳化、易清洗、耐酸、耐碱等特性，除适于作纺织染整助剂外，近年来在金属润滑剂、合成树脂、纸浆、农药、化妆品、洗涤剂等领域也得到了广泛应用。

在烷基磷酸酯的制备及产品应用过程中，需要较准确地掌握产物中所含的各种组分及比例，因为在碳数相同时，单酯具有良好的抗静电性，而双酯则具有良好的平滑性。传统的测定方法是基于溶解性的差异，采用纸上色谱法来分析烷基磷酸酯中的单、双酯含量，但由于展开分离的重现性不好，单、双酯分析结果的准确性很差。电位滴定法测定单、双酯含量是一种准确快速、较简便的测定方法。

实验中测得的烷基磷酸酯中单、双酯含量，只有在无其他混合物时才是准确的。由于磷酸酯生成物很复杂，有多磷酸酯的存在，只有经柱上色谱法等将多磷酸酯分离，余下的物质用电位法测定单、双酯含量才可靠。在实际生产中，尤其是对合成中间过程的检测控制要求快速，因此该方法在未除多磷酸酯情况下获得的数据虽然只是一种相对值，但用于测定计算单、双酯比例，还是很有实际意义的。

一、预习要点
① 酸式磷酸酯的合成方法。
② 电位滴定法基本原理。
③ 电位滴定仪的使用方法。

二、目的要求
① 查阅有关文献，了解有关信息，探讨烷基磷酸酯制备方法。
② 设计确定好实验方案和表征方法。
③ 熟练掌握电位滴定法测单、双酯含量的原理及方法。

三、实验原理

1. 烷基磷酸酯的制备

脂肪醇与五氧化二磷、聚磷酸、三氯化磷等磷酸化试剂反应生成烷基磷酸酯，其中含有磷酸单酯、磷酸双酯及少量磷酸。

不同的磷酸化试剂及不同的投料比制备出的烷基磷酸酯性质不同。例如 OH∶P（摩尔比，下同）≥2∶1 时，用五氧化二磷为磷酸化试剂，合成的 PEG 磷酸酯更多地体现 PEG 的性质，具有优良的乳化、抗静电、防锈、分散、抗磨等性能，大量应用于纺织油剂、清洗剂、金属润滑剂、皮革加酯剂中。当投料比 1∶1≤OH∶P＜2∶1 时，合成的磷酸酯含磷量较高，又具有很好的水溶性，可作为水性含磷阻燃固化剂，制备水性环氧树脂、氨基树脂涂料，具有很好的阻燃作用。

2. 磷酸单、双酯含量的测定

电位滴定法测定烷基磷酸酯主要是利用磷酸的三步离解常数不同（正磷酸的离解常数 $pK_1=2.1$，$pK_2=7.1$，$pK_3=12.3$），它的中和滴定曲线中有明显的三次突跃，同样用碱中和滴定磷酸酯时，可得到如图 5-9 所示的滴定曲线。

图 5-9 中，滴定量 V_a 是磷酸单酯、双酯及正磷酸第一次离解所消耗的 KOH 毫升数；滴定量 V_b 是磷酸

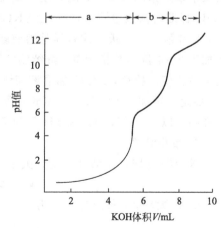

图 5-9 磷酸酯混合物滴定曲线

单酯、正磷酸第二次离解所消耗的 KOH 毫升数；滴定量 V_c 是正磷酸第三次离解所消耗的 KOH 毫升数。其中 a、b、c 与烷基磷酸酯混合物中各组分的量值存在以下关系（c 是 KOH 溶液的浓度）：

$$cV_c = [H_3PO_4]$$
$$cV_b = [H_3PO_4] + [ROPO_3H_2]$$
$$cV_a = [H_3PO_4] + [ROPO_3H_2] + [(RO)_2PO_2H]$$

四、实验用品

PEG（600）（试剂纯），五氧化二磷（分析纯），磷酸（分析纯），催化剂（对甲苯磺酸：硫酸＝2：1），氢氧化钠（分析纯）。

ZD-2A 型自动电位滴定仪，乙醇水（1：1 体积比）溶液，0.1% 甲基红，1% 酚酞，10% 氯化钙溶液，饱和氯化钠溶液。

五、实验步骤

1. 以五氧化二磷为磷酸化试剂制备磷酸酯

在三颈烧瓶中加入 PEG（600）及催化剂，剧烈搅拌，控制温度为 30～45℃，分批加入 P_2O_5，待 P_2O_5 完全溶解后，升温至预定温度，每隔一段时间取样，测定单、双酯及磷酸含量。

2. 以聚磷酸为磷酸化试剂制备磷酸酯

在三颈烧瓶中加入 85% 的磷酸，温度为 30℃ 时将约 60% 的 P_2O_5 逐步加入磷酸中，形成黏流液体；加入 PEG（600）及催化剂，在 50～60℃ 下反应 30min。将剩余的 P_2O_5 逐步加入到三颈烧瓶中，升温至预定温度，每隔一段时间取样，测定单、双酯及磷酸含量。

3. 单、双酯含量的测定方法

忽略极少量三酯及未反应的少量 PEG（600），根据磷酸三步离解原理，采用电位滴定法，测单、双酯含量；以乙醇水（1：1 体积比）溶液为溶剂，双指示剂，手动控制滴定终点，测量单、双酯含量。10% 氯化钙强化滴定；饱和氯化钠溶液抑制体系中磷酸钙的水解。

以五氧化二磷为酸化剂，投料比 OH：P＝3：1 制备的磷酸酯为例，介绍单、双酯含量的测定方法。

称取 0.4～0.8g 磷酸酯样品于 100mL 小烧杯中。以 30mL 1：1 甲醇水溶液溶解试样，加入甲基红指示剂 2～4 滴，放入电极及磁芯搅拌棒，开动磁力搅拌器，用 $0.1mol \cdot L^{-1}$ KOH 标准溶液滴定测量，并记录 KOH 标准溶液消耗数及相应的 pH 值。在 pH 值为 4.2～6.5 时有第一次突跃，此时样品溶液颜色由红色变为黄色，KOH 标准溶液读数记为 V_1，然后加入 2～4 滴酚酞指示剂，继续滴定，在 pH 值为 9.0～10.5 时有第二次突跃，样品溶液颜色由黄色变为橙色，KOH 标准溶液读数记为 V_2，加入 2～3mL 饱和氯化钠溶液，使溶液的 pH 稳定，再加入 10mL 10% $CaCl_2$ 溶液，使烷基磷酸酯钾盐变成钙盐，溶液 pH 值由 9～9.5 下降到 7 以下，继续滴定到 pH 值为 7，KOH 标准溶液读数记为 V_3，滴定完毕。

4. 结果计算

参照图 5-16，并结合各组分关系式可知：

$$V_a = V_1, \quad V_b = V_2 - V_1, \quad V_c = V_3 - V_2$$

烷基磷酸酯中各组分含量为：

$$w_{单酯} = (V_b - V_c)/V_a \times 100\%$$
$$= (V_2 - V_1 - V_3 + V_2)/V_1 \times 100\%$$

$$= (2V_2 - V_1 - V_3)/V_1 \times 100\%$$

$$w_{双酯} = (V_a - V_b)/V_a$$
$$= (V_1 - V_2 + V_1)/V_1 \times 100\%$$
$$= (2V_1 - V_2)/V_1 \times 100\%$$

$$w_{磷酸} = V_c/V_a = (V_3 - V_2)/V_1 \times 100\%$$

六、操作要点

① 仪器已调试好后,定位旋钮和斜率旋钮不能再动。

② 每次换溶液时,都必须用蒸馏水冲洗电极,并用吸水纸轻轻吸干。

③ 甘汞电极、玻璃电极使用中要小心轻放,以防打碎;电极用后甘汞电极要套好橡胶帽,玻璃电极要用蒸馏水浸泡,长期不用应干放且在下次使用时应活化 24h。

④ 自动电位滴定计进行滴定,可使测定过程更加快速简便,但由于自动电位滴定过程是连续的,滴定的预控制点比实际终点滞后,尤其是磷酸含量较少,滞后带来的误差会更大,可选用手动控制终点。

⑤ 对滴定终点的判断既要看指示剂的变色又要考虑酸碱滴定的理论 pH 值 (即理论突跃点)。第一步滴定中加甲基红为指示剂,理论 pH=4.71,第二步滴定中酚酞为指示剂,理论 pH=9.66,所以滴定终点的选择应尽可能围绕理论值,平行测定的值才能够准确。

七、问题讨论

① 加入氯化钙溶液的作用是什么?其加入量为多少?各有什么影响?

② 加入饱和 NaCl 溶液的作用是什么?其加入量为多少?各有什么影响?

③ 为何选用甲醇水作磷酸酯的溶液?

八、参考文献

[1] 田欣,董文增. 烷基磷酸酯中单、双酯含量的测定 [J]. 印染助剂,2000,17 (3): 29~30.

[2] 赵丽萍,赵丽杰. 电位滴定法测定十二烷基磷酸酯 [J]. 广西化工,2000,29 (2): 46~49.

实验十五 配合物的生成和性质

一、预习要点

① 书中有关配合物的组成、键的特征、稳定性等基本理论。

② 影响配位离解平衡的因素。

③ 常压过滤。

二、目的要求

① 加深对配合物特性的理解,比较并解释配离子的稳定性。

② 了解配位离解平衡及其移动与其他平衡之间的关系。

③ 了解配合物的一些应用。

④ 培养独立设计实验并进行实验的能力。

三、实验原理

配合物组成一般可分为内界和外界两部分,中心离子和配位体组成配合物的内界,其余离子处于外界。例如在 $[Co(NH_3)_6]Cl_3$ 中 Co^{3+} 与 NH_3 组成内界,三个 Cl^- 处于外界。

在水溶液中主要以 Cl^- 和 $[Co(NH_3)_6]^{3+}$ 两种离子存在。又例如在 $[Co(NH_3)_5Cl]Cl_2$ 水溶液中，主要以 Cl^- 和 $[Co(NH_3)_5Cl]^{2+}$ 两种离子存在。在这两种配合物水溶液中，用一般方法都检查不出 Co^{3+} 和 NH_3，而且加入 $AgNO_3$ 时，前者的三个 Cl^- 可以全部以 $AgCl$ 沉淀出来，后者却只有 2/3 的 Cl^- 以 $AgCl$ 沉淀出来。

一个金属离子形成配合物后，一系列性质都会发生改变，例如氧化性、还原性、颜色、溶解度等都有所不同。

每种配离子，例如 $[Co(NH_3)_6]^{3+}$、$[Fe(CN)_6]^{3-}$、$[Ag(NH_3)_2]^+\cdots$，在水溶液中也都会发生离解，也就是说配离子在溶液中同时存在着配位过程和离解过程，即存在着配位平衡。如：

$$Ag^+ + 2NH_3 \Longrightarrow [Ag(NH_3)_2]^+$$

$$K_{\text{稳}}^{\ominus} = \frac{c_{[Ag(NH_3)_2]^+}/c^{\ominus}}{(c_{Ag^+}/c^{\ominus})(c_{NH_3}/c^{\ominus})^2}$$

$K_{\text{稳}}$ 称为稳定常数。不同的配离子具有不同的稳定常数。对于同种类型的配离子，$K_{\text{稳}}$ 值越大，表示配离子越稳定。

根据平衡移动原理，改变中心离子或配位体的浓度，配位平衡会发生移动。如加入沉淀剂、改变溶液的浓度以及改变溶液的酸度等条件，配位平衡都将发生移动。

四、实验用品

试管，烧杯（50mL，100mL），量筒（10mL），过滤装置。

酸：H_2SO_4（1mol·L^{-1}），硫化氢水（饱和）。

碱：氨水（2mol·L^{-1}，6mol·L^{-1}），NaOH（0.1mol·L^{-1}，2mol·L^{-1}）。

盐：NH_4F（2mol·L^{-1}，固），NH_4SCN（0.1mol·L^{-1}，饱和），NH_4Ac（3mol·L^{-1}），$CoCl_2$（0.1mol·L^{-1}，1mol·L^{-1}），$NiSO_4$（0.2mol·L^{-1}）。

0.1mol·L^{-1} 盐溶液：NaCl，$Na_2S_2O_3$，KBr，$K_3[Fe(CN)_6]$，KI，$BaCl_2$，$CuSO_4$，$FeCl_3$，$AgNO_3$，EDTA。

其他：酒精（95%），锌粒，戊醇，丁二酮肟（1%）的酒精溶液。

五、实验步骤

1. 配离子的生成和组成

① 在两支试管中分别加入 0.5mL 0.1mol·L^{-1} $CuSO_4$ 溶液，然后在其中一支试管中加入几滴 0.1mol·L^{-1} $BaCl_2$ 溶液，另一支试管内加入 0.1mol·L^{-1} NaOH 溶液，观察现象。

② 铜氨配合物的制备：在小烧杯中加入 5mL 0.1mol·L^{-1} $CuSO_4$，逐滴加入 6mol·L^{-1} 氨水，直至最初生成的 $Cu_2(OH)_2SO_4$ 沉淀又溶解为止，再多加几滴，然后加入 6mL 95%酒精。观察晶体的析出。将制得的晶体过滤，晶体再用少量酒精洗涤两次。观察晶体的颜色。写出反应方程式。

③ 取上面制备的 $[Cu(NH_3)_4]SO_4$ 适量，溶于 4mL 2mol·L^{-1} $NH_3·H_2O$ 中。

在两支试管中分别加入上述溶液 10 滴（其余部分留用），一份加 0.1 mol·L^{-1} $BaCl_2$，另一份加 0.1 mol·L^{-1} NaOH。观察现象。

根据实验结果，分析说明此配合物的内界和外界的组成。

2. 简单离子和配离子的区别

① 在试管中加入 0.1 mol·L^{-1} $FeCl_3$ 溶液两滴，观察溶液的颜色，在此溶液中逐滴加

入 2mol·L^{-1} NH$_4$F 溶液，观察颜色的变化。然后再逐滴加入 0.1mol·L^{-1} NH$_4$SCN 溶液，观察溶液颜色的变化，解释此现象。

② 在试管中加入 0.1mol·L^{-1} FeCl$_3$ 溶液，然后逐滴加入少量 2mol·L^{-1} NaOH 溶液，观察现象。以 0.1 mol·L^{-1} K$_3$[Fe(CN)$_6$] 溶液代替 FeCl$_3$，做同样实验，观察现象有何不同，并解释原因。

3. 配离子稳定性比较

在盛有 5 滴 0.1mol·L^{-1} AgNO$_3$ 溶液试管中，加入 5 滴 0.1mol·L^{-1} NaCl 溶液，观察白色沉淀生成，边滴加 6mol·L^{-1} NH$_3$·H$_2$O 边振摇至沉淀刚好溶解，再加 5 滴 0.1 mol·L^{-1} KBr 溶液，观察浅黄色沉淀生成。然后再滴加 0.1mol·L^{-1} Na$_2$S$_2$O$_3$ 溶液，边加边摇，直至刚好溶解。滴加 0.1mol·L^{-1} KI 溶液，又有何沉淀生成？

通过以上实验，比较各配合物的稳定性大小，同时比较各沉淀溶度积大小，写出有关反应方程式。

4. 配位离解平衡的移动（设计实验）

利用本实验中自制含 [Cu(NH$_3$)$_4$]$^{2+}$ 的溶液，自行设计实验步骤并进行实验，破坏该配离子。

① 利用酸碱反应破坏 [Cu(NH$_3$)$_4$]$^{2+}$。

② 利用沉淀反应破坏 [Cu(NH$_3$)$_4$]$^{2+}$。

③ 利用氧化还原反应破坏 [Cu(NH$_3$)$_4$]$^{2+}$。

④ 利用生成更稳定配合物的方法破坏 [Cu(NH$_3$)$_4$]$^{2+}$。

5. 配合物的水合异构现象

在试管中加入约 1mL 1mol·L^{-1} CoCl$_2$ 溶液，观察溶液颜色，将溶液加热，观察溶液变为蓝色，然后将溶液冷却，观察溶液又变成紫红色。

$$[Co(H_2O)_6]^{2+} + 4Cl^- \rightleftharpoons [Co(H_2O)_2Cl_4]^{2-} + 4H_2O$$

6. 配合物的某些应用

(1) 利用生成有色配合物鉴定某些离子　在试管中，加几滴 0.2mol·L^{-1} Ni^{2+} 溶液和两滴 3mol·L^{-1} NH$_4$Ac 溶液，混匀后，再加入两滴丁二酮肟（又名二乙酰二肟）的酒精溶液，生成鲜红色沉淀。

$$2\ \begin{matrix}H_3C-C=NOH\\H_3C-C=NOH\end{matrix} + Ni^{2+} \rightleftharpoons \begin{matrix}\text{[Ni complex]}\end{matrix} + 2H^+$$

丁二酮肟是弱酸，当 H$^+$ 浓度太大时，Ni^{2+} 沉淀不完全或不生成沉淀，但 OH$^-$ 浓度也不宜太大，否则会生成 Ni(OH)$_2$。合适的酸度是 pH=5～10。

(2) 利用生成配合物掩蔽某些干扰离子　在试管中加 0.1mol·L^{-1} CoCl$_2$ 和 0.1mol·L^{-1} FeCl$_3$ 溶液各两滴，然后滴加饱和 NH$_4$SCN 溶液 8～10 滴，观察现象，边逐滴加入 2mol·L^{-1} NH$_4$F 溶液边振摇，有何现象？最后加 0.5mL 戊醇，振荡试管观察戊醇层颜色 [Co(SCN)$_4$]$^{2-}$ 配离子易溶于有机溶剂戊醇呈现蓝绿色。若有 Fe^{3+} 离子存在，蓝色会被 Fe(SCN)$^{2+}$ 的血红色掩蔽，这时可加入 NH$_4$F，使 Fe^{3+} 离子生成无色的 FeF$_6^{3-}$ 离子，以消除

Fe^{3+} 离子的干扰]。

（3）**硬水软化**　取两只 100mL 烧杯，各盛 50mL 自来水（用井水效果更明显），在其中一只烧杯中加入 3~5 滴 0.1mol·L^{-1} 乙二胺四乙酸二钠盐溶液。然后将两只烧杯中的水加热煮沸 10min。可以看到，未加乙二胺四乙酸二钠盐溶液的烧杯中有白色悬浮物（何物?）生成，加乙二胺四乙酸二钠盐溶液的烧杯中则没有，解释该现象。

7. 设计实验

利用配位反应分离混合离子，取 0.1mol·L^{-1} $AgNO_3$、0.1mol·L^{-1} $CuSO_4$、0.1mol·L^{-1} $FeCl_3$ 各 5 滴，混合并设法分离 Ag^+、Cu^{2+}、Fe^{3+}。画出过程示意图。

六、注意事项

① 制备配位化合物时，配合剂要逐滴加入，否则一次加入过量的配合剂可能看不到中间产物沉淀的生成。

② 配位化合物生成时，有的使用的配合剂浓度较大，例如：$[Cu(NH_3)_4]^{2+}$ 的生成要用 6mol·L^{-1} 氨水，实验中注意不要将药品浓度搞错。

七、问题讨论

① 衣服上沾有铁锈时，常用草酸去洗，试说明原理。

② 可用哪些不同类型的反应，使 $FeSCN^{2+}$ 配离子的红色褪去?

③ 在印染业的染浴中，常因某些离子（如 Fe^{3+}，Cu^{2+}）使染料颜色改变，加入 EDTA 可避免出现这种现象，试说明原理。

④ 变色硅胶是实验室常用干燥剂，其变色原理是什么?

实验十六　磺基水杨酸铁配合物的组成及稳定常数的测定

一、预习要点

① 预习 721 型分光光度计的使用方法。
② 分光光度法测定配合物组成和稳定常数的原理及操作要点。

二、目的要求

① 了解比色法测定溶液中配合物组成和稳定常数的原理和方法。
② 学习分光光度计的使用方法。
③ 学习有关实验数据的处理方法。

三、实验原理

磺基水杨酸（结构式：$HO-C_6H_3(COOH)(SO_3H)$ 简写为 H_3R），与 Fe^{3+} 可以形成稳定的配合物，配合物的组成随溶液的 pH 不同而改变。在 pH=2~3 时，pH=4~9 时，pH=9~11.5 时，磺基水杨酸与 Fe^{3+} 能分别形成不同颜色且具有不同组成的配离子。

本实验是测定 pH=2~3 时形成的紫红色的磺基水杨酸铁配离子的组成及其稳定常数。实验中通过加入一定量的 $HClO_4$ 溶液来控制溶液的 pH。

测定配离子的组成时，分光光度法是一种有效的方法。实验中，常用的方法有两种：一是摩尔比法，二是等物质的量连续变化法（也叫浓比递变法）。本实验采用后者，用上述方法时要求溶液中的配离子是有色的，并且在一定条件下只生成这一种配合物，本实验中所用的磺基水杨酸是无色的，Fe^{3+} 溶液很稀，也可以认为是无色的，只有磺基水杨酸铁配离子显紫红色，并且能一定程度地吸收波长为 500nm 的单色光。

根据朗伯-比尔定律：
$$A = \varepsilon b c$$

式中，A 为吸光度；ε 代表每一有色物质的特征常数，称之为吸光系数；b 为液层厚度；c 为有色物质浓度，当液层厚度一定时，则溶液吸光度就只与溶液的浓度成正比。

本实验过程中，保持溶液中金属离子的浓度（c_M）与配位体的浓度（c_R）之和不变（即总物质的量不变），改变 c_M 与 c_R 的相对量，配制一系列溶液，测其吸光度，然后再以吸光度 A 为纵坐标，以溶液的组成（配位体的体积分数）为横坐标作图，得一曲线，如图 5-10 所示，显然，在这一系列溶液中，有一些是金属离子过量，而另一些溶液则是配位体过量，在这两部分溶液中，配离子的浓度都不可能到最大值，因此溶液的吸光度也不可能达到最大值，只有当溶液中金属离子与配位体的摩尔比与配离子的组成一致时，配离子的浓度才最大，因而吸光度才最大，所以吸光度最大值所对应的溶液的组成，实际上就是配合物的组成。

如图 5-10 所示，吸光度最大值所对应的溶液组成为 0.5，即 $\dfrac{V_R}{V_R + V_M} = 0.5$，即 $\dfrac{n_R}{n_R + n_M} = 0.5$，整理后得，$n_R : n_M = 1 : 1$，就是说在配合物中，中心离子与配位体之比为 $1 : 1$（若 $\dfrac{V_R}{V_R + V_M} = 0.8$ 时，$n_R : n_M$ 为多少？）。

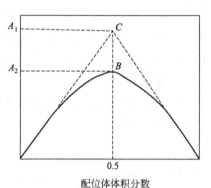

图 5-10　吸光度随溶液组成变化曲线

用等物质的量连续变化法还可以求算配合物的稳定常数。在图 5-10 中，在极大值两侧，其中 M 或 H_3R 过量较多的溶液中，配合物的解离度都很小（为什么？），所以吸光度与溶液的组成几乎呈线性关系，但当 V_M 与 V_R 之比接近配合物的组成时也就是说两者过量都不多的情况下，形成的配合物的解离度相对来说就比较大了，所以在这些区域内曲线出现了近于平坦的部分，图 5-10 中的 C 点为两侧直线部分的延长线交点，它相当于假定配合物完全不解离时的吸光度的极大值（A_1），而 B 点则对应实验测得的光密度的极大值（A_2），显然配合物的解离度越大，则 $A_1 - A_2$ 的差值就越大，所以配离子的解离度为：

$$\alpha = \dfrac{A_1 - A_2}{A_1}$$

对于平衡

$$\begin{array}{c} \text{M} + n\text{R} \rightleftharpoons \text{MR}_n \\ c\alpha \quad c\alpha \quad c(1-\alpha) \end{array}$$

来说，其表观稳定常数可以表示为：$\quad K = \dfrac{c_{MR_n}}{c_M c_R^n}$

当 $n = 1$ 时 $\quad K = \dfrac{1-\alpha}{c\alpha^2}$

式中，c 为与 A 点（或 B 点）相对应的溶液中 M 离子的总物质的量浓度（配离子的平衡浓度与金属离子的平衡浓度之和），将 α 值代入上式即可求出稳定常数。

四、实验用品

721 型分光光度计,容量瓶(50mL),烧杯(50mL),洗瓶。

Fe^{3+} (1.00×10^{-2} mol·L^{-1}),磺基水杨酸(1.00×10^{-2} mol·L^{-1}),$HClO_4$(2.5×10^{-2} mol·L^{-1})。

五、实验步骤

1. 配制系列溶液

将 11 个容量瓶洗净并编号。

在 1 号容量瓶中,用吸量管加入 5.00mL 0.025mol·L^{-1} $HClO_4$ 溶液、5.00mL 1.00×10^{-2} mol·L^{-1} Fe^{3+} 溶液,然后用蒸馏水稀释至刻度,摇匀。

按同样方法根据表 5-17 中所示各溶液的量将 2~11 号溶液配好。

2. 测定系列溶液的光密度

测定使用 721 型分光光度计,1cm 比色皿,以蒸馏水为空白,选用波长为 500nm 的单色光。

比色皿要先用蒸馏水冲洗,再用待测溶液洗三遍,然后装好溶液(注意不要太满),用镜头纸擦净比色皿的透光面(水滴较多时,应先用滤纸吸去大部分水,再用镜头纸擦净)。将测得的吸光度值记在表 5-17 中。

3. 结果处理

以吸光度为纵坐标,以配位体的体积分数为横坐标作图,求出磺基水杨酸铁的组成并计算表观稳定常数。

表 5-17 实验记录表

容量瓶编号	0.025mol·L^{-1} $HClO_4$ 的体积/mL	Fe^{3+} 溶液 (1.0×10^{-2} mol·L^{-1}) 的体积/mL	H_3R 溶液(1.00×10^{-2} mol·L^{-1}) 的体积/mL	配位体的体积分数 $\dfrac{V_R}{V_R+V_M}$	吸光度 A
1	5.00	5.00	0.00		
2	5.00	4.50	0.50		
3	5.00	4.00	1.00		
4	5.00	3.50	1.50		
5	5.00	3.00	2.00		
6	5.00	2.50	2.50		
7	5.00	2.00	3.00		
8	5.00	1.50	3.50		
9	5.00	1.00	4.00		
10	5.00	0.50	4.50		
11	5.00	0.00	5.00		

注:如考虑弱酸的解离平衡,则对表观稳定常数要加以校正,校正后即可得 $K_稳$ 校正公式为

$$\lg K_稳 = \lg K + \lg \alpha$$

其中:K 为表观稳定常数;α 为酸效应系数,对磺基水杨酸,当 pH=2 时,$\lg\alpha=10.2$。

六、问题讨论

① 如果溶液中同时有几种不同组成的有色配合物存在,能否用本实验方法测定它们的组成和稳定常数?

② 用等物质的量连续变化法测定配合物的组成时,为什么说溶液重金属离子的物质的量与配位体物质的量之比正好与配离子组成相同时,配离子的浓度为最大?

③ 实验中如果温度有较大变化,对测得的稳定常数有何影响?

④ 实验中每个溶液的 pH 值是否一样，如果不一样对结果有何影响？

实验十七　铁的比色测定与条件实验

一、预习要点
① 邻菲咯啉吸光光度法测定铁的条件实验的方法与原理。
② 分光光度计的性能、结构、使用方法及注意事项。
③ 学习如何选择吸光光度分析的实验条件。
④ 理解工作曲线的制作及意义。

二、目的要求
① 了解分光光度计的性能、结构，掌握分光光度计的使用方法。
② 掌握邻菲咯啉吸光光度法测定铁的条件实验的方法与原理。
③ 学习吸光光度法测定中标准曲线的绘制和试样测定的方法。
④ 熟悉分光光度法的条件实验及测定方案的拟定。

三、实验原理

将待测离子与显色剂反应，使之转化为有色化合物再进行测定，此反应称为显色反应。在初步选定显色剂后，应认真细致地研究影响显色反应的各个因素，从而找出显色反应的最佳条件。通常从最大吸收波长、显色剂用量、介质酸度、温度、时间及干扰的消除等方面进行条件实验，以确定显色反应的最佳实验条件，从而在一定程度上保证实验的准确度和精密度。

邻菲咯啉是测定微量铁的较好的显色剂。当用盐酸羟胺（$NH_2OH \cdot HCl$）把试液中的 Fe^{3+} 离子还原为 Fe^{2+} 时，可用于测定总铁，当不加盐酸羟胺时可用于 Fe^{2+} 的测定。测定条件为：在 pH=3~9（一般将酸度控制在 pH=5~6 的范围内）的条件下，Fe^{2+} 与邻菲咯啉反应，生成稳定的红色配合物，颜色的深度不受影响，且可稳定半年之久。摩尔吸光系数 $\varepsilon = 1.1 \times 10^4$。该红色配合物的最大吸收波长为 510nm。此反应是特效的、灵敏的，其 $\lg K_{稳} = 21.3$。反应方程式如下：

本方法简便、快速、选择性很高。相当于含铁量 40 倍的 Sn^{2+}、Al^{3+}、Ca^{2+}、Mg^{2+}、Zn^{2+}、SiO_3^{2-}，20 倍的 Cr^{3+}、Mn^{2+}、V^{5+}，5 倍的 Co^{2+}、Cu^{2+} 等均不干扰测定。加入盐酸羟胺可消除氧化剂的干扰。铋、镉、汞、钼、银能把邻二氮菲沉淀下来，当加入过量的邻二氮菲时，它们也不干扰测定。

本实验采用常用的单因素实验法进行条件实验。其原理是在几个实验条件中，改变其中一个条件的值，固定其他的条件，然后测定相应的吸光度值，再从中找出符合实验要求的条件。

在最佳测定条件下，利用吸光光度法可定量测定亚铁和总铁的含量。

四、实验用品

分析天平，分光光度计（721型或722型），镜头纸，滤纸，容量瓶（50mL，100mL，250mL，500mL），移液管（10mL，25mL），吸量管（1mL，5mL），洗耳球。

$(NH_4)_2Fe(SO_4)_2·6H_2O$（固），HCl（$2mol·L^{-1}$），邻菲咯啉（0.1%），盐酸羟胺（10%，用时配制），NaAc（$1mol·L^{-1}$），NaOH（$0.2mol·L^{-1}$）。

五、实验步骤

1. 标准溶液的配制

① $10^{-4} mol·L^{-1}$铁标准溶液：准确称取0.1961g $(NH_4)_2Fe(SO_4)_2·6H_2O$于烧杯中，用15mL $2mol·L^{-1}$ HCl溶解，移至500mL容量瓶中，以水稀释至刻度，摇匀；吸取此溶液25.00mL于250mL容量瓶中，以水稀释至刻度，摇匀；此溶液即为$10^{-4} mol·L^{-1}$铁标准溶液。

② $100\mu g·mL^{-1}$铁标准溶液：准确称取0.3511g $(NH_4)_2Fe(SO_4)_2·6H_2O$于烧杯中，用15mL $2mol·L^{-1}$ HCl溶解，移入500mL容量瓶中，以水稀释至刻度，摇匀。

③ $10\mu g·mL^{-1}$铁标准溶液：将$100\mu g·mL^{-1}$铁标准溶液准确稀释10倍即为含铁$10\mu g·mL^{-1}$的标准溶液。

2. 实验条件的选择

实验条件的选择包括通过研究吸光度A与温度、酸度、浓度、时间、干扰、最大吸收波长等条件的关系，找出最佳测定条件。本实验主要研究吸收波长、时间、显色剂浓度、酸度对吸光度A的影响。

(1) 最大吸收波长的确定（$A-\lambda$曲线） 用移液管准确吸取10mL $10^{-4} mol·L^{-1}$铁标准溶液，置于50mL容量瓶中，加入1mL 10%盐酸羟胺溶液，摇匀后，再加入5mL $1mol·L^{-1}$ NaAc溶液，3mL 0.1%的邻菲咯啉溶液，用蒸馏水稀释至刻度，摇匀，放置10min。

在分光光度计上，用1cm比色皿，以水为参比溶液，在480~550nm之间，每隔10nm测定一次吸光度（A），在最大吸收峰处，每隔5nm或2nm测定一次吸光度，以波长（λ）为横坐标，吸光度（A）为纵坐标，绘制$A-\lambda$吸收曲线并确定最大吸收波长λ_{max}。

(2) 邻菲咯啉与铁的配合物的稳定性（$A-t$曲线） 用移液管准确吸取10mL $10^{-4} mol·L^{-1}$铁标准溶液，置于50mL容量瓶中，加入1mL 10%盐酸羟胺溶液，摇匀后，再加入5mL $1mol·L^{-1}$ NaAc溶液，3mL 0.1%邻菲咯啉溶液，以蒸馏水稀释至刻度，摇匀。

在分光光度计上，用1cm比色皿，以水为参比溶液，在最大吸收波长处，加入显色剂后立即测定一次吸光度，经15min、30min、45min、60min后，各测一次吸光度。绘制$A-t$曲线，从曲线上判断配合物的稳定性情况。

(3) 显色剂浓度的影响（$A-V$曲线） 取50mL容量瓶7个，用移液管准确吸取10mL $10^{-4} mol·L^{-1}$铁标准溶液于各容量瓶中，各加入1mL 10%盐酸羟胺溶液，摇匀后，再加入5mL $1mol·L^{-1}$ NaAc溶液，然后分别加入0.1%邻二氮菲溶液0.3mL、0.6mL、1.0mL、1.5mL、2.0mL、3.0mL和4.0mL，以蒸馏水稀释至刻度，摇匀。

在分光光度计上，用1cm比色皿，以水为参比，在最大吸收波长处，测定不同用量显色剂溶液的吸光度。然后以邻二氮菲试剂加入毫升数为横坐标，吸光度为纵坐标，绘制$A-V$曲线，由曲线上确定显色剂最佳加入量。

(4) 溶液酸度对配合物的影响（$A-pH$曲线） 准确量取$10^{-4} mol·L^{-1}$铁标准溶液50mL，置于100mL容量瓶中，加入5mL $2mol·L^{-1}$ HCl和10mL 10%盐酸羟胺溶液，摇匀，经 2min 后，再加入 30mL 0.1%邻菲咯啉溶液，以水稀释至刻度，摇匀后备用。

在此基础上，自行设计实验，从 pH 值小于等于 2 开始逐步增加至 12 以上，研究 A-pH 关系。并以 pH 值为横坐标，吸光度为纵坐标，绘制 A-pH 曲线，确定测定最适宜的 pH 范围。

根据上面条件实验的结果，拟出邻菲咯啉分光光度法测定铁的测定条件并讨论。

3. 食品中铁的比色测定

（1）标准工作曲线的绘制　取 6 只 50mL 容量瓶，用吸量管分别加入 0.00mL、2.00mL、4.00mL、6.00mL、8.00mL、10.00mL、$10\mu g \cdot mL^{-1}$ 铁标准溶液，然后再各加入 1mL 10%盐酸羟胺溶液，摇匀后，再加入 5mL $1mol \cdot L^{-1}$ NaAc 溶液，3mL 0.1%的邻菲咯啉溶液，用蒸馏水稀释至刻度，摇匀，放置 10min。

在分光光度计上，用 1cm 比色皿，以试剂空白为参比，在最大吸收波长处（510nm），分别测出吸光度 A，以此数据作出 A-Fe 浓度（$\mu g \cdot mL^{-1}$）标准曲线。

（2）未知样浓度的测定　在分光光度计上，用 1cm 比色皿，以试剂空白为参比，在最大吸收波长处（510nm），测定未知样的吸光度 A，通过工作曲线，求得未知样浓度。

六、操作要点

① 试剂的加入必须按顺序进行。
② 定容后必须充分摇匀后进行测量。
③ 分光光度计必须预热 30min，稳定后才能进行测量。
④ 比色皿必须配套，装上待测液后通光面必须擦拭干净。
⑤ 同一组溶液必须在同一台仪器上测量。
⑥ 标准曲线的质量是测定准确与否的关键，标准系列溶液配制时，必须严格按规范进行操作。

七、注意事项

① 用邻二氮菲测定时，有很多元素干扰测定，须预先进行掩蔽或分离，如钴、镍、铜、铬与试剂形成有色配合物；钨、钼、铜、汞与试剂生成沉淀，还有些金属离子如锡、铅、铋则在邻二氮菲铁配合物形成的 pH 范围内发生水解；因此当这些离子共存时，应注意消除它们的干扰作用。

② 比色皿的使用：切勿用手接触透光面；在进行条件实验时，每改变一次条件，比色皿要洗干净。

③ 待测溶液一定要在工作曲线线性范围内，如果浓度超出直线的线性范围，则有可能偏离朗伯-比耳定律（光吸收的基本定律），就不能使用吸光光度法测定。

八、问题讨论

① 由实验测出的吸光度求铁含量的根据是什么？如何求得？
② 如果试液测得的吸光度不在标准曲线范围之内怎么办？
③ 如何确定参比溶液？
④ 在吸光度的测量中，为了减小误差，应控制吸光度在什么范围内？
⑤ 为什么待测溶液与标准溶液的测定条件要相同？
⑥ 用移液管移取试剂，注意顺序，并且不能混用移液管，为什么？
⑦ 比色皿的使用中，每改变一次试液浓度，比色皿都要洗干净，为什么？
⑧ 在条件实验中，除了单因素实验外，还有别的条件实验方法吗？如果有，请说明之。

⑨ 你认为条件实验是否合理？还有哪些不足和有待改进的地方？

实验十八　EDTA标准溶液的配制与标定

一、预习要点
① EDTA 的性质。
② 配位滴定原理。

二、目的要求
① 掌握 EDTA 标准溶液的配制与标定方法。
② 学习配位滴定酸度的控制及消除干扰离子的方法。
③ 练习配位滴定，掌握金属指示剂的变色观察，正确控制终点。

三、实验原理
EDTA 是乙二胺四乙酸或其二钠盐的简称（缩写为 H_4Y 或 $Na_2H_2Y \cdot 2H_2O$），由于前者的溶解度小，通常用其二钠盐配制标准溶液。尽管 EDTA 可制得纯品，但 EDTA 具有与金属离子配位反应普遍性的特点，水合试剂中的微量金属离子或者器壁上溶出的金属离子都会与 EDTA 反应，故通常仍用间接法配制标准溶液。先配成浓度约为 $0.1 mol \cdot L^{-1}$、$0.05 mol \cdot L^{-1}$ 的溶液，小于等于 $0.02 mol \cdot L^{-1}$ 的标准溶液，应在临用前标定或用较浓标准溶液稀释后使用，必要时加以标定。EDTA 常用纯金属 Zn 或 $CaCO_3$、$MgSO_4 \cdot 7H_2O$ 等基准物质进行标定。本实验用基准工作试剂 ZnO，用 NH_3-NH_4Cl 缓冲溶液控制在 pH≈10 的酸度条件下进行标定，指示剂为铬黑 T，其反应可表达为

在氨性溶液中：$Zn^{2+} + 4NH_3 \Longleftrightarrow Zn(NH_3)_4^{2+}$

加入 EBT（铬黑 T）时：$Zn(NH_3)_4^{2+} + EBT(蓝色) \Longleftrightarrow Zn$-$EBT(酒红色) + 4NH_3$

滴定开始至计量点前：$Zn(NH_3)_4^{2+} + EDTA \Longleftrightarrow Zn$-$EDTA + 4NH_3$

计量点时：Zn-$EBT(酒红色) + EDTA \Longleftrightarrow Zn$-$EDTA + EBT(蓝色)$

注意，上述各配合物的条件稳定常数大小顺序为：$K'_{Zn-Y} > K'_{Zn-EBT} > K'_{Zn(NH_3)_4^{2+}}$。

金属指示剂往往是有机多元弱酸或弱碱，兼具 pH 指示剂之功能，因此，使用时必须注意选择合适的 pH 范围。

金属离子 M 与 EDTA 的反应一般都为 1:1，其计量、计算关系较为简单：依据 EDTA 的物质的量等于基准物质的物质的量即可求得。

四、实验用品
马弗炉，坩埚，干燥器，容量瓶（250mL），酸式滴定管（50mL）。

EDTA-2Na（固），ZnO（基准工作试剂），HCl（20%），$NH_3 \cdot H_2O$（10%），NH_3-NH_4Cl 缓冲溶液（pH≈10），铬黑 T 指示液（$5g \cdot L^{-1}$）。

五、实验步骤
1. $0.02 mol \cdot L^{-1}$ 乙二胺四乙酸二钠标准溶液的配制

称取 8g EDTA，加 1000mL 水，加热溶解，冷却，摇匀。

2. 乙二胺四乙酸二钠标准溶液（$c_{EDTA} = 0.02 mol \cdot L^{-1}$）标定

称取 0.42g 于 800℃±50℃ 的高温炉中灼烧至恒重的工作基准试剂氧化锌，用少量水湿润，加 20%HCl 溶液 3mL 溶解，移入 250mL 容量瓶中，稀释至刻度，摇匀。取 35.00～40.00mL（用什么量器?），加 70mL 水，用氨水溶液（10%）调节溶液 pH 值至 7～8，加

10mL 氨-氯化铵缓冲溶液（pH≈10）及 5 滴铬黑 T 指示液（5g·L^{-1}），用配制好的乙二胺四乙酸二钠溶液滴定至溶液由紫色变为纯蓝色。同时做空白实验。

乙二胺四乙酸二钠标准溶液的浓度（c_{EDTA}）以摩尔每升（mol·L^{-1}）表示，按下式计算：

$$c_{EDTA} = \frac{m \times \frac{V_1}{250} \times 1000}{(V_2 - V_3)M}$$

式中 m——氧化锌的质量，g；

V_1——氧化锌溶液的体积，mL；

V_2——乙二胺四乙酸二钠溶液的体积，mL；

V_3——空白实验乙二胺四乙酸二钠溶液的体积，mL；

M——氧化锌的摩尔质量，g·mol^{-1}，$M_{ZnO}=81.39$。

六、注意事项

① 蒸馏水的质量是否符合要求，是配位滴定应用中十分重要的问题：a. 若配制溶液的水中含有 Al^{3+}、Cu^{2+} 等，就会使指示剂受到封闭，致使终点难以判断；b. 若水中含有 Ca^{2+}、Mg^{2+}、Pb^{2+}、Sn^{2+} 等，则会消耗 EDTA，在不同的情况下会对结果产生不同的影响。因此，在配位滴定中，必须对所用的蒸馏水的质量进行检查。为保证质量，经常采用二次蒸馏水或去离子水来配制溶液。

② EDTA 溶液应当储存在聚乙烯塑料瓶或硬质玻璃瓶中。若储存于软质玻璃瓶中，会不断溶解玻璃中的 Ca^{2+} 形成 CaY^{2-}，使 EDTA 的浓度不断降低。

七、问题讨论

① EDTA 配位滴定中为什么要使用缓冲溶液？多加缓冲溶液对测定有影响吗？

② 如何衡量蒸馏水是否符合配位滴定的要求？

③ 在配位滴定中，指示剂应具备什么条件？

④ 怎样用氨水溶液（10%）调节溶液 pH 值至 7~8？

⑤ 为什么 EDTA 溶液最好储存于塑料试剂瓶中？

实验十九 水中钙、镁含量及总硬度的测定

一、预习要点

① EDTA 滴定钙镁离子的原理。

② 金属离子指示剂的应用及变色的原理。

二、目的要求

① 了解水的硬度的测定意义和水硬度常用表示方法。

② 掌握 EDTA 法测定水中 Ca^{2+}、Mg^{2+} 含量的原理和方法。

③ 进一步了解缓冲溶液的应用。

④ 了解金属离子指示剂的特点，掌握配位滴定过程，突跃范围及指示剂的选择原理。

⑤ 掌握铬黑 T 指示剂、钙指示剂的使用条件和终点变化。

⑥ 练习移液管、滴定管的使用。

三、实验原理

水的硬度一般由 Ca^{2+}、Mg^{2+} 来决定，水中 Ca^{2+}、Mg^{2+} 等盐的含量称为水的硬度。其他 Fe^{3+}、Al^{3+}、Mn^{2+}、Sn^{2+}、Zn^{2+} 等金属同时也会影响硬度，但一般情况下，它们的存

在量很少，硬度是衡量水质好坏的重要指标之一。

硬度分为暂时硬度和永久硬度。暂时硬度有 $Ca(HCO_3)_2$、$Mg(HCO_3)_2$、$Fe(HCO_3)_2$ 等，它们遇热时可以从水中沉淀出来而失去硬性。有关反应如下：

$$Ca(HCO_3)_2 =\!=\!= CaCO_3 \downarrow + H_2O + CO_2 \uparrow$$

$$Mg(HCO_3)_2 =\!=\!= MgCO_3 \downarrow + H_2O + CO_2 \uparrow$$

$$Fe(HCO_3)_2 =\!=\!= Fe(OH)_2 \downarrow + 2CO_2 \uparrow$$

$$Fe(OH)_2 + 2H_2O + O_2 =\!=\!= 4Fe(OH)_3$$

永久硬度指非碳酸盐硬度，即钙、镁的氯化物、硫酸盐等，这些物质加热时也不会除去。

我国目前常采用将水中钙、镁的总量折算成 $CaCO_3$ 的含量来表示硬度（单位为 $mg \cdot L^{-1}$）和将水中钙、镁的总量折算成 CaO 的含量来表示硬度（单位为德国度，$1° = 10mg\ CaO \cdot L^{-1}$）。通常用德国度来表示水的总硬度。水的硬度在 $8°$ 以下的称为软水；在 $8°$ 以上的称为硬水。硬度大于 $30°$ 的是最硬水。

测定水的硬度，一般采用配位滴定法，用 EDTA 标准溶液滴定水中的 Ca^{2+}、Mg^{2+}、总量，然后换算为相应的硬度单位。

1. 水的总硬度的测定

用 EDTA 滴定 Ca^{2+}、Mg^{2+} 总量时，一般是在 $pH=10$ 的 $NH_3\text{-}NH_4Cl$ 缓冲溶液中进行，用 EBT（铬黑 T）作指示剂。铬黑 T 和 EDTA 都能与 Ca^{2+}、Mg^{2+} 形成配合物，其配合物稳定性顺序为：$[CaY]^{2-} > [MgY]^{2-} > [MgIn]^- > [CaIn]^-$。加入铬黑 T 后，部分 Mg^{2+} 与铬黑 T 形成配合物使溶液呈酒红色。用 EDTA 滴定时，EDTA 先与 Ca^{2+} 和游离 Mg^{2+} 反应形成无色的配合物，到化学计量点时，EDTA 夺取指示剂配合物中的 Mg^{2+}，使指示剂游离出来，溶液由酒红色变成纯蓝色即为终点。

滴定前： $\qquad\qquad\qquad Mg^{2+} + HIn^{2-} \rightleftharpoons [MgIn]^- + H^+$
$\qquad\qquad\qquad\qquad\qquad\qquad$ 纯蓝色 $\qquad$ 酒红色

化学计量点前： $\qquad\quad Ca^{2+} + H_2Y^{2-} \rightleftharpoons [CaY]^{2-} + 2H^+$

$\qquad\qquad\qquad\qquad\qquad Mg^{2+} + H_2Y^{2-} \rightleftharpoons [MgY]^{2-} + 2H^+$

化学计量点时： $\qquad [MgIn]^- + H_2Y^{2-} \rightleftharpoons [MgY]^{2-} + HIn^{2-} + H^+$
$\qquad\qquad\qquad\qquad\quad$ 酒红色 $\qquad\qquad\qquad$ 纯蓝色

由于 EBT 与 Mg^{2+} 显色灵敏度高，与 Ca^{2+} 显色灵敏度低，所以当水样中 Mg^{2+} 含量较低时，用 EBT 作指示剂往往得不到敏锐的终点。这时可在 EDTA 标准溶液中加入适量的 Mg^{2+}（标定前加入 Mg^{2+} 对终点没有影响），或者在缓冲溶液中加入一定量 Mg^{2+}—EDTA 盐，利用置换滴定法的原理来提高终点变色的敏锐性，也可采用酸性铬蓝 K-萘酚绿 B 混合指示剂，此时终点颜色由紫红色变为蓝绿色。

根据消耗的 EDTA 标准滴定溶液的浓度和体积 V 计算水的总硬度。

2. 钙含量的测定

取与测定总硬度时相同体积的水样，加入 NaOH 调节 $pH=12$，Mg^{2+} 即形成 $Mg(OH)_2$ 沉淀。然后加入钙指示剂，Ca^{2+} 与钙指示剂形成酒红色配合物。用 EDTA 滴定时，EDTA 先与游离 Ca^{2+} 形成配合物，再夺取已与指示剂配位的 Ca^{2+}，使指示剂游离出来，溶液由酒红色变为纯蓝色。由消耗 EDTA 标准溶液的体积 V_2 计算钙的含量。再由测总硬度时消耗的 EDTA 体积 V_1 和 V_2 的差值计算出镁的含量（为什么？）。

水中若含有 Fe^{3+}、Al^{3+}，可加三乙醇胺掩蔽；若有 Cu^{2+}、Pb^{2+}、Zn^{2+} 等，可用 Na_2S 或 KCN、巯基乙酸等掩蔽。

如果水中 Mg^{2+} 的含量较大时，可在水中加入 20～30mL 5% 的糊精溶液 [5% 糊精溶液的配制：将 5g 糊精用少许蒸馏水调成糊状后，加入 100mL 沸水于糊精中，稍冷，加入 5mL 10% NaOH 溶液，搅拌均匀，加入 3～5 滴 K-B 指示剂（将 1g 酸性铬蓝 K、2g 萘酚绿 B 和 40g KCl 惰性物质研细混匀，装入小广口瓶中，置于干燥器中备用），用 EDTA 标准溶液滴定至溶液呈蓝色，临时配用，久置后容易变质]，以消除 $Mg(OH)_2$ 沉淀对 Ca^{2+} 的吸附。

本实验以 $CaCO_3$ 的质量浓度（$mg \cdot L^{-1}$）表示水的硬度。我国生活饮用水规定（GB 5749），总硬度以 $CaCO_3$ 计，不得超过 $450 mg \cdot L^{-1}$。

计算公式：水的总硬度$(CaCO_3) = \dfrac{c_{EDTA} V_{EDTA} M_{CaCO_3}}{V_s} \times 1000 (mg \cdot L^{-1})$

式中，c_{EDTA} 为 EDTA 的浓度，$mol \cdot L^{-1}$；V_{EDTA} 为 EDTA 溶液的体积，mL；M_{CaCO_3} 为 $CaCO_3$ 的摩尔质量，$100.09 g \cdot mol^{-1}$；V_s 为所测水样的体积，mL。

当用德国度表示总硬度时，由下式计算：

$$°d = \dfrac{c_{EDTA} V_{1,EDTA} M_{CaO} \times 1000}{V_s} \times \dfrac{1}{10}$$

Ca^{2+}、Mg^{2+} 的分量（单位为 $mg \cdot L^{-1}$）由下式计算：

$$\rho_{Ca} = \dfrac{c_{EDTA} V_2 M_{Ca}}{V_s} \times 1000$$

$$\rho_{Mg} = \dfrac{c_{EDTA}(V_1 - V_2) M_{Mg}}{V_s} \times 1000$$

四、实验用品

水样瓶，滴定管（酸式，碱式），锥形瓶。

EDTA 标准溶液（$0.01 mol \cdot L^{-1}$），三乙醇胺，$NH_3 \cdot H_2O$-NH_4Cl 缓冲溶液（pH=10），铬黑 T（EBT）溶液（$5g \cdot L^{-1}$），NaOH（$6 mol \cdot L^{-1}$），钙指示剂。

五、实验步骤

1. 自来水样总硬度的测定

打开水龙头，先放数分钟，用已洗净的试剂瓶承接水样 500～1000mL，盖好瓶塞备用。

移取适量的水样（用什么量器？）（一般为 50～100mL，视水的硬度而定），置于 250mL 锥形瓶中，加入三乙醇胺 3mL（无 Fe^{3+}、Al^{3+} 干扰时可不加），摇匀。加 pH=10 的 $NH_3 \cdot H_2O$-NH_4Cl 缓冲溶液 5mL，EBT 指示剂 2～3 滴，用 EDTA 标准溶液滴至溶液由酒红色变为纯蓝色即为终点。记下 EDTA 用量 V_1。平行测定三次，计算水的总硬度，以 $CaCO_3$（$mg \cdot L^{-1}$）表示。

2. 钙和镁含量的测定

取与总硬度测定相同量的水样，置于 250mL 锥形瓶中，加 3mL 三乙醇胺（无 Fe^{3+}、Al^{3+} 时可不加），摇匀。再加 2mL $6 mol \cdot L^{-1}$ NaOH（pH=12～13），摇匀后滴加钙指示剂 4～5 滴，用 EDTA 标准溶液滴定至溶液由酒红色变为纯蓝色，记录 EDTA 用量 V_2。平行测定 3 次。计算水中钙和镁的含量。

3. 实验报告格式

(1) 水中钙镁及总硬度测定，见表 5-18。

表 5-18 水的总硬度的测定数据

项 目		1	2	3
移取水样体积/mL				
EDTA 终读数				
EDTA 初读数				
用去 EDTA 体积 V_1/mL				
$CaCO_3$(mg·L^{-1})	测定值			
	平均值			
°d	测定值			
	平均值			
相对平均偏差				

(2) 钙和镁含量的测定（自拟）。

六、注意事项

① 自来水样较纯、杂质少，可省去水样酸化、煮沸，加 Na_2S 掩蔽剂等步骤。

② 如果 EBT 指示剂在水样中变色缓慢，则可能是由于 Mg^{2+} 含量低，这时应在滴定前加入少量 Mg^{2+} 溶液，开始滴定时滴定速度宜稍快，接近终点滴定速度宜慢，每加 1 滴 EDTA 溶液后，都要充分摇匀。

七、问题讨论

① 在配位滴定中，指示剂应具备什么条件？
② 本实验用什么方法调节 pH？
③ 如果只有铬黑 T 指示剂，能否测定 Ca^{2+} 的含量？如何测定？
④ Ca^{2+}、Mg^{2+} 与 EDTA 的配合物，哪个稳定？为什么滴定时要控制 pH=10，而 Ca^{2+} 则需控制 pH=12～13？
⑤ 用 EDTA 测定水的总硬度时，哪些离子有干扰？如何消除？
⑥ 用 KCN 试剂消除 Cu^{2+}、Pb^{2+}、Zn^{2+} 等干扰离子时为何必须在碱性介质中？
⑦ 加入三乙醇胺的作用是什么？
⑧ 为什么要加入缓冲溶液？

实验二十　生命相关元素（一）宏量元素

生物赖以生存的化学元素称为生命元素，也称生物的必需元素。研究生命元素是生物无机化学的主要内容。它主要研究生物体内存在的各种化学元素，尤其是微量金属元素与体内生物配体所形成的配位化合物的形成、组成、转化和结构，以及它们在系列重要生命活动中的作用。生物无机化学的大部分内容可认为是配位化学在生物领域里的应用。

人体中已检出 81 种天然元素。在这些元素中有些是生命元素，或必需元素；有些元素的存在与否和生命的延续无关，称之为非必需元素；再有一些元素是环境中的污染物，称之为污染（有毒）元素。

上述元素统称为生命相关元素。

生物体内元素按含量可分为宏量元素、微量元素。通常把体内质量分数大于 1×10^{-4} 的元素称为宏量元素，把质量分数小于 1×10^{-4} 的元素称为微量元素。

人体内已发现的化学元素中，宏量元素有 12 种（O、C、H、N、Ca、P、S、K、Na、Cl、Mg、Si）。生物体内存在的宏量元素都是必需元素，它们在人体内的质量分数为 0.9998，是人体的主要组成元素。

一、预习要点
① 宏量元素的性质与定性鉴定方法。
② 定性分析基本操作。

二、目的要求
① 了解宏量元素的基本性质。
② 掌握常见宏量元素的定性鉴定方法。
③ 掌握生物样品的灼烧、灰化、硝化分解等处理方法，巩固称重、溶解、过滤、溶液配制、目视比色法鉴定离子、空白实验、对照实验等内容。

三、实验用品
酸：HCl($1mol \cdot L^{-1}$，$2mol \cdot L^{-1}$，$6mol \cdot L^{-1}$，浓)，HAc($2mol \cdot L^{-1}$，$6mol \cdot L^{-1}$)，H_2SO_4($1mol \cdot L^{-1}$，$3mol \cdot L^{-1}$，$12mol \cdot L^{-1}$，浓)，HNO_3($1mol \cdot L^{-1}$，$6mol \cdot L^{-1}$，浓)，硫化氢水溶液。

碱：$NaOH$(10%，20%，$6mol \cdot L^{-1}$)，氨水($2mol \cdot L^{-1}$，$6mol \cdot L^{-1}$，浓)，石灰水，$Ba(OH)_2$（饱和）。

饱和盐溶液：$(NH_4)_2C_2O_4$，$(NH_4)_2SO_4$，NH_4Cl，$NaNO_2$，酒石酸钠 $NaHC_4H_4O_5$，$FeSO_4$，$ZnSO_4$。

固体盐：NH_4NO_3，$NaCl$，$K_2S_2O_8$，$KClO_3$，MnO_2，$Co(NO_3)_2$，$NiSO_4$，KNO_3，NH_4NO_3，$Cu(NO_3)_2$，$AgNO_3$，$Fe_2(SO_4)_3$，$ZnSO_4$，$CaCl_2$，$CuSO_4$，$K_4[Fe(CN)_6]$。

盐溶液：$(NH_4)_2HPO_4$($2mol \cdot L^{-1}$)，$NaCl$($1mol \cdot L^{-1}$)，Na_2CO_3($0.1mol \cdot L^{-1}$，$1mol \cdot L^{-1}$)，水玻璃（20%），Na_2SO_4($1mol \cdot L^{-1}$)，$NaClO$ 溶液，KCl($1mol \cdot L^{-1}$)，$CaCl_2$($0.1mol \cdot L^{-1}$，$1mol \cdot L^{-1}$)，$MnSO_4$($0.002mol \cdot L^{-1}$，$0.1mol \cdot L^{-1}$)。

$0.1mol \cdot L^{-1}$ 盐溶液：$NaHCO_3$，$NaNO_2$，$Na[B(C_6H_5)_4]$，Na_3PO_4，Na_2HPO_4，NaH_2PO_4，$KSb(OH)_6$，KBr，KI，$KMnO_4$，$K_2Cr_2O_7$，$BaCl_2$，$MgCl_2$，$AgNO_3$，$ZnSO_4$，$CdSO_4$，$CuSO_4$，$Hg(NO_3)_2$。

其他：硫黄粉，H_2O_2(3%)，铜片，锌片，镁片，石炭酸(1%)，对氨基苯磺酸溶液，α-萘胺溶液，SO_2，$Na_2[Fe(CN)_5NO]$，CCl_4，氯水，溴水，α-萘酚(0.2%)，精氨酸(0.01%)。

特殊试剂：醋酸铀酰试剂，六硝基合钴酸钠试剂，乙二醛双缩[2-羟基苯胺](GBHA)，镁试剂（Ⅰ），奈氏试剂，镁铵试剂，钼酸铵试剂，$Pb(Ac)_2$ 试纸。

试液：Na^+ 试液，K^+ 试液，Ca^{2+} 试液，Mg^{2+} 试液，CO_3^{2-} 试液，蛋白质样液，NH_4^+ 试液，NO_2^- 试液，NO_3^- 试液，PO_4^{3-} 试液，SO_3^{2-} 试液，$S_2O_3^{2-}$ 试液，S^{2-} 试液，Cl^- 试液。

镍丝，钴玻璃，滤纸，二氧化碳钢瓶，pH 试纸，碘化钾-淀粉试纸，CO_3^{2-} 鉴定装置，温度计，表面皿（9cm，7cm）。

四、实验步骤
除硅以外的 11 种宏量元素在人体内的质量分数为 0.998，其中氧、碳、氢和氮共为

0.966，它们和磷、硫一起组成了人体最基本的营养物水、糖、蛋白质、脂肪和核酸等。

下面对若干主要宏量元素的性质和定性鉴定加以介绍。

1. 钠

Na^+、K^+和Cl^-的主要生理作用是维持体液的解离平衡、酸碱平衡和渗透平衡。Na^+和K^+间的主要差别是它们的离子半径和水合能差异很大，这对于生物体系而言是本质上的区别。因此，Na^+主要在细胞间质和外液中，K^+主要在细胞内液中。钠在血液中较钾为多，在乳汁中则相反。钾对植物体内碳水化合物如淀粉、糖类等的形成有很大影响。缺钾时，禾本科植物及其他作物的籽实、根、茎中淀粉含量就显著降低。钾对植物体内蛋白质和脂肪的形成与分布也密切相关，如多数植物的生长点、形成层和籽实等这些富含蛋白质和脂肪的地方，钾含量都较多。钾对于植物木质部的发育也起重要作用，施用钾肥可以促进维管束的发育，使厚角组织的细胞加厚，韧皮部发育良好，使植物的茎秆坚固，抗倒伏性能提高。一些经济作物在生长期，如麻类、向日葵、马铃薯、甜菜等对钾肥需要量更大。

(1) 焰色反应　取一条镍丝，蘸浓 HCl 溶液在氧化焰中烧至近无色，再蘸 $1mol \cdot L^{-1}$ NaCl，在氧化焰中灼烧，观察火焰颜色（钠呈黄色，专用一根镍丝试验钠盐）。试验完毕，再蘸浓 HCl 溶液，并烧至近无色。

(2) Na^+ 的鉴定反应

① 微溶性锑钠盐的生成反应可用于 Na^+ 的鉴定　Na^+ 试液与等体积的 $0.1mol \cdot L^{-1}$ $KSb(OH)_6$ 试液混合，用玻璃棒摩擦器壁，放置后产生白色晶形沉淀示有 Na^+：

$$Na^+ + Sb(OH)_6^- \Longrightarrow NaSb(OH)_6 \downarrow \quad (s, 白色结晶)$$

Na^+ 浓度大时，立即有沉淀生成，浓度小时因生成过饱和溶液，很久以后（几小时，甚至过夜）才有结晶附在器壁上。

反应宜在低温进行，因沉淀的溶解度随温度的升高而加剧，除碱金属以外的金属离子也能与试剂形成沉淀，需预先除去。

此反应，溶液应保持在弱碱性，在酸性条件下会产生白色无定形沉淀，干扰对 $Na[Sb(OH)_6]$ 的判断。

$$Sb(OH)_6^- + H^+ \Longrightarrow HSb(OH)_6 \downarrow$$

所以只有得到结晶沉淀时，才能确定 Na^+ 离子的存在，$Na[Sb(OH)_6]$ 沉淀的特征是呈颗粒状，能很快沉到试管底部，或在试管壁上结晶。

可以与 $HSb(OH)_6$ 沉淀进行对比：判断沉淀是否为 $Na[Sb(OH)_6]$，溶液加一滴 $2mol \cdot L^{-1}$ HCl 溶液，即生成白色胶状 $HSb(OH)_6$ 沉淀，把它与 $Na[Sb(OH)_6]$ 沉淀相比，就可以掌握 $Na[Sb(OH)_6]$ 沉淀的特征。

② 与醋酸铀酰试剂的反应（检出限量 $12.5\mu g$，最低浓度 $250\mu g \cdot g^{-1}$）　取 2 滴 Na^+ 试液，加 8 滴醋酸铀酰试剂 $UO_2(Ac)_2 + Zn(Ac)_2 + HAc$，放置数分钟，用玻璃棒摩擦器壁，淡黄色的晶状沉淀出现，示有 Na^+：

$$3UO_2^{2+} + Zn^{2+} + Na^+ + 9Ac^- + 9H_2O \Longrightarrow 3UO_2(Ac)_2 \cdot Zn(Ac)_2 \cdot NaAc \cdot 9H_2O$$

反应需在中性或醋酸酸性溶液中进行，强酸强碱均能使试剂分解。需加入大量试剂，用玻璃棒摩擦器壁。

大量 K^+ 存在时，可能生成 $KAc \cdot UO_2(Ac)_2$ 的针状结晶。如试液中有大量 K^+ 时用水冲稀 3 倍后实验。Ag^+、Hg^{2+}、Sb^{3+} 有干扰，PO_4^{3-}、AsO_4^{3-} 能使试剂分解，应预先除去。

2. 钾

（1）**微溶性钾盐的生成** 在一支试管中，加入 0.5mL 1mol·L^{-1} KCl 溶液，再加入 0.5mL 饱和酒石酸钠 NaHC$_4$H$_4$O$_6$ 溶液，放置数分钟，如无晶体析出，可用玻璃棒摩擦试管内壁，观察现象。反应式为：

$$KCl + NaHC_4H_4O_6 \Longrightarrow KHC_4H_4O_6 \downarrow + NaCl$$

（2）**焰色反应** 取一条镍丝，蘸浓 HCl 溶液在氧化焰中烧至近无色，再蘸 1mol·L^{-1} KCl，在氧化焰中灼烧，观察火焰颜色（钾呈紫色，在观察钾盐的焰色时要用一块钴玻璃滤光后观察）。试验完毕，再蘸浓 HCl 溶液，并烧至近无色。

（3）**K$^+$ 的鉴定** 微溶性钾盐的生成反应可用于 K$^+$ 的鉴定。

① 与六硝基合钴酸钠反应（检出限量 4μg，最低浓度 80μg·g^{-1}） 取 2 滴 K$^+$ 试液，加 3 滴六硝基合钴酸钠（Na$_3$[Co(NO$_2$)$_6$]）溶液，放置片刻，黄色的 K$_2$Na[Co(NO$_2$)$_6$] 沉淀析出，示有 K$^+$：

$$2K^+ + Na^+ + [Co(NO_2)_6]^{3-} \Longrightarrow K_2Na[Co(NO_2)_6] \downarrow$$

因酸碱都能分解试剂中的 [Co(NO$_2$)$_6$]$^{3-}$，该反应在中性微酸性溶液中进行。

NH$_4^+$ 与试剂生成橙色沉淀(NH$_4$)$_2$Na[Co(NO$_2$)$_6$]而干扰，但在沸水中加热 1～2min 后(NH$_4$)$_2$Na[Co(NO$_2$)$_6$]完全分解，K$_2$Na[Co(NO$_2$)$_6$]无变化，故可在 NH$_4^+$ 浓度大于 K$^+$ 浓度 100 倍时，鉴定 K$^+$。

② 与四苯硼酸钠反应（检出限量 0.5μg，最低浓度 10μg·g^{-1}） 取 2 滴 K$^+$ 试液，加 2～3 滴 0.1mol·L^{-1} 四苯硼酸钠 Na[B(C$_6$H$_5$)$_4$]溶液，生成白色沉淀示有 K$^+$：

$$K^+ + [B(C_6H_5)_4]^- \Longrightarrow K[B(C_6H_5)_4] \downarrow$$

反应在碱性中性或稀酸溶液中进行。

NH$_4^+$ 有类似的反应而干扰，Ag$^+$、Hg^{2+} 的影响可加 NaCN 消除，当 pH=5，若有 EDTA 存在时，其他阳离子不干扰。

3. 钙

钙是构成植物细胞壁和动物骨骼的重要成分。人体内钙的 99% 存在于骨骼和牙齿中，它的最重要的作用是作为骨头中羟基磷灰石的组成部分。其余主要分布于体液内，以参与某些重要的酶反应。在维持心脏正常收缩、神经肌肉兴奋性、凝血和保持细胞膜完整性等方面起重要作用。钙最重要的生物功能是信使作用，细胞内的信号传递依靠细胞内外 Ca^{2+} 的浓度差。如细胞兴奋时，Ca^{2+} 内流，使其浓度升高，Ca^{2+} 的转运调节发生异常时，就产生病理性反应。巨噬细胞内 Ca^{2+} 升高和硅肺病（硅沉着病）的发生有平行关系。钙又是骨中羟基磷灰石的组成部分。

（1）**碳酸盐** 在两支试管中分别加入约 0.5mL 0.1mol·L^{-1} CaCl$_2$ 和 BaCl$_2$ 溶液，再加几滴 1mol·L^{-1} Na$_2$CO$_3$ 溶液，观察现象。试验这些沉淀与溶液的作用。写出反应式。

（2）**硫酸盐** 在两支试管中分别加入 1mol·L^{-1} CaCl$_2$ 和 0.1mol·L^{-1} BaCl$_2$ 溶液约 0.5mL，再各加入 1mol·L^{-1} Na$_2$SO$_4$ 溶液几滴，观察有无沉淀产生，如有沉淀产生，则各取少量沉淀，加入饱和 (NH$_4$)$_2$SO$_4$ 摇动试管，观察沉淀是否溶解。

CaSO$_4$ 在 (NH$_4$)$_2$SO$_4$ 中生成可溶性配盐 (NH$_4$)$_2$[(CaSO$_4$)$_2$]，而 BaSO$_4$ 则无此反应。

（3）**焰色反应** 取一条镍丝，蘸浓 HCl 溶液在氧化焰中烧至近无色，再蘸 1mol·L^{-1} CaCl$_2$，在氧化焰中灼烧，观察火焰颜色（钙呈橙红色）。试验完毕，再蘸浓 HCl 溶液，并烧至近无色。

(4) Ca^{2+} 的鉴定

① 草酸钙沉淀法（检出限量 $1\mu g$，最低浓度 $40\mu g \cdot g^{-1}$） 取 2 滴 Ca^{2+} 试液，滴加饱和 $(NH_4)_2C_2O_4$ 溶液，有白色的 CaC_2O_4 沉淀形成，示有 Ca^{2+}

$$Ca^{2+} + C_2O_4^{2-} = CaC_2O_4 \downarrow \quad (s，白色晶形)$$

反应在 HAc 酸性、中性、碱性中进行。

Mg^{2+}、Sr^{2+}、Ba^{2+} 有干扰，但 MgC_2O_4 溶于醋酸，CaC_2O_4 不溶，Sr^{2+}、Ba^{2+} 在鉴定前应除去。

② GBHA 法（检出限量 $0.05\mu g$，最低浓度 $1\mu g \cdot g^{-1}$） 取 1～2 滴 Ca^{2+} 试液于一滤纸片上，加 1 滴 $6mol \cdot L^{-1}$ NaOH，1 滴 GBHA。若有 Ca^{2+} 存在时，有红色斑点产生，加 2 滴 Na_2CO_3 溶液不褪色，示有 Ca^{2+}。

乙二醛双缩 [2-羟基苯胺] 简称 GBHA，与 Ca^{2+} 在 pH=12～12.6 的溶液中生成红色螯合物沉淀：

Ba^{2+}、Sr^{2+} 在相同条件下生成橙色、红色沉淀，但加入 Na_2CO_3 后，形成碳酸盐沉淀，螯合物颜色变浅，而钙的螯合物颜色基本不变。

Cu^{2+}、Cd^{2+}、Co^{2+}、Ni^{2+}、Mn^{2+}、UO_2^{2+} 等也与试剂生成有色螯合物而干扰，当用氯仿萃取时，只有 Cd^{2+} 的产物和 Ca^{2+} 的产物一起被萃取。

4. 镁

镁半数存在于骨骼中，且调节许多重要生物学过程，虽然其机理目前尚不完全清楚。镁参与蛋白质的合成，参与多种酶的激活，又是复制脱氧核糖核酸（DNA）的必需元素。镁是叶绿素的重要成分，且在糖类代谢中起重要作用。植物结实过程也必须有镁的存在。

钙和镁虽同属碱土金属，又均为宏量元素，但在生物学中仍有较大差别。如在血浆和其他体液中，Ca^{2+} 浓度高，Mg^{2+} 浓度低，而在细胞内则相反。又如在蛋白质的生物合成中，Ca^{2+} 常常直接与酶分子结合，并引起其构象变化，可是 Mg^{2+} 只与底物作用而不与酶作用。Ca^{2+} 半径为 99pm 比 Mg^{2+} 半径 66pm 大得多，因此 Ca^{2+} 的电荷密度比 Mg^{2+} 的低得多，Ca^{2+} 的取代反应速率比 Mg^{2+} 快得多。这些酶分子等物质使 Ca^{2+} 能在活组织中迅速移动，在高等生物体内能发展为不同细胞间传递信号的触发器（如肌肉收缩等）。

(1) 碳酸盐 在一支试管中加入 2～3 滴 $0.1mol \cdot L^{-1}$ $MgCl_2$ 溶液，再加入一滴 $1mol \cdot L^{-1}$ Na_2CO_3 溶液，观察白色胶状的 $Mg_2(OH)_2CO_3$ 生成。再继续滴加 $1mol \cdot L^{-1}$ Na_2CO_3，由于生成 $[Mg(CO_3)_2]^{2-}$ 配离子，所以沉淀又重新溶解。

(2) Mg^{2+} 的鉴定

① 与镁试剂（Ⅰ）反应（检出限量 $0.5\mu g$，最低浓度 $10\mu g \cdot g^{-1}$） 取 2 滴 Mg^{2+} 试液，加 2 滴 $2mol \cdot L^{-1}$ NaOH 溶液，1 滴镁试剂（Ⅰ），沉淀呈天蓝色，示有 Mg^{2+}。

对硝基苯偶氮苯二酚结构如下：

俗称镁试剂（Ⅰ），在碱性环境下呈红色或红紫色，被 $Mg(OH)_2$ 吸附后则呈天蓝色。

反应必须在碱性溶液中进行，如 $[NH_4^+]$ 过大，由于它降低了 $[OH^-]$，因而妨碍 Mg^{2+} 的检出，故在鉴定前需加碱煮沸，以除去大量的 NH_4^+。

Ag^+、Hg_2^{2+}、Hg^{2+}、Cu^{2+}、Co^{2+}、Ni^{2+}、Mn^{2+}、Cr^{3+}、Fe^{3+} 及大量 Ca^{2+} 干扰反应，应预先除去。

② 磷酸铵镁沉淀法（检出限量 $30\mu g$，最低浓度 $10\mu g \cdot g^{-1}$） 取 4 滴 Mg^{2+} 试液，加 2 滴 $6mol \cdot L^{-1}$ 氨水，2 滴 $2mol \cdot L^{-1}$ $(NH_4)_2HPO_4$ 溶液，摩擦试管内壁，生成白色晶形 $MgNH_4PO_4 \cdot 6H_2O$ 沉淀，示有 Mg^{2+}：

$$Mg^{2+} + HPO_4^{2-} + NH_3 \cdot H_2O + 5H_2O \Longrightarrow MgNH_4PO_4 \cdot 6H_2O \downarrow$$

反应需在氨缓冲溶液中进行，要有高浓度的 PO_4^{3-} 和足够量的 NH_4^+。

反应的选择性较差，除本组外，其他组很多离子都可能产生干扰。

5. 宏量非金属元素

目前对于非金属元素的研究较少，因为它们不像金属元素那样易于作为中心离子去和生物配体发生作用，且对它们的分析工作也困难些，所以对它们的了解较少。但是应注意到我国患有各种地方病的病人约有六千万，这些地方病常和缺乏非金属元素有关，如克山病和大骨节病与环境低硒有关；流行的氟中毒是由饮水或食物中高氟所引起的；甲状腺肿是缺碘的缘故等。所以结合国内地方病的防治，对硒、氟、碘、砷以及磷酸盐、硝酸盐、亚硝酸盐和偏硅酸盐等阴离子开展研究，弄清它们在生物体内的存在形式和生物功能，实属必要。下面仅对部分宏量非金属元素从无机化学角度进行实验。

（1）碳

① 二氧化碳在水中和碱液中的溶解 取一试管，口朝上，用排气集气法收集满二氧化碳，用大拇指按住管口，将管放在烧杯内的水中，松开拇指，观察水面上升情况，然后用滴管吸取 $1mL$ $6mol \cdot L^{-1}$ NaOH 溶液，将它插入橡皮管内，打开止水夹，轻轻挤压滴管的胶头，使碱液逐滴滴下，再观察液面上升情况。解释现象。

② 碳酸根和碳酸氢根之间的转化 在新配的透明石灰水中通入 CO_2，观察沉淀的生成，再继续通入 CO_2，有何变化？解释所看到的现象。把溶液分成两份，进行下面的实验。

在一份上述溶液中加入 $Ca(OH)_2$ 溶液，有何现象发生？

加热另一份上述溶液，有何变化？

根据实验结果，总结 CO_3^{2-} 和 HCO_3^- 之间的相互转化条件。

③ 碳酸盐的水解 实验 $0.1mol \cdot L^{-1}$ Na_2CO_3 溶液和 $0.1mol \cdot L^{-1}$ $NaHCO_3$ 溶液的 pH 值。

④ 鉴定反应 如图 5-11 装配仪器，调节抽水泵，使气泡能一个一个地进入 NaOH 溶液（每秒钟 2~3 个气泡）。分开乙管上与水泵连接的橡皮管，取 5 滴 CO_3^{2-} 试液、10 滴水放入甲管，并加入 1 滴 3‰ H_2O_2 溶液，1 滴 $3mol \cdot L^{-1}$ H_2SO_4。乙管中装入约 $1/4$ $Ba(OH)_2$ 饱和溶液，迅速把塞子塞紧，把乙管与抽水泵连接起来，使甲管中产生的 CO_2 随空气通入乙管与 $Ba(OH)_2$ 作用，如 $Ba(OH)_2$ 溶液混浊，示有 CO_3^{2-}。

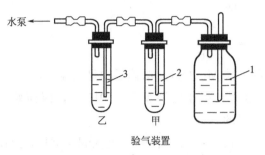

图 5-11 CO_3^{2-} 鉴定装置
1—NaOH 溶液；2—试液；3—Ba(OH)₂ 溶液

当过量的 CO_2 存在时，$BaCO_3$ 沉淀可能转化为可溶性的酸式碳酸盐。

$Ba(OH)_2$ 极易吸收空气中的 CO_2 而变混浊，故须用澄清溶液，迅速操作，得到较浓厚的沉淀方可判断 CO_3^{2-} 存在，初学者可做空白实验对照。

SO_3^{2-}、$S_2O_3^{2-}$ 妨碍鉴定，可预先加入 H_2O_2 或 $KMnO_4$ 等氧化剂，使 SO_3^{2-}、$S_2O_3^{2-}$ 氧化成 SO_4^{2-}，再鉴定。

(2) 氮

① 铵盐的性质　在水中溶解的热效应：在试管中加入 2mL 水，用温度计测量水的温度，然后加入 2g 固体 NH_4NO_3，用玻璃棒轻轻地搅动溶液，再插入温度计，注意观察溶液温度的变化，并加以解释。

② 亚硝酸的生成及性质

a. 亚硝酸的生成和分解。把盛有约 1mL 饱和 $NaNO_2$ 溶液的试管于冰水中冷却，然后加入约 1mL 3mol·L^{-1} H_2SO_4 溶液，混合均匀，观察有浅蓝色亚硝酸溶液生成。将试管自冰水中取出并放置一段时间，观察亚硝酸在室温下的迅速分解，注意观察溶液和液面上气体的颜色变化（气体一经逸出液面即呈红棕色，且至管口红棕色略有加深）。

$$2HNO_2 \xrightleftharpoons[冷]{热} H_2O + N_2O_3 \xrightleftharpoons[冷]{热} H_2O + NO + NO_2$$

b. 亚硝酸的氧化还原性。

(a) 亚硝酸的氧化性　取 0.5mL 0.1mol·L^{-1} KI 溶液于小试管中，加入几滴 1mol·L^{-1} H_2SO_4 使它酸化，然后逐渐加入 0.1mol·L^{-1} $NaNO_2$ 溶液，观察 I_2 的生成。此时 NO_2^- 还原为 NO，写出反应式。

(b) 亚硝酸的还原性　取 0.5mL 0.1mol·L^{-1} $KMnO_4$ 溶液于小试管中，加入几滴 1mol·L^{-1} H_2SO_4 使它酸化，然后加入 $NaNO_2$ 观察现象，写出反应式。

③ 硝酸和硝酸盐

a. 硝酸的氧化性。浓硝酸与非金属的反应：在一支试管中加入少许硫黄粉。加入 1mL 浓 HNO_3，水浴加热片刻（在通风橱内进行，或在附近），冷却后，取少许反应后的硝酸液，用 $BaCl_2$ 检查有无 SO_4^{2-} 生成，写出反应式。

浓硝酸与金属的反应：取一小块铜片放入试管中，滴加浓 HNO_3，注意观察放出的气体和溶液颜色。写出反应式。

稀硝酸与金属的反应：取一小块铜片放入试管中，加入稀 HNO_3，在水浴中微热，与前一实验比较，观察两者有何不同。

另取一小块锌片加入 1mol·L^{-1} HNO_3，放置几分钟，取出少许反应后的硝酸溶液，检查有无 NH_4^+（还原产物）生成。如何检验？写出反应式。

b. 硝化反应。在蛋白质分子中，具有芳香环的氨基酸（如酪氨酸，色氨酸等）残基上的苯环经硝酸作用可生成黄色的硝基化合物，在碱性条件下生成物可转变为橘黄色的硝醌衍生物，反应为：

⟨⟩—OH + HNO_3 ⟶ HO—⟨⟩—NO_2 + H_2O

$$HO-\text{C}_6\text{H}_4-NO_2 + NaOH \longrightarrow O=\text{C}_6\text{H}_4=N(OH)_2$$

多数蛋白质分子含有带苯环的氨基酸,所以都会发生黄色反应。苯丙氨酸不易硝化,需加少量浓硫酸后才能够发生黄色反应。

取 1% 石炭酸溶液约 1mL 放在试管内,加浓硝酸 5 滴,用微火小心加热,观察结果。

取干燥洁净试管 1 支,加蛋白质样液 1mL 和浓硝酸 5 滴,出现沉淀,加热,不必至沸腾,则沉淀变成黄色,待试管冷却后,向两管中各加 20% NaOH 溶液使呈碱性,观察颜色变化,记录结果并解释现象。

c. 硝酸盐的热分解。在干燥的小试管中加入少量固体 KNO_3,用喷灯灼烧至 KNO_3 熔化分解,用火柴棍试验放出的气体,KNO_3 分解的反应式为:

$$2KNO_3 = 2KNO_2 + O_2$$

用固体 $Cu(NO_3)_2$ 和 $AgNO_3$ 做同样的实验。$Cu(NO_3)_2$ 分解产物为 CuO、NO_2 和 O_2,而 $AgNO_3$ 则为 Ag、NO_2 和 O_2。

④ 鉴定反应

a. 铵离子的检验。

(a) 气室法(检出限量 $0.05\mu g$,最低浓度 $1\mu g \cdot g^{-1}$)。用干燥、洁净的表面皿两块(一大、一小),在大的一块表面皿中心放 3 滴 NH_4^+ 试液,再加 3 滴 $6mol \cdot L^{-1} NaOH$ 溶液,混合均匀。在小的一块表面皿中心黏附一小条潮湿的酚酞试纸(pH 试纸或红色石蕊试纸),盖在大的表面皿上做成气室。将此气室放在水浴上微热 2min,酚酞试纸变红,示有 NH_4^+(这是 NH_4^+ 的特征反应)。

(b) 奈斯勒试剂反应(检出限量 $0.05\mu g$,最低浓度 $1\mu g \cdot g^{-1}$)。取 1 滴 NH_4^+ 试液,放在白滴板的圆孔中,加 2 滴奈氏试剂($K_2[HgI_4]$ 的 NaOH 溶液),生成红棕色沉淀,示有 NH_4^+。

反应式:

$$NH_4^+ + 2[HgI_4]^{2-} + 4OH^- = \left[\begin{array}{c} Hg \\ O \quad NH_2 \\ Hg \end{array}\right] I \downarrow (\text{红棕色}) + 7I^- + 3H_2O$$

NH_4^+ 浓度低时,没有沉淀产生,但溶液呈黄色或棕色。

Fe^{3+}、Co^{2+}、Ni^{2+}、Ag^+、Cr^{3+} 等存在时,与试剂中的 NaOH 生成有色沉淀而干扰,必须预先除去。

大量 S^{2-} 的存在,使 $[HgI_4]^{2-}$ 分解析出 HgS。大量 I^- 存在使反应向左进行,沉淀溶解。

b. NO_2^-(检出限量 $0.01\mu g$,最低浓度 $0.2\mu g \cdot g^{-1}$)。取 1 滴 NO_2^- 试液,加 $6mol \cdot L^{-1} HAc$ 酸化,加 1 滴对氨基苯磺酸,1 滴 α-萘胺,溶液显红紫色,示有 NO_2^-。

$$HNO_2 + \text{C}_{10}\text{H}_7\text{-}NH_2 + H_2N\text{-}\text{C}_6\text{H}_4\text{-}SO_3H \longrightarrow H_2N\text{-}\text{C}_{10}\text{H}_6\text{-}N=N\text{-}\text{C}_6\text{H}_4\text{-}SO_3H + 2H_2O$$

反应的灵敏度高,选择性好。

NO_2^- 浓度大时,红紫色很快褪去,生成褐色沉淀或黄色溶液。

c. NO_3^-。当 NO_2^- 不存在时,取 3 滴 NO_3^- 试液,用 $6mol \cdot L^{-1} HAc$ 酸化,再多加 2 滴,

加少许镁片搅动，NO_3^- 被还原为 NO_2^-，取 2 滴上层溶液，按照 NO_2^- 的鉴定方法进行鉴定。

当 NO_2^- 存在时，在 $12mol·L^{-1}$ H_2SO_4 溶液中加入 α-萘胺，生成淡红紫色化合物，示有 NO_3^-。

d. NO_3^- 鉴定反应——棕色环的形成（检出限量 $2.5\mu g$，最低浓度 $40\mu g·g^{-1}$）。在小试管中滴加 10 滴饱和 $FeSO_4$ 溶液，5 滴 NO_3^- 试液，然后斜持试管，沿着管壁慢慢滴加浓 H_2SO_4，由于浓 H_2SO_4 密度比水大，沉到试管下面形成两层，在两层液体接触处（界面）有一棕色环[配合物 $Fe(NO)SO_4$ 的颜色]，示有 NO_3^-：

$$3Fe^{2+} + NO_3^- + 4H^+ = 3Fe^{3+} + NO + H_2O$$

$$Fe^{2+} + NO + SO_4^{2-} = Fe(NO)SO_4$$

NO_2^-、Br^-、I^-、CrO_4^{2-} 有干扰，Br^-、I^- 可用 AgAc 除去，CrO_4^{2-} 用 $Ba(Ac)_2$ 除去，NO_2^- 用尿素除去：

$$2NO_2^- + CO(NH_2)_2 + 2H^+ = CO_2\uparrow + 2N_2\uparrow + 3H_2O$$

(3) 磷

① 正磷酸盐的性质 用 pH 试纸分别试验 $0.1mol·L^{-1}$ 的 Na_3PO_4、Na_2HPO_4 和 NaH_2PO_4 溶液的酸碱性，然后分别取此三种溶液各 10 滴加入三支试管中，各加入 10 滴 $AgNO_3$ 溶液，观察黄色磷酸银沉淀的生成，再分别用 pH 试纸检查它们的酸碱性，前后对比有何变化？试加以解释。

另取 $0.1mol·L^{-1}$ 的 Na_3PO_4、Na_2HPO_4 和 NaH_2PO_4 溶液于试管中，各加入 $0.1mol·L^{-1}$ 的 $CaCl_2$ 溶液，观察有无沉淀产生？加入氨水后各有何变化？再分别加入 $2mol·L^{-1}$ 的 HCl 后，又有何变化？除碱金属和铵盐外，其他金属离子只有与 $H_2PO_4^-$ 生成的盐是可溶的，其余都不溶。

② PO_4^{3-} 的鉴定

a. 取 3 滴 PO_4^{3-} 试液，加氨水至呈碱性，加入过量镁铵试剂，如果没有立即生成沉淀，用玻璃棒摩擦器壁，放置片刻，析出白色晶状沉淀 $MgNH_4PO_4$，示有 PO_4^{3-}。

在 $NH_3·H_2O-NH_4Cl$ 缓冲溶液中进行，沉淀能溶于酸，但碱性太强，可能生成 $Mg(OH)_2$ 沉淀。

AsO_4^{3-} 生成相似的沉淀（$MgNH_4AsO_4$），浓度不太大时不生成。

b. 磷钼酸铵沉淀法（检出限量 $3\mu g$，最低浓度 $40\mu g·g^{-1}$）。取 2 滴 PO_4^{3-} 试液，加入 8~10 滴钼酸铵试剂，用玻璃棒摩擦器壁，黄色磷钼酸铵生成，示有 PO_4^{3-}。

$$PO_4^{3-} + 3NH_4^+ + 12MoO_4^{2-} + 24H^+ = (NH_4)_3PO_4·12MoO_3·6H_2O\downarrow + 6H_2O$$

或 $$PO_4^{3-} + 3NH_4^+ + 12MoO_4^{2-} + 24H^+ = (NH_4)_3[P(Mo_3O_{10})_4]\downarrow(黄色) + 12H_2O$$

沉淀溶于过量磷酸盐生成配阴离子，需加入过量试剂，沉淀溶于碱及氨水中。

还原剂的存在使 $Mo(Ⅵ)$ 还原成"钼蓝"而使溶液呈深蓝色。大量 Cl^- 存在会降低灵敏度，可先将试液与浓 HNO_3 一起蒸发。除去过量 Cl^- 和还原剂。

AsO_4^{3-} 有类似的反应。SiO_3^{2-} 也与试剂形成黄色的硅钼酸，加酒石酸可消除干扰。

与 $P_2O_7^{4-}$、PO_3^- 的冷溶液无反应，煮沸时由于 PO_4^{3-} 的生成而生成黄色沉淀。

(4) 硫

① 硫化氢和硫化物

a. 硫化氢水溶液的酸性。用 pH 试纸检验硫化氢水溶液的酸碱性，写出硫化氢在水溶液中的电离式。

b. 硫化氢的还原性。在两支试管中，分别盛放 3～4 滴 0.1mol·L^{-1} KMnO$_4$ 和 K$_2$Cr$_2$O$_7$ 溶液，用稀硫酸酸化，分别滴加硫化氢水溶液，观察溶液颜色的变化和白色硫的析出，写出反应式。

c. 难溶硫化物的生成和溶解。往四支分别盛有 0.1mol·L^{-1} ZnSO$_4$、CdSO$_4$、CuSO$_4$、Hg(NO$_3$)$_2$ 溶液的离心试管中各加入 1mL 硫化氢水溶液，观察产生沉淀的颜色。写出反应式。分别将沉淀离心分离，弃去溶液。

往 ZnS 沉淀中加入 1mL 1mol·L^{-1} HCl，沉淀是否溶解？再加入 1mL 2mol·L^{-1} NH$_3$·H$_2$O 以中和 HCl，观察 ZnS 沉淀能否重新产生，写出反应式。

往 CdS 沉淀中加入 1mL 1mol·L^{-1} HCl，沉淀是否溶解？如不溶解，离心分离，弃去溶液，用玻璃棒取少量沉淀放在试管中，再加入 1mL 6mol·L^{-1} HCl，再观察沉淀是否溶解？写出反应式。

往 CuS 沉淀中加入 6mol·L^{-1} HCl，沉淀是否溶解？如不溶解，离心分离，弃去溶液，取少量加入 6mol·L^{-1} HNO$_3$，并在水浴中加热，沉淀能否溶解？写出反应式。

用蒸馏水把 HgS 沉淀洗净，离心，弃去清液，取少量沉淀于另一试管中，加入 0.5mL 浓 HNO$_3$，沉淀是否溶解？如不溶解再加三倍于浓 HNO$_3$ 体积的浓盐酸，并搅拌，观察有何变化？

其反应式为：$3HgS + 2HNO_3 + 12Cl^- + 6H^+ \Longrightarrow 3HgCl_4^{2-} + 3S \downarrow + 2NO + 4H_2O$

比较四种金属硫化物与酸反应的情况，并加以解释。

② 二氧化硫的氧化还原性　往盛有 2mL H$_2$S 水溶液的试管中通入 SO$_2$ 气体（或 SO$_2$ 水溶液）时，溶液便出现混浊，有硫沉淀下来，写出反应式。

在试管中加入 3～5 滴 0.1mol·L^{-1} KMnO$_4$ 和 1mL 稀硫酸，通入 SO$_2$ 气体（或 SO$_2$ 水溶液），观察紫红色的消失。反应式为：

$$2MnO_4^- + 5SO_2 + 2H_2O \Longrightarrow 2Mn^{2+} + 5SO_4^{2-} + 4H^+$$

③ 过硫酸钾的氧化性　把 3mL 1mol·L^{-1} H$_2$SO$_4$、5mL 蒸馏水和 2～3 滴 0.002mol·L^{-1} MnSO$_4$ 溶液混合均匀后，分成两份。

在第一份中加入一滴 0.1mol·L^{-1} AgNO$_3$ 溶液和少量 K$_2$S$_2$O$_8$ 固体，水浴加热，观察溶液的颜色有何变化。

在另一份中只加少量的 K$_2$S$_2$O$_8$ 固体，水浴加热，观察溶液的颜色有何变化，比较实验 ①②的反应情况有何不同。

过硫酸钾是强氧化剂，在酸性介质中可使 Mn^{2+} 氧化为 MnO$_4^-$，但反应速率较慢，如加入催化剂（如 Ag$^+$），则反应速率大大加快，反应式为：

$$2Mn^{2+} + 5S_2O_8^{2-} + 8H_2O \xrightarrow{Ag^+} 2MnO_4^- + 10SO_4^{2-} + 16H^+$$

往盛有 0.5mL 0.1mol·L^{-1} KI 溶液和 0.5mL 1mol·L^{-1} H$_2$SO$_4$ 的试管中加入少量的 K$_2$S$_2$O$_8$ 固体，观察溶液颜色的变化，写出反应式。

④ 鉴定反应

a. SO_4^{2-}。试液用 6mol·L^{-1} HCl 酸化，加 2 滴 0.1mol·L^{-1} BaCl$_2$ 溶液，白色沉淀析出，示有 SO_4^{2-}。

b. SO_3^{2-}（检出限量 $3.5\mu g$，最低浓度 $71\mu g \cdot g^{-1}$）。取 1 滴 $ZnSO_4$ 饱和溶液，加 1 滴 $K_4[Fe(CN)_6]$ 于白滴板中，即有白色 $Zn_2[Fe(CN)_6]$ 沉淀产生，继续加入 1 滴 $Na_2[Fe(CN)_5NO]$，1 滴 SO_3^{2-} 试液（中性），则白色沉淀转化为红色 $Zn_2[Fe(CN)_5NOSO_3]$ 沉淀，示有 SO_3^{2-}。

酸能使沉淀消失，故酸性溶液必须以氨水中和。S^{2-} 有干扰，必须除去。

c. $S_2O_3^{2-}$（检出限量 $10\mu g$，最低浓度 $200\mu g \cdot g^{-1}$）。取 2 滴试液，加 2 滴 $2mol \cdot L^{-1}$ HCl 溶液，加热，白色混浊出现，示有 $S_2O_3^{2-}$。

d. $S_2O_3^{2-}$（检出限量 $2.5\mu g$，最低浓度 $25\mu g \cdot g^{-1}$）。取 3 滴 $S_2O_3^{2-}$ 试液，加 3 滴 $0.1mol \cdot L^{-1}$ $AgNO_3$ 溶液，摇动，白色沉淀迅速变黄、变棕、变黑，示有 $S_2O_3^{2-}$：

$$2Ag^+ + S_2O_3^{2-} \rightleftharpoons Ag_2S_2O_3 \downarrow \qquad Ag_2S_2O_3 + H_2O \rightleftharpoons H_2SO_4 + Ag_2S \downarrow$$

S^{2-} 有干扰。$Ag_2S_2O_3$ 溶于过量的硫代硫酸盐中。

e. S^{2-}（检出限量 $50\mu g$，最低浓度 $500\mu g \cdot g^{-1}$）。取 3 滴 S^{2-} 试液，加稀 H_2SO_4 酸化，用 $Pb(Ac)_2$ 试纸检验放出的气体，试纸变黑，示有 S^{2-}。

f. S^{2-}（检出限量 $1\mu g$，最低浓度 $20\mu g \cdot g^{-1}$）。取 1 滴 S^{2-} 试液，放在白滴板上，加 1 滴 $Na_2[Fe(CN)_5NO]$ 试剂，溶液变紫色 $Na_4[Fe(CN)_5NOS]$，示有 S^{2-}。

在酸性溶液中，$S^{2-} \rightarrow HS^-$ 而不产生颜色，加碱则颜色出现。

⑤ 鉴别实验　现有五种溶液：Na_2S，$NaHSO_3$，Na_2SO_4，$Na_2S_2O_3$，$K_2S_2O_8$，试设法通过实验鉴别。

(5) 氯

① 氯的氧化性　在一支小试管中加入 3 滴 $0.1mol \cdot L^{-1}$ KBr 溶液，5 滴 CCl_4，再滴加氯水，边滴边振荡，观察 CCl_4 层呈现橙黄色或橙红色（Br_2 溶于苯或 CCl_4 中，浓度小时呈橙黄色，浓度大时呈橙红色）。

在一支小试管中加入 3 滴 $0.1mol \cdot L^{-1}$ KI 溶液，5 滴 CCl_4，再滴加氯水，边滴边振荡，观察 CCl_4 层呈现紫红色（I_2 溶于苯或 CCl_4 中呈紫红色，溶于水中呈红棕色或黄棕色）。

在一支小试管中加入 3 滴 $0.1mol \cdot L^{-1}$ KI 溶液，5 滴 CCl_4，再滴加溴水，边滴边振荡，观察 CCl_4 层的颜色。

根据以上实验结果，比较卤素氧化性的相对大小。写出有关的反应式。

② 次氯酸的氧化性

a. 与浓盐酸溶液反应。取 NaClO 溶液约 0.5mL，加入浓盐酸约 0.5mL，观察氯气的产生，写出反应式。

b. 与 $MnSO_4$ 溶液的反应。取 NaClO 溶液约 1mL，加入 4～5 滴 $0.1mol \cdot L^{-1}$ $MnSO_4$ 溶液，观察棕色 MnO_2 沉淀生成，写出反应式。

c. 与 KI 溶液的反应。取约 0.5mL $0.1mol \cdot L^{-1}$ KI 溶液，慢慢滴加 NaClO 溶液，观察 I_2 的生成。写出反应式。

d. 坂口反应。蛋白质在碱性溶液中与次氯酸盐（或次溴酸盐）和 α-萘酚作用产生红色的产物。这是蛋白质分子中精氨酸胍基的特征反应。许多胍的衍生物如胍乙酸、胍基丁胺等也发生此反应。精氨酸是唯一呈正反应的氨基酸，反应灵敏度达 1:250000。反应方程式为：

生成的氨可被次氯酸钠氧化生成氮。在次氯酸钠缓慢作用下，有色物质继续氧化，引起颜色消失，因此过量的次氯酸钠对反应不利。加入浓尿素，破坏过量的次氯酸钠，能增加颜色的稳定性。此反应可以用来定性鉴定含有精氨酸的蛋白质和定量测定精氨酸的含量。

于试管中加入蛋白质溶液（鸡蛋清用蒸馏水稀释10倍，通过2～3层纱布滤去不溶物）1mL，再加10% NaOH溶液0.5mL，0.2% α-萘酚2滴，混合后再加次氯酸钠溶液2滴，观察现象。

取0.01%精氨酸溶液1mL，按上述操作观察现象。

③ 氯酸钾的氧化性

a. 与浓盐酸溶液的反应。取少量$KClO_3$晶体，加入约1mL浓盐酸溶液，观察产生的气体的颜色，反应式为：

$$8KClO_3 + 24HCl = 9Cl_2\uparrow + 8KCl + 6ClO_2\uparrow(黄) + 12H_2O$$

b. 与KI溶液分别在酸性和中性介质中的反应。取少量晶体$KClO_3$加入约1mL水使之溶解，再加入几滴$0.1mol·L^{-1}$ KI溶液和0.5mL CCl_4摇动试管，观察水溶液层或CCl_4层颜色有何变化。再加入1mL $3mol·L^{-1}$ H_2SO_4，摇动试管，再观察有何变化（在中性介质中$KClO_3$不能氧化KI，在强酸性介质中$KClO_3$可将KI氧化而生成I_2）。写出反应式。

④ 氯离子的还原性　往盛有少量NaCl固体的试管（用试管夹夹住）中加入0.5mL浓硫酸，观察反应产物的颜色和状态。把湿的碘化钾-淀粉试纸放在管口以检验气体产物。然后再用玻璃棒蘸些浓$NH_3·H_2O$移进管口，有何现象？写出反应式。

往盛有少量NaCl和MnO_2固体混合物的试管中加入1mL浓H_2SO_4，稍稍加热，观察现象。从气体的颜色和气味来判断反应产物。写出反应方程式。

⑤ 氯离子的鉴定反应　取2滴Cl^-试液，加$6mol·L^{-1}$ HNO_3酸化，加$0.1mol·L^{-1}$ $AgNO_3$至沉淀完全，离心分离。在沉淀上加5～8滴银氨溶液（临时配制，切不可久置），搅动，加热，沉淀溶解，再加$6mol·L^{-1}$ HNO_3酸化，白色沉淀重又出现，示有Cl^-。

(6) 硅　在哺乳动物的高等有机体中，硅是正常生长和骨骼钙化所不可缺少的。硅在人的主动脉壁内含量较高，主要存在于胶原和弹性蛋白中，其在主动脉壁内的含量随年龄增长而减少。硅的缺乏和动脉粥样硬化相伴随，补硅可使实验动物动脉粥样硬化恢复正常。鸟的羽毛和动物毛发、皮肤以及原生动物（有孔虫目）、硅藻类、地衣、稻谷、小米、大麦、竹、芦苇、落叶松和棕榈中都含有硅化合物。硅对于甘蔗的生长有明显的增产和增糖作用。在烟草烟尘中发现挥发性有机硅化合物。植物中有特殊酶，能把无机硅转化为有机硅化合物。硅在人和动物组织中有三种主要存在形式：能透过细胞壁的水溶性H_4SiO_4及其离子；不溶性硅聚合物如多硅酸、原硅酸酯等；含有Si—O—C基团，可溶于有机溶剂的有机硅化合物。

① 硅酸盐的水解　pH试纸检查20%水玻璃（硅酸钠）溶液的酸碱性。然后取1mL溶

液与2mL饱和NH_4Cl溶液混合,有何气体产生?将湿的pH试纸放在试管口,检查气体的酸碱性。反应式为:

$$SiO_3^{2-} + 2NH_4^+ \rightleftharpoons H_2SiO_3\downarrow + 2NH_3\uparrow$$

② 水玻璃溶液与二氧化碳的反应 往盛有3mL 20%水玻璃溶液的容器中通入CO_2气体,静置片刻,观察硅酸凝胶的生成。写出反应式。

③ 水玻璃溶液与盐酸的反应 取2mL 20%水玻璃溶液,滴加6mol·L^{-1} HCl(不可多加,一般3~4滴即可),观察现象,若不生成凝胶,可微微加热。写出反应式。

④ 难溶性硅酸盐的生成——"水中花园" 在一个50mL烧杯中加入约2/3体积的20%水玻璃,然后把固体$CaCl_2$、$CuSO_4$、$Co(NO_3)_2$、$NiSO_4$、$ZnSO_4$和$Fe_2(SO_4)_3$各一小粒投入烧杯内(注意:不要把不同的固体混在一起,并记住它们的位置),放置1~2h后,观察到什么现象?

实验完毕,倒出水玻璃(回收)并随即洗净烧杯。

五、操作要点

① 要特别注意鉴定反应进行的条件(反应物的浓度、溶液的酸碱性、反应的温度、介质等)及干扰离子。

② 可对样品进行空白实验(用蒸馏水代替样品,以相同的方法进行离子鉴定)和对照实验(用已知试液代替样品,以相同的方法进行离子鉴定)。

六、注意事项

① 氯气有毒和刺激性,吸入人体会刺激喉管,引起咳嗽和喘息,进行有关氯气的实验,必须在通风橱中操作。闻氯气时,不能直接对着管口或瓶口。

② 溴蒸气对气管、肺部、眼、鼻、喉都有强烈的刺激作用,进行有关溴的实验,应在通风橱内操作,不慎吸入溴蒸气时,可吸入少量氨气和新鲜空气解毒。

③ 氯酸钾是强氧化剂,保存不当时容易爆炸,它与硫、磷的混合物是炸药,绝对不允许把它们混在一起,氯酸钾容易分解,不宜进行大力研磨、烘干或烤干,如果要烘干,温度一定要严格控制,不能过高。进行有关氯酸钾的实验时,剩下的应放入专用的回收瓶内。

七、问题讨论

① 为了鉴定Mg^{2+}某学生进行如下实验:植物灰用较浓的HCl浸溶后,过滤。滤液用$NH_3·H_2O$中和至pH值为7,过滤。在所得的滤液中加几滴NaOH溶液和镁试剂Ⅰ,发现得不到蓝色沉淀。试解释实验失败的原因。

② 何谓坂口反应?

实验二十一 生命相关元素(二) 微量元素

生物体内的微量元素可分为必需和非必需两类。必需微量元素是保证生物体健康所必不可少的元素,但没有它们,生命也能在不健康的情况下继续生存。正如有人缺乏某种维生素后,虽然不健康,但也能活着。当然必需微量元素比维生素更重要,因为维生素能在体内合成,而微量元素是不能合成的。微量元素在生命化学中起了如同汽车发动机的火花塞的作用。它们在食物的消化、能量交换和活组织生长中都是不可缺少的。

随着科学技术的发展和检测手段的进步,必需微量元素的发现是逐年增加的。现在认为人体必需微量元素有下列15种:钒、铬、锰、铁、钴、镍、铜、锌、钼、锡、砷、硒、氟、碘和锶。对植物而言,硼也是必需的微量元素。

在现在认为的 15 种必需微量元素中，有 11 种是金属元素，而且绝大多数是过渡金属元素。过渡金属元素的离子半径小，有空的 d 轨道，故有强配位能力，能和氨基酸、蛋白质或其他生物配体生成生物配位化合物，并且因配体不同和配位环境差异，配位数可以不同，有可变的空间几何构型，这些都是微量金属元素能在生命化学中扮演重要角色的原因。

人体的必需微量元素还有一定的适宜浓度范围，超过或低于这个范围都会引起疾病。

必需微量金属元素及其生物配合物的生理功能，主要有下列几个方面。

① 含微量金属的金属蛋白在生理过程中的作用。

人和高等动物的血红蛋白是氧的输送体，血红蛋白中心是 Fe^{2+}。有些金属蛋白承担金属离子本身的储藏和输送，如铁蛋白用于储藏铁；铁传递蛋白用于输送铁；血浆铜蓝蛋白用于调节组织中铜含量等。而铁硫蛋白还是体内重要的电子传递体。

② 金属离子在金属酶中起活性中心的作用。

多种金属蛋白是含金属的酶，称为金属酶。它是一类生物催化剂。在生物体内已知的上千种酶之中，约有 1/4 的酶和金属有关。其中分为金属酶（金属离子与蛋白质牢固结合）和金属激活酶（金属离子与蛋白质较弱结合）两类。

金属酶的金属离子常常是活性中心的组成部分，如羧肽酶能催化肽和蛋白质分子羧端氨基酸的水解，碳酸酐酶能催化体内代谢产生的二氧化碳水合反应，这两种酶都是锌酶。还有许多氧化还原酶含铜、钼、钴等可变价态的微量元素，如固氮酶含铁和钼，在生物体中能催化氮合成氨。

③ 金属离子可参与调节体内正常生理功能。

金属离子是生物体若干激素和维生素的组成部分，它们参与调节体内正常生理功能。如含锌的胰岛素是降低血糖水平和刺激葡萄糖利用的一种蛋白质激素，它参与蛋白质及脂类的代谢。含钴的维生素 B_{12} 对机体的正常生长和营养、细胞及红细胞的生成以及神经系统的功能有重要作用。

④ 金属离子参与氧化还原过程。

微量过渡金属元素具有多种价态，能起电子的传递和授受作用，这些金属能催化或参与氧化还原反应。如细胞色素 c 内的血红素基的 Fe^{2+}，它与蛋白链上两个氨基酸残基相连，无载氧能力，却是重要的电子传递体。又如牛超氧化物歧化酶，属 II 型铜蛋白，每个酶分子含两个 Cu^{2+} 和两个 Zn^{2+}，其生物功能是催化超氧化物歧化为 O_2 和 H_2O_2。

本实验仅从无机化学角度对必需微量元素的性质与定性鉴定进行实验。

一、预习要点

① 微量元素的性质与定性鉴定方法。

② 定性分析基本操作。

二、目的要求

① 了解微量元素的基本性质和生物学功能。

② 掌握常见微量元素的定性鉴定方法。

三、实验用品

酸：H_2SO_4（浓，$1 mol \cdot L^{-1}$，$3 mol \cdot L^{-1}$），HCl（浓，$2 mol \cdot L^{-1}$），氢碘酸（浓），HNO_3（$2 mol \cdot L^{-1}$），HAc（$2 mol \cdot L^{-1}$，$6 mol \cdot L^{-1}$，50%），H_2S 水溶液，硼酸（固）。

碱：NaOH（40%，$2 mol \cdot L^{-1}$，$6 mol \cdot L^{-1}$），$NH_3 \cdot H_2O$（$2 mol \cdot L^{-1}$，浓），吡啶（C_5H_5N）。

固体盐：$(NH_2)Fe(SO_4)_2 \cdot 6H_2O$，$NH_4Cl$，$NH_4VO_3$，$KCl$，$KI$，$KMnO_4$，$NaBiO_3$，$CaF_2$。

盐溶液：$(NH_4)_2Hg(SCN)_4$ 溶液，NH_4SCN（$0.1mol \cdot L^{-1}$，浓），$(NH)_2Fe(SO_4)_2 \cdot 6H_2O$（液），$NH_4F$（$1mol \cdot L^{-1}$），$NH_4Cl$（饱和），$CuCl_2$（$0.5mol \cdot L^{-1}$），$KNO_2$ 溶液，$KSCN$ 溶液，Na_2SO_3 溶液，$Na_2S_2O_3$（$0.1mol \cdot L^{-1}$，5%），Na_2S（$0.1mol \cdot L^{-1}$，$1mol \cdot L^{-1}$），$NaNO_2$（$0.1mol \cdot L^{-1}$，$0.5mol \cdot L^{-1}$），$AgNO_3$（$0.1mol \cdot L^{-1}$，3%），$FeCl_3$ 溶液，$BaCl_2$（$0.1mol \cdot L^{-1}$，$0.5mol \cdot L^{-1}$），$MnSO_4$（$0.01mol \cdot L^{-1}$，$0.1mol \cdot L^{-1}$），$Bi(NO_3)_3$ 溶液，$SrCl_2$（$0.5mol \cdot L^{-1}$，$1mol \cdot L^{-1}$），硼砂（饱和），$CuSO_4$（5%，$0.1mol \cdot L^{-1}$），$K_2Cr_2O_7$（$0.1mol \cdot L^{-1}$，饱和）。

$0.1mol \cdot L^{-1}$ 盐溶液：多硫化铵，$ZnSO_4$，KI，KIO_3，$KCr(SO_4)_2$，K_2CrO_4，$KMnO_4$，$Pb(NO_3)_2$，$SnCl_2$，$Hg(NO_3)_2$，$HgCl_2$，Na_3AsO_4，$NaHSO_3$，$CoCl_2$。

试液：Zn^{2+} 试液，Cu^{2+} 试液，Fe^{3+} 试液，Fe^{2+} 试液，MoO_4^{2-} 试液，Co^{2+} 试液，Cr^{3+} 试液，Mn^{2+} 试液，硒试液，Ni^{2+} 试液，Sn^{4+} 试液，Sn^{2+} 试液，F^- 试液，I^- 试液。

其他：H_2O_2（3%，30%），葡萄糖（10%），铜屑，蛋白质溶液，$K_4[Fe(CN)_6]$ 溶液，$K_3[Fe(CN)_6]$ 溶液，氯仿，氯水，溴水，碘水，KI-淀粉试纸，醋酸铅试纸，CCl_4，Fe 屑，Cu 片，$2.5g \cdot L^{-1}$ 的邻菲咯啉，乙基黄原酸钾 $SC(SK)OC_2H_5$（固），戊醇，钴试剂（α-亚硝基-β-萘酚），冰块，乙醇，乙醚，戊醇，MnO_2（固），锌粒，丁二酮肟，镁片，As_2O_3（固），石蜡，茜素锆试纸，淀粉溶液，甘油，蒸发皿，水浴，玻片，离心机。

四、实验步骤

1. 锌

锌是构成多种蛋白质分子的必需元素。已发现的锌酶有数百种，它们参与糖类、脂类、蛋白质和核酸的合成与降解等代谢过程。人体内含锌量为 1.4～2.4g，人和动物精液中锌的质量分数为 2×10^{-3}，眼球视觉部分达 4×10^{-2}。锌的生物配合物是良好的缓冲剂，可调节机体的 pH。锌能影响细胞分裂、生长和再生，对儿童有重要的营养功能，缺锌影响发育、智力和食欲。侏儒症也和缺锌有关。

（1）锌的氢氧化物的生成和性质 在 $0.1mol \cdot L^{-1}$ $ZnSO_4$ 溶液中，逐滴加入 $2mol \cdot L^{-1}$ NaOH 溶液，观察 $Zn(OH)_2$ 沉淀的生成，然后分别试验沉淀与稀酸、稀碱的反应，观察现象，写出反应式。

（2）锌的配合物 在 $ZnSO_4$ 溶液中，逐滴加入 $2mol \cdot L^{-1}$ $NH_3 \cdot H_2O$ 溶液，观察沉淀的生成。继续加入过量的 $2mol \cdot L^{-1}$ $NH_3 \cdot H_2O$ 溶液，直到沉淀溶解为止，把清液分成两份，将其中一份加热至沸，观察重新析出 $Zn(OH)_2$ 沉淀。在另一份中逐滴加入 $2mol \cdot L^{-1}$ HCl 溶液，并不断振荡，观察 $Zn(OH)_2$ 重新沉淀。继续滴加，沉淀又溶解，解释现象，写出反应式。

（3）Zn^{2+} 的鉴定：加 HAc 和 $(NH_4)_2[Hg(SCN)_4]$（检出限量：形成铜锌混晶时 $0.5\mu g$；最低浓度 $10\mu g \cdot g^{-1}$） 取 2 滴 Zn^{2+} 试液，用 $2mol \cdot L^{-1}$ HAc 酸化，加等体积 $(NH_4)_2[Hg(SCN)_4]$ 溶液，摩擦器壁，生成白色沉淀，示有 Zn^{2+}：

$$Zn^{2+} + [Hg(SCN)_4]^{2-} \Longrightarrow Zn[Hg(SCN)_4] \downarrow （白）$$

或在极稀的 $CuSO_4$ 溶液（$<0.2g \cdot L^{-1}$）中，加 $(NH_4)_2[Hg(SCN)_4]$ 溶液，加 Zn^{2+} 试液，摩擦器壁，若迅速得到紫色混晶，示有 Zn^{2+}。

也可用极稀的 $CoCl_2$（<0.2g·L^{-1}）溶液代替 Cu^{2+} 溶液，则得蓝色混晶。

反应在中性或微酸性溶液中进行。

Cu^{2+} 形成 $Cu[Hg(SCN)_4]$ 黄绿色沉淀，少量 Cu^{2+} 存在时，形成铜锌紫色混晶更有利于观察。

少量 Co^{2+} 存在时，形成钴锌蓝色混晶，有利于观察。

Cu^{2+}、Co^{2+} 含量大时有干扰，Fe^{3+} 有干扰。

2. 铜

铜化合物有毒，但微量铜是必需元素。铜通常有 Cu^+ 和 Cu^{2+} 两种价态，然而有些含 Cu^{2+} 的三肽配合物可被空气氧化为 Cu^{3+}，故 Cu^{3+} 可能具有生物学重要性。铜参与造血过程及铁的代谢，参与一些酶的合成和黑色素合成。对于脊椎动物在铁的代谢和氧的输送中，铜是必需的，但在某些无脊椎动物中，铜蓝蛋白、血蓝蛋白实际上用于载氧。高锌低铜的饮食干扰了胆固醇的正常代谢，易诱发冠心病，故 m_{Zn}/m_{Cu}（质量比）增大可能是冠心病发病的原因。铜也影响着植物体内酶的活性和氧化还原过程。禾本科作物缺铜，叶尖变白色，阻碍其生长和结实，并降低产量。

(1) 氢氧化铜的生成和性质　在三份 $0.1mol·L^{-1}$ $CuSO_4$ 溶液中，分别加入 $2mol·L^{-1}$ NaOH 溶液，观察产物——氢氧化铜的颜色和状态，然后将其中一份沉淀加热，观察有何变化，其他两份分别加入 $1mol·L^{-1}$ H_2SO_4 和过量的 $6mol·L^{-1}$ NaOH 溶液，观察有何变化，写出反应式。

(2) 铜氨配合物的生成和性质　在 $0.1mol·L^{-1}$ $CuSO_4$ 溶液中，加入数滴 $2mol·L^{-1}$ 氨水溶液观察生成沉淀的颜色，继续加入 $2mol·L^{-1}$ 氨水，直到沉淀完全溶解为止，观察溶液的颜色。然后将所得溶液分成两份，一份逐滴加入 $1mol·L^{-1}$ H_2SO_4，另一份加热到沸。观察各有何变化，并加以解释，写出反应式。

(3) 氧化亚铜的生成和性质　在 0.1mL $0.1mol·L^{-1}$ $CuSO_4$ 的溶液中加入过量的 $6mol·L^{-1}$ NaOH 溶液使最初生成的沉淀完全溶解，再在此溶液中加入数滴 10% 的葡萄糖溶液，摇匀，微热，观察现象。

离心分离并用蒸馏水洗涤沉淀，往沉淀中加入 $1mol·L^{-1}$ H_2SO_4 观察有何变化，反应式如下：

$$2Cu^{2+}+4OH^-+C_6H_{12}O_6 \Longrightarrow Cu_2O\downarrow+2H_2O+C_6H_{12}O_7$$
$$Cu_2O+2H^+ \Longrightarrow Cu\downarrow+Cu^{2+}+H_2O$$

(4) 氯化亚铜的生成和性质　往 5mL $0.5mol·L^{-1}$ $CuCl_2$ 溶液中加入 4~5 滴浓盐酸和 0.2g 纯铜屑，加热，直到溶液变成深棕色为止，取出几滴溶液加入到少量蒸馏水中，如有白色沉淀产生，则可把全部溶液倾入 100mL 煮沸过的蒸馏水中（冷却至室温），观察反应物的颜色和状态，等大部分沉淀析出后，倾出溶液，并用 20mL 蒸馏水洗涤沉淀，取出少量沉淀，试验它与浓盐酸反应的情况，观察现象，反应式如下：

$$Cu^{2+}+Cu+4Cl^- \xrightarrow{\triangle} 2[CuCl_2]^-$$
$$2CuCl_2^- \longrightarrow 2CuCl(白色)\downarrow+2Cl^-$$

(5) 碘化亚铜的生成　取约 0.5mL $0.1mol·L^{-1}$ $CuSO_4$ 溶液，加入数滴 $0.1mol·L^{-1}$ KI 溶液，观察有何变化？再滴加 $0.1mol·L^{-1}$ $Na_2S_2O_3$ 溶液（不宜过多，为什么？），以除去反应中生成的碘，观察 CuI 的颜色和状态，反应式为：

$$2CuCl_2 + 4I^- = 2CuI\downarrow + I_2 + 4Cl^-$$

（6）Cu^{2+} 盐沉淀蛋白质　溶液 pH 在蛋白质等电点以上时，重金属盐类（如 Pb^{2+}、Cu^{2+}、Hg^{2+} 及 Ag^+ 等）易与蛋白质结合成不溶性盐而沉淀。

重金属盐类沉淀蛋白质通常比较完全，故常用重金属盐除去液体中的蛋白质。但应注意，在使用某些重金属盐（如硫酸铜或醋酸铅）沉淀蛋白质时，不可过量，否则将引起沉淀再溶解。

取试管 2 支各加蛋白质溶液 1mL。

向试管中分别滴加 2～3 滴 5% $CuSO_4$ 溶液、3% $AgNO_3$ 溶液，观察各试管所生成的沉淀。

在硫酸铜产生蛋白质沉淀的试管中，倒掉大部分沉淀，留少量沉淀，继续加入 5% $CuSO_4$ 溶液，观察沉淀的溶解。

（7）Cu^{2+} 的鉴定

① 与 $K_4[Fe(CN)_6]$ 反应（检出限量 $0.02\mu g$，最低浓度 $0.4\mu g \cdot g^{-1}$）　取 1 滴 Cu^{2+} 试液，加 1 滴 $6mol \cdot L^{-1}$ HAc 酸化，加 1 滴 $K_4[Fe(CN)_6]$ 溶液，红棕色沉淀出现，示有 Cu^{2+}：

$$2Cu^{2+} + [Fe(CN)_6]^{4-} = Cu_2[Fe(CN)_6]\downarrow$$

反应在中性或弱酸性溶液中进行。如试液为强酸性，则用 $3mol \cdot L^{-1}$ NaAc 调至弱酸性后再进行。沉淀不溶于稀酸，溶于氨水，生成 $[Cu(NH_3)_4]^{2+}$，与强碱生成 $Cu(OH)_2$。

Fe^{3+} 以及大量的 Co^{2+}、Ni^{2+} 会产生干扰。

② 与吡啶和 NH_4SCN 反应（最低浓度 $250\mu g \cdot g^{-1}$）　取 2 滴 Cu^{2+} 试液，加吡啶（C_5H_5N）使溶液显碱性，首先生成 $Cu(OH)_2$ 沉淀，后溶解得 $[Cu(C_5H_5N)_2]^{2+}$ 的深蓝色溶液，加几滴 $0.1mol \cdot L^{-1}$ NH_4SCN 溶液，生成绿色沉淀，加 0.5mL 氯仿，振荡，得绿色溶液，示有 Cu^{2+}：

$$Cu^{2+} + 2SCN^- + 2C_5H_5N = [Cu(C_5H_5N)_2(SCN)_2]\downarrow$$

3. 铁

动物体内血红蛋白的铁具有固定氧和输送氧的功能，Fe^{2+} 是血红蛋白的中心，它除与卟啉环的四个氮原子结合外，第五个位置为蛋白质中组氨酸的一个咪唑氮原子所占，第六个位置可逆地与 O_2 或 H_2O 配位（见图 5-12 血红素和血红蛋白）。铁离子周围蛋白质的排列及强场配体 O_2 的作用，使血红蛋白氧合后形成 Fe^{2+} 的低自旋配合物，以保证 Fe^{2+} 与 O_2 配位而不被氧化。在过氧化氢酶和氧化酶中铁保持 +3 价态。

（1）铁（Ⅱ）化合物的还原性

① 在溴水中　在 $(NH_4)_2Fe(SO_4)_2$ 溶液（自己配制）中加入几滴溴水，观察颜色的变化，检验 Fe(Ⅲ) 的生成，写出反应式。

② 在碱性介质中　在一支试管中放入 10mL 蒸馏水和一些稀硫酸，煮沸以赶出溶于其中的空气，然后加入少量的 $(NH_4)_2Fe(SO_4)_2 \cdot 6H_2O$ 晶体，在另一个试管中加入 1mL $6mol \cdot L^{-1}$ NaOH 溶液小心煮沸，以赶出空气，冷却后，用一滴管吸取 0.5mL，插入 $(NH_4)_2Fe(SO_4)_2$ 溶液（直至试管底部）内，慢慢放出 NaOH 溶液（整个操作过程都要避免将空气带进溶液中，为什么?）观察白色 $Fe(OH)_2$ 沉淀生成，振荡后放置一段时间，观察有何变化，写出反应式。

（2）铁（Ⅲ）化合物的氧化性　取 $FeCl_3$ 溶液加入 NaOH 溶液制得 $Fe(OH)_3$ 沉淀，然

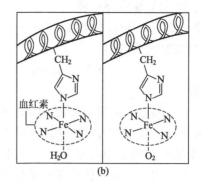

图 5-12 血红素 (a) 和血红蛋白 (b)

后加入浓盐酸，观察现象。并用 KI-淀粉试纸检验有无氯气产生，继续加入 5 滴 CCl_4 和 1 滴 $0.1 mol \cdot L^{-1}$ KI 溶液，观察现象。写出有关方程式。

(3) 铁 (Ⅱ) 的还原性和铁 (Ⅲ) 的氧化性

① 在 $CuSO_4$ 溶液中加入少量纯 Fe 屑，观察现象，写出反应式。

② 在 $FeCl_3$ 溶液中加入一小块 Cu 片，放置，观察现象，写出反应式。

解释以上实验结果，总结结果，二者有无矛盾？

(4) 铁的配合物 (本实验均在点滴板上进行)

① 试验亚铁氰化钾 $K_4[Fe(CN)_6]$ 溶液与 $FeCl_3$ 溶液的反应，观察深蓝色沉淀或溶胶 (普鲁士蓝) 的生成 (鉴定 Fe^{3+} 的反应)。

② 试验铁氰化钾 $K_3[Fe(CN)_6]$ 溶液与 $(NH_4)_2Fe(SO_4)_2$ 溶液的反应，观察深蓝色沉淀 (或胶体) (藤氏蓝) 的生成 (鉴定 Fe^{2+} 的反应)。

③ 在 $FeCl_3$ 溶液中加入 KSCN 溶液，观察血红色的 $Fe(SCN)_x^{3-x}$ 的生成，然后再加入 $1 mol \cdot L^{-1}$ NH_4F 溶液，观察有何变化？试加以解释。

(5) 鉴定反应

① 与 $K_4[Fe(CN)_6]$ 的反应 (检出限量 $0.1 \mu g$，最低浓度 $2 \mu g \cdot g^{-1}$) 取 1 滴 Fe^{3+} 试液放在白滴板上，加 1 滴 $K_4[Fe(CN)_6]$ 溶液，生成蓝色沉淀，示有 Fe^{3+}：

$$Fe^{3+} + K^+ + [Fe(CN)_6]^{4-} = KFe[Fe(CN)_6] \downarrow (深蓝色)$$

本方法灵敏度、选择性都很高，仅在大量重金属离子存在而 $[Fe^{2+}]$ 很低时，现象不明显。

反应在酸性溶液中进行。

② 与邻菲啰啉反应 (检出限量 $0.025 \mu g$，最低浓度 $0.5 \mu g \cdot g^{-1}$) 取 1 滴 Fe^{2+} 试液，加几滴 $2.5 g \cdot L^{-1}$ 的邻菲啰啉溶液，生成橘红色的溶液，示有 Fe^{2+}。

反应在中性或微酸性溶液中进行。

Fe^{3+} 生成微橙黄色，不干扰，但在 Fe^{3+}、Co^{2+} 同时存在时不适用。10 倍量的 Cu^{2+}、40 倍量的 Co^{2+}、140 倍量的 $C_2O_4^{2-}$、6 倍量的 CN^- 干扰反应。

此法比（1）法选择性高。

如用 1 滴 $NaHSO_3$ 先将 Fe^{3+} 还原，即可用此法检出 Fe^{3+}。

③ 与 KSCN 的反应

$$Fe^{3+} + nNCS^- \rightleftharpoons [Fe(NCS)_n]^{3-n}（血红色）$$

4. 钼

钼是唯一属于元素周期表第五周期的生命必需元素，有未满的 4d 电子层，有稳定的 V 和 VI 高氧化态，以 MoO_4^{2-} 的形式存在于生命体系中。早在 20 世纪 30 年代就已知生物固氮（氮还原为氨）必须有钼元素存在，豆科植物有固氮作用。钼对植物体内维生素 C 的合成和分解有一定作用。钼是人体内多种酶的重要成分，对细胞内电子的传递、氧化代谢有作用。钼过多能干扰铜的吸收而发生拮抗。

乙基黄原酸钾法鉴定 MoO_4^{2-} （检出限量 $0.04\mu g$，最低浓度 $4\mu g \cdot g^{-1}$）。

在一点滴板上，1 滴近中性或微酸性试液与 1 粒固体黄原酸钾混合并用 2 滴 $2mol \cdot L^{-1}$ 盐酸处理，依据钼存在的量，出现粉红色到紫色。

在含有无机酸的溶液中，钼酸盐与乙基黄原酸钾 $SC(SK)OC_2H_5$ 化合形成深红蓝色，与大量钼有差不多黑色的油状滴分出。产物是配合物 $MoO \cdot 2[SC(SH)OC_2H_5]$，它溶于有机液体，例如苯、氯仿和二硫化碳。当形成稳定钼配合物的阴离子（氟化物、草酸盐、酒石酸盐等）不存在时，由碱性溶液开始。这个很灵敏的颜色反应对钼十分专属。应当注意，亚砷酸是黄原酸盐的消耗者，因为它形成溶于氯仿的 $As[SCS(OC_2H_5)]$，亚硒酸似乎有相似的行为。

使用以水不溶的黄原酸锌或镉浸渍过的滤纸更为简便。当加上 1 滴试液时，红色斑点或环出现（检出限量 $0.01\mu gMo$）。试剂纸的制备是将滤纸浸入 $ZnSO_4$ 或 $CdSO_4$ 溶液，干燥，并在黄原酸钾溶液中浴洗。在用水洗并干燥之后，试剂纸是稳定的。

5. 钴

钴对铁代谢、血红蛋白的合成和红细胞的发育成熟等有重要作用。钴的主要功用是作为维生素 B_{12} 的必需组分。维生素 B_{12} 及其衍生物参与 DNA 和血红蛋白的合成、氨基酸的代谢等生化反应，在 Co(I)、Co(II) 和 Co(III) 配合物之间起电子传递作用。

(1) 钴（II）化合物的还原性

① 在溴水中 在 $CoCl_2$ （$0.1mol \cdot L^{-1}$）和 H_2SO_4 （$1mol \cdot L^{-1}$）溶液中，分别加入溴水，观察有何变化。

② 在碱性介质中 在 $CoCl_2$ （$0.1mol \cdot L^{-1}$）溶液中，加入 $6mol \cdot L^{-1}$ NaOH 溶液 [先生成蓝色 Co(OH)Cl]，继续加碱，直至生成粉红色的 $Co(OH)_2$ 沉淀，振荡后放置一段时间，观察有何变化，如不变（或变化很小）则加入数滴 3% H_2O_2 溶液，再观察有何变化，写出反应式。

(2) 钴（III）化合物的氧化性 取 $CoCl_2$ （$0.1mol \cdot L^{-1}$）溶液加 NaOH 以制得 CoO(OH) 沉淀，然后加入盐酸，观察现象，并用 KI-淀粉试纸检查所放出的气体。将溶液加水稀释，观察颜色有何变化。

$$2CoO(OH) + 6H^+ + 10Cl^- \rightleftharpoons 2[Co(H_2O)_2Cl_4]^{2-} + Cl_2\uparrow$$

(3) 钴的配合物

① 在少量 $CoCl_2$ （$0.1mol \cdot L^{-1}$）溶液中加入少量醋酸（$2mol \cdot L^{-1}$）酸化，再加入少量 KCl 固体和少量 KNO_2 溶液，微热，观察黄色 $K_3[Co(NO_2)_6]$ 沉淀产生，这个反应可用

来鉴定 K^+ 离子，反应式如下：

$$Co^{2+}+2H^++NO_2^-\Longrightarrow Co^{3+}+NO+H_2O$$

$$Co^{3+}+3K^++6NO_2^-\Longrightarrow K_3[Co(NO_2)_6]$$

② 在少量 $CoCl_2$（$0.1mol \cdot L^{-1}$）溶液中加入少许 NH_4Cl 固体，然后滴加浓氨水，观察黄褐色 $[Co(NH_3)_6]Cl_2$ 配合物的生成：

$$CoCl_2+6NH_3 \cdot H_2O \xrightarrow{NH_4Cl} [Co(NH_3)_6]Cl_2+6H_2O$$

静置一段时间，观察配合物颜色的改变。

$[Co(NH_3)_6]Cl_2$ 不稳定，在空气中易被氧化为橙红色的 $[Co(NH_3)_5H_2O]Cl_3$。

(4) 氯化钴（Ⅱ）水合离子颜色变化 用玻璃棒蘸取 $CoCl_2$（$0.1mol \cdot L^{-1}$）溶液在白纸上写字，晾干后，放在火焰旁边小心烘干，观察字迹变蓝。[$Co(H_2O)_6^{2+}$ 是粉红色，无水 $CoCl_2$ 是蓝色]。

(5) 鉴定反应

① 与 NH_4SCN 反应，戊醇萃取法（检出限量 $0.5\mu g$，最低浓度 $10\mu g \cdot g^{-1}$） 取 1~2 滴 Co^{2+} 试液，加饱和 NH_4SCN 溶液，加 5~6 滴戊醇溶液，振荡，静置，有机层呈蓝绿色，示有 Co^{2+}。

配合物在水中解离度大，故用浓 NH_4SCN 溶液，并用有机溶剂萃取，增加它的稳定性。

Fe^{3+} 有干扰，加 NaF 掩蔽。大量 Cu^{2+} 也有干扰。大量 Ni^{2+} 存在时溶液呈浅蓝色，干扰反应。

② 与钴试剂反应（检出限量 $0.15\mu g$，最低浓度 $10\mu g \cdot g^{-1}$） 取 1 滴 Co^{2+} 试液在白滴板上，加 1 滴钴试剂，有红褐色沉淀生成，示有 Co^{2+}。钴试剂为 α-亚硝基-β-萘酚，有互变异构体，与 Co^{2+} 形成螯合物，Co^{2+} 转变为 Co^{3+} 是由于试剂本身起着氧化剂的作用，也可能发生空气氧化。

反应在中性或弱酸性溶液中进行，沉淀不溶于强酸。

试剂须新鲜配制。

Fe^{3+} 与试剂生成棕黑色沉淀，溶于强酸，它的干扰也可加 Na_2HPO_4 掩蔽，Cu^{2+}、Hg^{2+} 及其他金属有干扰。

6. 铬

铬是胰岛素参与作用的糖代谢和脂肪代谢过程所必需的元素，也是正常胆固醇代谢的必需元素。精制食物造成铬的损失，缺铬后血脂和胆固醇含量增加，糖耐受量受损，严重时出现糖尿病和动脉粥样硬化。若补充 Cr^{3+}，病情可以改善。但必须指出，六价铬如 CrO_4^{2-} 是有毒害的，这是一种公认的致癌物。

(1) 氢氧化铬（Ⅲ）的生成和性质 在 $0.1mol \cdot L^{-1}$ $KCr(SO_4)_2$ 溶液中，滴加 NaOH 溶液，观察灰蓝色 $Cr(OH)_3$ 沉淀生成，然后分别试验沉淀与稀酸、稀碱溶液的反应。观察现象，写出反应式。

将与稀碱反应后的溶液加热煮沸，观察 $Cr(OH)_3$ 沉淀重新生成，解释发生的现象，写出反应式。

(2) 铬（Ⅲ）盐的水解 使 0.1mol·L⁻¹ Na₂S 溶液与 0.1mol·L⁻¹ KCr(SO₄)₂ 溶液反应，得到胶状灰蓝色沉淀 Cr(OH)₃，写出反应式，并解释实验结果。

(3) 铬（Ⅲ）的还原性和铬（Ⅵ）的氧化性

① 在 KCr(SO₄)₂ 溶液中，加入过量 NaOH 使生成 CrO_2^-，然后加入少量 30% H_2O_2 溶液，水浴加热。观察黄色 CrO_4^{2-} 的生成，写出反应式。

② 取 0.5mL 0.1mol·L⁻¹ $K_2Cr_2O_7$ 溶液，用稀酸酸化，然后加入几滴 3% H_2O_2 溶液，观察现象，反应式为：

$$Cr_2O_7^{2-} + 3H_2O_2 + 8H^+ == 2Cr^{3+} + 3O_2\uparrow + 7H_2O$$

（查出有关的相对电极电势，说明以上两个实验结果）

③ 在 0.5mL 0.1mol·L⁻¹ $K_2Cr_2O_7$ 溶液中，加入 0.5mL 0.5mol·L⁻¹ NaNO₂ 溶液，观察有何变化，如无变化，再加入 1mL 稀 H_2SO_4 酸化，再观察有何变化，写出反应式。

(4) 铬酸根和重铬酸根在水溶液中的平衡 在 0.5mL 0.1mol·L⁻¹ $K_2Cr_2O_7$ 溶液中加入稀碱溶液使呈碱性，观察颜色有何变化，再加入稀酸至呈酸性，观察又有何变化。写出反应式。

(5) 难溶性铬酸盐 分别试验在 0.5mL 0.1mol·L⁻¹ $K_2Cr_2O_7$ 溶液与 0.1mol·L⁻¹ AgNO₃、BaCl₂、Pb(NO₃)₂ 溶液中的反应，观察结果，写出反应式。

以 K_2CrO_4 溶液代替 $K_2Cr_2O_7$ 溶液做同样的试验。并比较两个试验的结果。

(6) 三氧化铬的生成和性质 在离心试管中加入 2mL 饱和 $K_2Cr_2O_7$ 溶液，放在冰水中冷却，再慢慢加入用冰水冷却过的浓硫酸，观察红色 CrO_3 晶体生成，离心分离，弃去溶液。把晶体转至蒸发皿中，放在水浴上烘干，冷却，然后往晶体上加入几滴酒精，由于猛烈反应而发生燃烧，反应式为：

$$4CrO_3 + C_2H_5OH == 2Cr_2O_3 + 2CO_2\uparrow + 3H_2O$$

(7) 过氧化铬的生成和分解 在少量 0.1mol·L⁻¹ $K_2Cr_2O_7$ 溶液中，加稀 H_2SO_4 酸化，再加入少量乙醚，然后滴入 3% H_2O_2 溶液，摇匀，观察由于生成的过氧化铬 CrO_5 溶于乙醚而呈蓝色，CrO_5 不稳定，慢慢分解，乙醚层蓝色逐渐褪去，反应式为：

$$Cr_2O_7^{2-} + 4H_2O_2 + 2H^+ == 2CrO_5 + 5H_2O$$

$$4CrO_5 + 12H^+ == 4Cr^{3+} + 7O_2\uparrow + 6H_2O$$

(8) Cr^{3+} 的鉴定

① 铬酸铅法 取 3 滴 Cr^{3+} 试液，加 6mol·L⁻¹ NaOH 溶液直到生成的沉淀溶解，搅动后加 4 滴 3% 的 H_2O_2，水浴加热，溶液颜色由绿变黄，继续加热直至剩余的 H_2O_2 分解完，冷却，加 6mol·L⁻¹ HAc 酸化，加 2 滴 0.1mol·L⁻¹ Pb(NO₃)₂ 溶液，生成黄色 $PbCrO_4$ 沉淀，示有 Cr^{3+}：

$$Cr^{3+} + 4OH^- == CrO_2^- + 2H_2O$$

$$2CrO_2^- + 3H_2O_2 + 2OH^- == 2CrO_4^{2-} + 4H_2O$$

$$Pb^{2+} + CrO_4^{2-} == PbCrO_4\downarrow$$

在强碱性介质中，H_2O_2 将 Cr^{3+} 氧化为 CrO_4^{2-}。形成 $PbCrO_4$ 的反应必须在弱酸性 (HAc) 溶液中进行。

② 戊醇萃取法（检出限量 2.5μg，最低浓度 50μg·g⁻¹） 按上法将 Cr^{3+} 氧化成 CrO_4^{2-}，用 2mol·L⁻¹ H_2SO_4 酸化溶液至 pH=2～3，加入 0.5mL 戊醇、0.5mL 3%

H_2O_2，振荡，有机层显蓝色，示有 Cr^{3+}：
$$Cr_2O_7^{2-} + 4H_2O_2 + 2H^+ = 2H_2CrO_6 + 3H_2O$$
pH<1，蓝色的 H_2CrO_6 分解。

H_2CrO_6 在水中不稳定，故用戊醇萃取，并在冷溶液中进行，其他离子无干扰。

7. 锰

锰是丙酮酸羟化酶、超氧化物歧化酶（SOD）、精氨酸酶等的组成成分，它还能激活羧化酶、磷酸化酶等，对动物的生长、发育、繁殖和内分泌有影响。锰也参与造血过程，改善机体对铜的利用。在土壤中含锰量高的地区癌症发病率低。遗传性疾病、骨畸形、智力低下和癫痫等均和缺锰有关。

（1）锰（Ⅱ）化合物的性质

① 氢氧化锰（Ⅱ）的生成和性质　在四支试管中各加入 $0.1mol \cdot L^{-1} MnSO_4$ 溶液和 $2mol \cdot L^{-1} NaOH$ 溶液，制得 $Mn(OH)_2$（注意产物的颜色）。然后将一支试管振荡，使沉淀与空气接触，观察沉淀颜色的变化，其余三支分别试验 $Mn(OH)_2$ 与稀酸、稀碱溶液和饱和 NH_4Cl 溶液的反应，观察沉淀是否溶解，写出有关反应式。

② 硫化锰的生成　往 $0.5mL\ 0.1mol \cdot L^{-1} MnSO_4$ 溶液中加数滴 H_2S 水溶液，观察有无沉淀产生。再逐滴加入 $2mol \cdot L^{-1} NH_3 \cdot H_2O$ 溶液，观察生成沉淀的颜色，写出反应式，并解释现象。

③ 锰（Ⅱ）的氧化　在 $3mL\ 2mol \cdot L^{-1} HNO_3$ 中，加入 2 滴 $0.01mol \cdot L^{-1} MnSO_4$ 溶液，再加入少量 $NaBiO_3$ 固体，水浴中微热，观察红色 MnO_4^- 的生成，写出反应式。

在 $6mol \cdot L^{-1} NaOH$ 和溴水的混合溶液中，加入 $0.1mol \cdot L^{-1} MnSO_4$ 溶液，观察棕黑色 $MnO_2 \cdot 8H_2O$ 的生成，写出反应式。

（2）锰（Ⅳ）化合物的生成和性质

① 在少许 MnO_2 固体中加入 2mL 浓盐酸，观察深棕红色液体的生成，把此溶液加热，溶液颜色有何变化？有何气体生成？反应式如下：
$$MnO_2 + 4HCl = MnCl_4 + 2H_2O$$
$$MnCl_4 \xrightarrow{\triangle} MnCl_2 + Cl_2 \uparrow$$

② 往 $0.5mL\ 0.1mol \cdot L^{-1} KMnO_4$ 溶液中滴加 $0.1mol \cdot L^{-1} MnSO_4$ 溶液，观察棕黑色 MnO_2 水合物的生成，写出反应式。

（3）锰（Ⅶ）的化合物

① 高锰酸钾的热分解　取少许 $KMnO_4$ 固体，加热，观察反应现象，并用火柴余烬检验气体产物，继续加热至无气体放出。冷却后加入少量水，观察溶液的颜色。反应式如下：
$$2KMnO_4 \xrightarrow{>200℃} MnO_2 \downarrow + K_2MnO_4 + O_2 \uparrow$$

② 高锰酸钾在不同介质中的氧化作用　分别取 $0.5mL\ 0.1mol \cdot L^{-1} KMnO_4$ 溶液，分别加入稀 H_2SO_4、浓 NaOH 和蒸馏水，然后各加少量 Na_2SO_3 溶液，观察反应现象。比较它们的产物有何不同。写出离子反应式（查出有关电对的电极电势，说明上述三个实验结果）。

（4）铋酸钠法鉴定反应（检出限量 $0.8\mu g$，最低浓度 $16\mu g \cdot g^{-1}$）　取 1 滴 Mn^{2+} 试液，加 10 滴水，5 滴 $2mol \cdot L^{-1} HNO_3$ 溶液，然后加固体 $NaBiO_3$，搅拌，水浴加热，形成紫色溶液，示有 Mn^{2+}。

在 HNO_3 或 H_2SO_4 酸性溶液中进行。

本组其他离子无干扰。

还原剂（Cl^-、Br^-、I^-、H_2O_2 等）有干扰。

8. 硒

硒是人体内红细胞谷胱甘肽过氧化物酶的组成成分。现已发现许多疾病与自由基对机体的损伤有关。自由基毒性通过引发脂质过氧化，导致生物膜损伤，还可损伤蛋白质、酶等，甚至使 DNA 链断裂。硒能保护细胞，它具有清除自由基的作用。已知缺硒地区的克山病、大骨节病和某些癌症都和脂质过氧化有关，故实施补硒能防治这些病也不足为怪了。

(1) 氢碘酸试剂法鉴定硒（检出限量 $1\mu g$，最低浓度 $40\mu g \cdot g^{-1}$） 在滤纸上放 1 滴浓氢碘酸（或浓 KI 溶液加 1 滴浓盐酸），加 1 滴酸性试液于湿斑点的中央。如果没有硒存在，显现的黑棕色斑点可被 1 滴 5% 硫代硫酸钠完全褪色，否则红棕色斑点留下。

亚硒酸，在酸性溶液中，与碘化物反应，形成单质硒，也产生游离碘：

$$SeO_3^{2-} + 4I^- + 6H^+ \longrightarrow Se + 3H_2O + 2I_2$$

加入硫代硫酸盐除去碘的颜色，而硒作为红棕色粉末留下。

在同样条件下，亚碲酸与氢碘酸反应，形成棕红色 $[TeI_4]^{2-}$ 阴离子。但是，碲化合物可以被硫代硫酸钠分解并褪色。因此，甚至在碲存在下，硒也可被连续检出。

(2) 吡咯试剂法 在适当的条件下，亚硒酸将吡咯氧化为吡咯蓝，一种未知结构的染料。这个反应可供作为亚硒酸盐的一种试验方法。因为硒酸、亚碲酸和碲酸保留不变，所以，该方法可以用于区别亚硒酸和硒酸。氧化性物质的存在妨碍吡咯的试验，也同样产生吡咯蓝。它们包括 VO_3^-、MoO_4^{2-}、MnO_4^-、CrO_4^{2-}、NO_3^-、BrO_3^-、IO_3^-、IO_4^-、$[PO_4 \cdot 12MoO_3]^{3-}$、$Au^{3+}$、$Hg^{2+}$、$Sb^{5+}$。

9. 钒

人体约含钒 25mg，广泛存在于牙齿、骨、肺、脾、肝、肾等器官和组织中。血液中的钒浓度通常低于 $1\mu g \cdot mg^{-1}$。钒的吸收率很低，仅约为 5%。吸收进入体内的钒主要经尿排出，吸收后的钒积聚于齿、骨。骨释放钒的速率很慢，可能起着仓库的作用。

1971 年首次提出了钒为动物所必需的元素。钒的需要量还不甚清楚，WHO 曾提出人体每日约需钒 $3\mu g$。

(1) 钒的常见氧化态的水合离子颜色及其氧化还原性 钒的常见氧化态主要有 VO_2^+、VO^{2+}、V^{3+}、V^{2+}，并且在水溶液中呈现不同的颜色。以饱和钒酸铵溶液、锌粒和高锰酸钾为反应物，设计实验，试验不同价态的 VO^2、VO^{2+}、V^{3+}、V^{2+} 相互转化。记录反应中溶液颜色的变化，解释它们之间发生的氧化还原反应。

(2) 钒（V）的鉴定 钒酸根在强碱性溶液中与 H_2O_2 反应生成红棕色的过氧化钒阳离子 $[V(O_2)]^{3+}$，此反应可以作为鉴定钒（V）的定性反应，设计实验进行验证。该反应也可以用于钒的比色分析。

VO_2^+ 离子中的 O_2^{4-} 离子可以被过氧化氢 H_2O_2 中的过氧离子 O_2^{2-} 取代，在弱碱性、中性或弱酸性溶液中，生成黄色的二过氧钒酸根阴离子 $[VO_2(O_2)_2]^{3-}$。

$$VO_2^+ + 2H_2O_2 \longrightarrow [VO_2(O_2)_2]^{3-} + 4H^+$$

在强酸性溶液中，得到的是红棕色的过氧钒阳离子 $[V(O_2)]^{3+}$。

$$VO_2^+ + H_2O_2 + 2H^+ \longrightarrow [V(O_2)]^{3+} + 2H_2O$$

两者之间存在下述平衡：

$$[VO_2(O_2)_2]^{3-} + 6H^+ \rightleftharpoons [V(O_2)]^{3+} + H_2O_2 + 2H_2O$$

10. 镍

现已发现镍对于大鼠、猪、羊等 5 种动物是必需的，并推断它也为人体所必需的元素。

人体含镍总量约为 6～10mg，广泛分布于骨骼、肺、肾、皮肤等器官和组织中。其中以骨骼中的浓度较高。血清中的镍含量约为 $1.1～4.6\mu g \cdot L^{-1}$。

Nielsen 等根据动物试验资料推断，成人每天需由膳食提供约 $30\mu g$ 的镍。由于植物性食物含镍较高，因此一般混合膳食能供应足够的镍。人们通常每日可从膳食中得到 100～$200\mu g$ 的镍。现在还没有人体因缺乏镍而引起的营养缺乏的综合症的证据，只是在一些疾病中，如肝硬化、慢性肾功能不全的病人血清中镍含量降低。

镍的鉴定反应：在氨性溶液中与丁二酮肟生成配合物（检出限量 $0.15\mu g$，最低浓度 $3\mu g \cdot g^{-1}$）。

取 1 滴 Ni^{2+} 试液放在白滴板上，加 1 滴 $6mol \cdot L^{-1}$ 氨水，加 1 滴丁二酮肟，稍等片刻，在凹槽四周形成红色沉淀示有 Ni^{2+}。

在氨性溶液中进行反应，但氨不宜太多。沉淀溶于酸、强碱，故合适的酸度为 pH＝5～10。

Fe^{2+}、Pd^{2+}、Cu^{2+}、Co^{2+}、Fe^{3+}、Cr^{3+}、Mn^{2+} 等有干扰，可事先把 Fe^{2+} 氧化成 Fe^{3+}，加柠檬酸或酒石酸掩蔽 Fe^{3+} 和其他离子。

11. 锡

对蛋白质和其他大分子的三级结构起作用，它也可能起氧化还原催化剂的作用。人体约含锡 5～20mg，在骨和牙齿中的含量最高。锡的吸收率很低，主要由粪便排出。Reinhold 提出人体每日约需锡 3.5mg。脏腑类和谷类是锡的良好来源。迄今尚未有人体锡缺乏病的报告。罐头食品提供大量的锡，达 $200\mu g/g$。摄入过多的锡会引起贫血并损害肝脏。

(1) 二价锡的氢氧化物的生成和酸碱性　在 1mL $0.1mol \cdot L^{-1}$ $SnCl_2$ 溶液中逐渐加入 $2mol \cdot L^{-1}$ NaOH，直至生成的白色沉淀经摇动后不再溶解为止，将沉淀分为两份，试验其对稀酸和稀碱的作用。写出反应式。

(2) 锡的还原性

① 试验 $SnCl_2$ 溶液与 $FeCl_3$ 溶液的反应，观察现象。写出反应式。

② 在试管中加入 0.5mL $0.1mol \cdot L^{-1}$ $Hg(NO_3)_2$ 溶液，再逐渐滴加 $0.1mol \cdot L^{-1}$ $SnCl_2$ 观察有何变化。再继续加 $SnCl_2$，可放置一段时间，又有什么变化？反应式为：

$$SnCl_2 + 2HgCl_2 \longrightarrow Hg_2Cl_2 \downarrow （白色） + SnCl_4$$
$$SnCl_2 + Hg_2Cl_2 \longrightarrow 2Hg \downarrow （黑色） + SnCl_4$$

③ 在自制的 $Sn(OH)_4^{2-}$ 溶液中加入 $Bi(NO_3)_3$ 溶液，观察立即出现黑色沉淀。反应式为：

$$3Sn(OH)_4^{2-} + 2Bi^{3+} + 6OH^- = 3Sn(OH)_6^{2-} + 2Bi\downarrow$$

（此反应可用来鉴定 Sn^{2+} 和 Bi^{3+} 离子）

(3) SnS 的生成和性质　在 1mL $SnCl_2$ 溶液中，加入几滴饱和硫化氢水溶液，观察棕色 SnS 沉淀生成，离心分离，用蒸馏水洗涤沉淀，分别试验沉淀与 $1mol \cdot L^{-1}$ Na_2S 和多硫化铵（或多硫化钠）溶液的作用。如沉淀溶解，再用稀 HCl 酸化，观察现象有何变化？反应式为：

$$SnS + S_2^{2-} = SnS_3^{2-}$$
$$SnS_3^{2-} + 2H^+ = SnS_2\downarrow + H_2S$$

(4) SnS_2 的生成和性质　在溶液中加入几滴硫化氢水溶液（饱和），观察黄色的 SnS_2 沉淀生成。离心分离，洗涤沉淀，试验沉淀物与 $1mol \cdot L^{-1}$ Na_2S 溶液的作用，如沉淀溶解，再用稀盐酸酸化，观察有何变化。反应式为：

$$SnS_2 + S^{2-} = SnS_3^{2-}$$
$$SnS_3^{2-} + 2H^+ = SnS_2 + H_2S$$

(5) 鉴定反应（检出限量 $1\mu g$，最低浓度 $20\mu g \cdot g^{-1}$）

① 取 2～3 滴 Sn^{4+} 试液，加镁片 2～3 片，不断搅拌，待反应完全后加 2 滴 $6mol \cdot L^{-1}$ HCl，微热，此时 Sn^{4+} 还原为 Sn^{2+}。

② 取 2 滴 Sn^{2+} 试液，加 1 滴 $0.1mol \cdot L^{-1}$ $HgCl_2$ 溶液，生成白色沉淀，示有 Sn^{2+}。反应的特效性较好。

12. 砷

三氧化二砷（俗称砒霜）是剧毒物质，误取 0.1g 即可致死，其他可溶性的砷化物也都有剧毒，切勿进入口内或与伤口接触，用毕要洗手，废液要妥善处理。通用的有效解毒剂是服用新配制的氧化镁与硫酸铁溶液强烈摇动而成的氢氧化铁悬浮液。

(1) 砷（Ⅲ）的氧化物或氢氧化物的酸碱性

① 试验用牛角勺小头取少量 As_2O_3（剧毒!）在 $2mol \cdot L^{-1}$ HCl 溶液中的溶解情况。

② 试验用牛角勺小头取少量 As_2O_3 在 $2mol \cdot L^{-1}$ NaOH 中的溶解情况［保留产物，供下面实验 (2) 和 (3) 用］。

解释所观察到的现象。

(2) 砷（Ⅲ）的还原性和砷（Ⅴ）的氧化性　取少量自制的 Na_3AsO_3 溶液，滴加碘水，观察现象；然后将溶液用浓 HCl 酸化，加少量的 CCl_4 又有何变化？写出反应式并加以解释。

通过以上实验，对砷高低价态的氧化还原性能得出什么结论？

(3) 砷的硫化物和硫代酸盐

① 取少量自制的 Na_3AsO_3 和 $6mol \cdot L^{-1}$ HCl 的混合溶液，加入数滴硫化氢水溶液，观察现象。

② 离心分离，弃去溶液，洗涤沉淀 2～3 次，试验沉淀物与 Na_2S ($1mol \cdot L^{-1}$) 溶液的作用，观察现象，再加入稀 HCl，又有何变化。反应式为：

$$2AsO_3^{3-} + 6H^+ + 3H_2S = As_2S_3 + 6H_2O$$
$$As_2S_3 + 3S^{2-} = 2AsS_3^{3-}$$
$$2AsS_3^{3-} + 6H^+ = As_2S_3\downarrow + 3H_2S$$

(4) As_2S_5 和 Na_3AsO_4 的生成和性质　在 0.5mL 0.1mol·L^{-1} Na_3AsO_4 和浓 HCl 的混合溶液中低温下通入硫化氢气，观察现象，写出反应式。

离心分离，弃去溶液，洗涤沉淀，试验沉淀物与 Na_2S 溶液的作用，观察沉淀是否溶解？再加入稀 HCl，又有何变化？写出反应式。

13. 氟

现在一些国家的营养标准中已将氟列为必需元素，它对于牙齿、骨骼的形成与代谢均有重要作用。正常成人体内含氟总量约为 2～3g，约有 90% 积存于骨骼及牙齿中，少量存在于内脏、软组织及体液中。血中氟浓度一般为 0.04～0.4μg·mL^{-1}，显著受膳食的影响。

氟的需要量大体为每天 1～2mg。大部分食品含氟量较高。饮水是氟的重要来源，水中氟含量因地区而异，水中最适氟含量为 1μg/g。膳食和饮水中的氟摄入后，主要在胃部吸收。饮水中的氟可完全吸收，食物中的氟一般吸收 50%～80%。

人体骨骼固体的 60% 为骨盐（主要为羟磷灰石），而氟能与骨盐结晶表面的离子进行交换，形成氟磷灰石而成为骨盐的组成部分。骨盐中的氟多时，骨质坚硬。氟也是牙齿的重要成分，氟被牙釉质中的羟磷灰石吸附后，在牙齿表面形成一层抗酸性腐蚀的、坚硬的氟磷灰石保护层，有防止龋齿的作用。据报告氟-钙治疗是妇女停经后骨质疏松症的唯一有效疗法。

摄入过量的氟可引起急性或慢性中毒。氟的慢性中毒主要发生于高氟地区，因长期通过饮水摄入过量的氟而引起，主要造成骨和牙的损害，即所谓的氟骨病。

(1) 氟化氢的生成和对玻璃的腐蚀作用　在一块玻璃片上，涂一层熔化的石蜡，冷却后，用铁钉或小刀刻下字迹（字迹必须穿透石蜡层，使玻璃暴露出来）。在铅皿（亦可用塑料瓶盖代替）中放入 1g 固体 CaF_2，加入 5mL 浓硫酸调成糊状，立即用刻有字迹的玻璃片覆盖，在通风橱内放置 2～3h。然后取出玻璃片，用水冲洗并用小刀刮去玻璃片上的石蜡，观察玻璃片上的变化，解释所观察到的现象。

(2) 茜素锆溶液试法鉴定氟（检出限量 1μg，最低浓度 20μg·g^{-1}）　一条定量滤纸用红色茜素锆溶液浸渍。干燥的试剂纸用 1 滴 50% 醋酸润湿，然后在湿斑点上放 1 滴中性试液。在氟化物存在下，黄色斑点出现。当只有少量氟化物可能存在时，建议在蒸汽上将纸加热以加速反应。

茜素锆试纸：市售氧化锆（ZrO_2）用热稀盐酸溶解，并过滤。每毫升溶液应当含约 0.5mg 锆。几毫升锆溶液用微过量茜素酒精溶液处理。一部分溶液用乙醚萃取，乙醚变黄可以确认过量的茜素。配制的茜素锆溶液在水浴上加热 10min，滤纸在此热溶液中浴洗，并干燥。

14. 碘

我国和埃及在古代就知道采用含碘丰富的海藻治疗甲状腺肿。1917 至 1918 年 David Marine 等通过补充碘有效地降低了甲状腺肿病流行区的发病率。

碘吸收迅速而完全，进入胃肠道的膳食碘 1h 内大部分被吸收，3h 内完全吸收。进入循环后，碘离子就遍布于细胞外液，并且在一些组织中浓集，如肾脏、唾液腺、胃黏膜、泌乳的乳腺、脉络膜丛和甲状腺。但在这些组织中只有甲状腺能利用碘合成甲状腺激素，促进和调节代谢及未成年人的生长和发育。

成人体内约含碘 25～36mg，大部分（约 15mg）集中在甲状腺内供合成甲状腺激素之用。

体内的碘由尿、粪、乳汁等途径排出，其中有近 90% 随尿排出，近 10% 随粪便排出，其余极少量随汗液和呼出气等排出。哺乳的妇女可从乳汁中排出一定量的碘（人乳中的含碘量约为 $7\sim14\mu g/100g$）。

由于地区和个体的差异影响碘的需要量，每人每日碘的需要量从 $44\sim75\mu g$ 到 $100\sim200\mu g$ 不等，很难提出统一的适宜需要量。

我国营养学会 1988 年所提出的营养供给量标准中，已将碘的需要量列出：其中建议成人每日的适宜需碘量为 $150\mu g$，孕妇为 $175\mu g$，儿童为 $70\sim120\mu g$。

(1) **碘的氧化性**　取 2 支试管，各加碘水数滴，然后分别滴加（新配制的）$0.1\,mol\cdot L^{-1}\,Na_2S_2O_3$ 和硫化氢水溶液，观察现象。反应式为：

$$I_2 + 2S_2O_3^{2-} =\!=\!= 2I^- + S_4O_6^{2-}$$
$$I_2 + H_2S =\!=\!= 2HI + S\downarrow$$

(2) **碘酸钾的氧化性**　在试管中放入 $0.5\,mL\ 0.1\,mol\cdot L^{-1}\,KIO_3$ 溶液，加几滴 $3\,mol\cdot L^{-1}\,H_2SO_4$ 和几滴可溶性淀粉溶液，再滴加 $0.1\,mol\cdot L^{-1}\,NaHSO_3$ 溶液，边加边摇荡，观察深蓝色出现。反应式为：

$$2IO_3^- + 5HSO_3^- =\!=\!= I_2 + 5SO_4^{2-} + 3H^+ + H_2O$$

(3) **碘离子的还原性**　往盛有少量（黄豆大小，下同）KI 固体的试管中加入 $0.5\,mL$（约 10 滴，下同）浓硫酸，观察反应产物的颜色和状态。把湿的醋酸铅试纸放在管口以检验气体产物。反应式如下：

$$8KI + 9H_2SO_4 =\!=\!= 8KHSO_4 + H_2S\uparrow + 4I_2 + 4H_2O$$
$$H_2S + Pb(Ac)_2 =\!=\!= PbS\downarrow（黑） + 2HAc$$

(4) **鉴定反应**

① 氯水氧化法（检出限量 $40\mu g$，最低浓度 $40\mu g\cdot g^{-1}$）　取 2 滴 I^- 试液，加入数滴 CCl_4，滴加氯水，振荡，有机层显紫色，示有 I^-。

在弱碱性、中性或酸性溶液中，氯水将 $I^- \longrightarrow I_2$。

过量氯水将 $I_2 \rightarrow IO_3^-$，有机层紫色褪去。

② $NaNO_2$ 氧化法（检出限量 $2.5\mu g$，最低浓度 $50\mu g\cdot g^{-1}$）　在 I^- 试液中，加 HAc 酸化，加 $0.1\,mol\cdot L^{-1}\,NaNO_2$ 溶液和 CCl_4，振荡，有机层显紫色，示有 I^-。

Cl^-、Br^- 对反应不干扰。

15. 锶

(1) **铬酸盐**　在两支试管中分别加入 $0.5\,mol\cdot L^{-1}$ 的 $SrCl_2$、$BaCl_2$ 溶液几滴，再分别加入 $0.1\,mol\cdot L^{-1}\,K_2CrO_4$ 溶液数滴，观察有无沉淀产生。若有沉淀产生，则分别试验沉淀与 $2\,mol\cdot L^{-1}\,HAC$ 和 $2\,mol\cdot L^{-1}\,HCl$ 的作用。两支试管中则产生黄色的 $SrCrO_4$ 和 $BaCrO_4$ 沉淀，但 $SrCrO_4$ 溶于 HAC，而 $BaCrO_4$ 只溶于 HCl。写出反应式。

(2) **焰色反应**　取一条镍丝，蘸浓 HCl 溶液在氧化焰中烧至近无色，再蘸 $1\,mol\cdot L^{-1}\,SrCl_2$，在氧化焰中灼烧，观察火焰颜色（锶呈洋红色）。试验完毕，再蘸浓 HCl 溶液，并烧至近无色。

16. 硼

(1) **硼酸的溶解性和酸性**　在一支试管中，取硼酸晶体约 $0.5\,g$，加入 $2\,mL$ 水，搅拌，观察晶体的溶解情况。将试管放在水浴中加热，再观察晶体的溶解情况。然后取出试管，冷至室温，用 pH 试纸测其 pH 值并记录。然后向硼酸溶液中加入几滴甘油，再测其 pH 值，酸性有何变化？

也可以用一条 pH 试纸，一端滴一滴甘油，另一端滴一滴硼酸溶液，观察两者扩散后的交界处颜色的变化。

硼酸是一种很弱的酸，它的酸性因加入甘油而增强：

$$\begin{array}{c}CH_2OH\\CHOH\\CH_2OH\end{array} + \begin{array}{c}HO\\ \\HO\end{array}B-OH \Longrightarrow \left[\begin{array}{c}CH_2O\\CHOH\\CH_2O\end{array}B-O\right]^- + H^+ + 2H_2O$$

（2）**硼砂溶液的酸碱性** 用 pH 试纸试验饱和硼砂溶液的酸碱性，并加以解释。

（3）**硼酸三乙酯的燃烧** 取少量硼酸晶体在蒸发皿中，加少许乙醇和几滴浓 H_2SO_4，混匀后，点燃，观察硼酸三乙酯燃烧时产生的特征绿色火焰。

硼酸和乙醇形成硼酸三乙酯的反应式为：

$$3C_2H_5OH + H_3BO_3 \Longrightarrow B(OC_2H_5)_3 + 3H_2O$$

它燃烧时产生绿色火焰，可用来鉴定硼的化合物。

五、注意事项

氟化氢气体有剧毒和强腐蚀性，吸入人体会使人中毒，氢氟酸能灼伤皮肤，凡是用氢氟酸和进行有关氟化氢气体的实验时，应在通风橱内完成。移取氢氟酸时，必须带上橡皮手套，用塑料滴管吸取。

实验二十二　生命相关元素（三）污染（有毒）元素

随着人类社会的发展，人类的自然环境也发生了变化，其中之一是人类自己开采出来的一些金属污染了食物、水和空气，使人类健康受损，最为有害的金属是铅、镉和汞。这些污染金属进入机体的途径和对细胞代谢过程的影响，正是现今国内外研究的重点之一。通常认为它可能的过程是：有毒金属穿过细胞膜进入细胞，干扰生物酶的功能，破坏了正常系统，影响了代谢，于是造成了毒害。值得注意的是，这些有毒害金属元素通常总是占有周期表的右下角位置。

一、预习要点
① 有毒元素的性质与定性鉴定方法。
② 定性分析基本操作。

二、目的要求
① 了解污染元素的基本性质。
② 掌握污染元素的定性鉴定方法。
③ 掌握生物样品的灼烧、灰化、硝化分解等处理方法，巩固称重、溶解、过滤、溶液配制、目视比色法鉴定离子、空白实验、对照实验等内容。

三、实验用品

HNO_3（$6mol \cdot L^{-1}$），HCl（$2mol \cdot L^{-1}$，$6mol \cdot L^{-1}$，浓），H_2SO_4（$3mol \cdot L^{-1}$），HAc（$6mol \cdot L^{-1}$），硫化氢水溶液。

NaOH（$2mol \cdot L^{-1}$，$6mol \cdot L^{-1}$，40%），$NH_3 \cdot H_2O$（$2mol \cdot L^{-1}$），KOH（$2mol \cdot L^{-1}$）。

$0.1mol \cdot L^{-1}$ 盐溶液：$Pb(NO_3)_2$，$MnSO_4$，KI，K_2CrO_4，$CdSO_4$，$Hg(NO_3)_2$，NH_4Cl。

Na_2S（$1mol \cdot L^{-1}$），NaCl（$1mol \cdot L^{-1}$），NaAc（饱和），醋酸铅（1%），KI（$0.1mol \cdot$

L^{-1},$1mol \cdot L^{-1}$),KSCN($1mol \cdot L^{-1}$),锌盐溶液,钴盐溶液,KI-Na_2SO_3 溶液,Cu^{2+} 溶液,$SnCl_2$($0.5mol \cdot L^{-1}$)。PbO_2(固),蛋白质溶液,Hg,镉试剂 2B。

Pb^{2+} 试液,Hg^{2+} 试液,Cd^{2+} 试液。

离心试管,离心机。

四、实验步骤

1. 铅

全世界工业铅的消耗量逐年增加,最大的用量来自于铅蓄电池,其次是作为汽油防震剂的四乙基铅、四甲基铅和混合烷基铅等。在铅冶炼厂的工业烟雾中,或是汽车废气中,有大量铅化合物的微粒。经估计,每年约有 200t 铅尘沉积在地球上。英国闹市空气中悬浮铅粒浓度达 $2 \sim 5 \mu g \cdot m^{-3}$(一般城市空地上 $< 1 \mu g \cdot m^{-3}$)。对于人类来说,铅污染的主要来源是食物,因铅中毒的最常见途径是通过肠胃道的吸收,而不是呼吸道的吸收。食物在加工、储存、运输和烹调过程中引入铅。还有含铅的杀虫剂在农作物上的使用也是一个污染源。使用铅自来水管是饮水中含铅的来源,通常每个成年人每日从饮水中摄入 $15 \sim 20 \mu g$ 的铅。铅中毒损害神经系统、造血系统和消化系统,其病状是机体免疫力降低、易疲倦、失眠、神经过敏、贫血和胃口差等。人体所含铅量的 95% 以上皆以磷酸铅盐形式积存在骨骼中,可用枸橼酸钠针剂治疗,溶解磷酸铅,生成柠檬酸铅配离子,并从肾脏排出。医学上也曾用 [Ca(EDTA)]$^{2-}$ 治疗职业性铅中毒,得到良好的效果,因为 [Pb(EDTA)]$^{2-}$ 比 [Ca(EDTA)]$^{2-}$ 更稳定,故 Ca^{2+} 可被 Pb^{2+} 取代成无毒的可溶性配合物,并经肾脏排出体外。

(1) 二价铅的氢氧化物的生成和酸碱性 试从 $Pb(NO_3)_2$ 溶液制得 $Pb(OH)_2$ 沉淀。用实验证明 $Pb(OH)_2$ 是否具有两性(注意:试验其碱性时应该用什么酸?)。写出反应式。

根据上面的实验,对 $Sn(OH)_2$ 和 $Pb(OH)_2$ 的酸碱性作出结论。

(2) 铅的氧化性

① 在少量 PbO_2 中加入浓盐酸,观察记录现象,并检查有无氯气生成,写出反应式。

② 在 1.5mL $3mol \cdot L^{-1} H_2SO_4$ 和 1 滴 $0.1mol \cdot L^{-1} MnSO_4$ 的混合溶液中,加入少量 PbO_2,在水浴中加热,观察紫红色的 MnO_4^- 的生成,写出反应式。

(3) PbS 的生成和性质 在 $Pb(NO_3)_2$ 溶液中加入几滴饱和硫化氢水溶液,观察黑色 PbS 的生成。分别试验沉淀物与 $1mol \cdot L^{-1} Na_2S$ 和多硫化铵溶液的作用。

(4) 铅的难溶盐

① $PbCl_2$ 在 1mL 水中加 3 滴 $0.1mol \cdot L^{-1} Pb(NO_3)_2$ 溶液,再加几滴稀盐酸,即有白色沉淀 $PbCl_2$ 生成,将所得的白色沉淀连同溶液一起加热,沉淀是否溶解?再把溶液冷却,又有什么变化?说明 $PbCl_2$ 的溶解度与温度的关系。

取白色沉淀少许,加入浓盐酸,观察沉淀的溶解,由于在浓盐酸中生成配离子,使溶解度增大:

$$PbCl_2 + 2Cl^- \Longrightarrow [PbCl_4]^{2-}$$

② PbI_2 取 3 滴 $0.1mol \cdot L^{-1} Pb(NO_3)_2$ 溶液,用水稀释至 1mL 后,加 $1 \sim 2$ 滴 $0.1mol \cdot L^{-1}$ KI 溶液,即生成橙黄色 PbI_2 沉淀。试验它在热水和冷水中的溶解度。

(5) 铅(Ⅱ)的含氧酸盐

① $PbCrO_4$ 在试管中加入 0.5mL $0.1mol \cdot L^{-1} Pb(NO_3)_2$ 溶液,加 3 滴 $0.1mol \cdot L^{-1} K_2CrO_4$ 溶液反应而生成 $PbCrO_4$。

分别试验在 $6mol \cdot L^{-1} HNO_3$ 和 HAc 中的溶解情况。

写出反应式。

② $PbSO_4$ 在 1mL 水中加数滴 $0.1mol·L^{-1}$ $Pb(NO_3)_2$ 溶液，加入几滴稀 H_2SO_4，即得白色 $PbSO_4$ 沉淀。离心分离，弃去溶液。分别试验沉淀与 NaOH 和饱和 NaAc 溶液的反应。由于生成可溶性配离子及弱电解质 $Pb(OH)_3^-$ 和 $Pb(Ac)_2$ 而使沉淀溶解。

(6) 铅盐沉淀蛋白质 在试管内加蛋白质溶液（鸡蛋清用蒸馏水稀释10倍，搅拌均匀后，用纱布过滤）2mL，滴加1%醋酸铅溶液，观察沉淀生成。

(7) Pb^{2+} 的鉴定 铬酸铅沉淀法（检出限量 $20\mu g$，最低浓度 $250\mu g·g^{-1}$）。

加 $K_2Cr_2O_4$ 后加 NaOH，先有黄色沉淀，后沉淀溶解。

取 2 滴 Pb^{2+} 试液，加 2 滴 $0.1mol·L^{-1}$ K_2CrO_4 溶液，生成黄色沉淀，示有 Pb^{2+}。

在 HAc 溶液中进行，沉淀溶于强酸，溶于碱则生成 $[Pb(OH)_3]^-$：

$$PbCrO_4 + 3OH^- = [Pb(OH)_3]^- + CrO_4^{2-}$$

Ba^{2+}、Bi^{3+}、Hg^{2+}、Ag^+ 等有干扰。

(8) 设计实验 制备并溶解磷酸铅。

2. 镉

许多锌矿中伴生着质量分数为 $5×10^{-3}$ 的镉，镉常从矿物加工的副产物中获得，主要用于电镀、颜料、碱蓄电池和冶金等方面。锌和镉具有拮抗作用，镉能取代锌，干扰含锌酶的生理作用，使酶失活，引起代谢紊乱而致病。镉在体内的积累能引起高血压。10mg 的镉即可引起急性镉中毒，导致恶心、呕吐、腹泻和腹痛。长期接触低剂量镉能造成慢性镉中毒，这是镉的主要公害。镉积累于肾脏，而肾脏内的镉含量与锌含量的对比关系，即 m_{Zn}/m_{Cd}，常常是肾性高血压病的一种指标。如美国人肾、非洲人肾、牛肾和大鼠肾中 m_{Zn}/m_{Cd} 依次为 1.5、6、40 和 500，而在死于高血压患者的肾中，m_{Zn}/m_{Cd} 仅为 1.0~1.4，故若吃一些 m_{Zn}/m_{Cd} 高的食物如牡蛎 [$m_{Zn}/m_{Cd}=378$]、豆荚 [$m_{Zn}/m_{Cd}=357$] 和坚果 [$m_{Zn}/m_{Cd}=684$] 等，可防治肾性高血压，这已有实验证明。

(1) 镉的氢氧化物的生成和性质 在 $0.1mol·L^{-1}$ $CdSO_4$ 溶液中，逐滴加入 $2mol·L^{-1}$ NaOH 溶液，观察 $Cd(OH)_2$ 沉淀的生成，然后分别试验沉淀与稀酸、稀碱的反应，观察现象，写出反应式。

与氢氧化锌作一比较，写出有关反应式。

(2) 镉的配合物 在 $CdSO_4$ 溶液中，逐滴加入 $2mol·L^{-1}$ $NH_3·H_2O$ 溶液，观察沉淀的生成。继续加入过量的 $2mol·L^{-1}$ $NH_3·H_2O$ 溶液，直到沉淀溶解为止，把清液分成两份，将其中一份加热至沸，观察有无析出 $Cd(OH)_2$ 沉淀。在另一份中逐滴加入 $2mol·L^{-1}$ HCl 溶液，并不断振荡，观察 $Cd(OH)_2$ 重新沉淀。继续滴加，沉淀又溶解，解释现象，写出反应式。

(3) Cd^{2+} 的鉴定 4-硝基萘-重氮氨基-偶氮苯（镉试剂 2B）试法。

在点滴反应纸上放 1 滴试剂（0.02g 镉试剂 2B 溶于 100mL 酒精，加 1mL $2mol·L^{-1}$ KOH，溶液不能加热），加 1 滴试液（应当用一点酒石酸钾钠醋酸微酸化），然后加 1 滴 $2mol·L^{-1}$ KOH，有被蓝色环围绕的亮粉红斑点产生。灵敏度为 $0.025\mu g$ 镉。

氢氧化钾与镉试剂 2B 形成红色色淀，它与试剂的颜色显著不同。

对试液加入酒石酸钾钠可以避免 Cu、Ni、Co、Fe、Cr 和 Mg 的干扰,这样只有 Ag(用一点 KI 溶液产生 AgI 除去)和 Hg 有干扰。消除汞的干扰最好是加入少量酒石酸钾钠,几粒盐酸羟胺,随着加入 KOH 溶液直至碱性,汞沉淀为金属,氯化亚锡不适于此还原,因为绝大部分镉被汞沉淀吸附。

3. 汞

汞分为无机汞和有机汞两类,可溶性无机汞盐如 $HgCl_2$ 毒性大,能引起肠胃腐蚀、肾功能衰竭,并能致死。汞被排入江河中,某些厌氧菌能使汞甲基化[$CH_3Hg(II)$],并进入鱼类和贝类中。Hg^{2+} 可与细胞膜作用,使之改变通透性。当然有机汞的影响比无机汞大得多。汞与蛋白质中半胱氨酸残基的巯基相结合,改变蛋白质构象或抑制酶的活性,使酶的催化活性改变。蛋白质和牛乳可作为 Hg^{2+} 的解毒药,因为它们在胃里可把 Hg^{2+} 沉淀下来。

(1) 氧化汞的生成和性质　往盛有 $0.1\,mol \cdot L^{-1}$ $Hg(NO_3)_2$ 溶液的离心试管中滴加 $2\,mol \cdot L^{-1}$ NaOH 溶液,观察黄色 HgO 的生成,离心分离。分别试验沉淀与 $2\,mol \cdot L^{-1}$ HCl 和 40% NaOH 的作用,观察沉淀是否溶解,写出有关反应式。

(2) 汞(I)与汞(II)的相互转化

① 取 $0.1\,mol \cdot L^{-1}$ $Hg(NO_3)_2$ 溶液,加入数滴 $0.1\,mol \cdot L^{-1}$ NaCl 溶液,观察有何变化。

② 取 $0.1\,mol \cdot L^{-1}$ $Hg(NO_3)_2$ 溶液,加入一滴汞,振荡试管,把清液移到另一试管中(余下的汞回收),将其分成两份,在一份清液中加入 $0.1\,mol \cdot L^{-1}$ NaCl 溶液数滴,观察白色 Hg_2Cl_2 沉淀生成,并与上一实验对比。写出反应式,另一份供下一实验使用。

(3) 汞(I)的歧化分解　在上一实验所得的 $Hg_2(NO_3)_2$ 溶液中滴加 $2\,mol \cdot L^{-1}$ $NH_3 \cdot H_2O$ 溶液,观察有何现象,反应式为:

$$Hg_2(NO_3)_2 + 2NH_3 =\!=\!= HgNH_2NO_3 \downarrow (白色) + Hg \downarrow + NH_4NO_3$$

(4) 汞的配合物的生成和应用

① 在约 0.5 mL $0.1\,mol \cdot L^{-1}$ $Hg(NO_3)_2$ 溶液中滴加 $0.1\,mol \cdot L^{-1}$ KI 溶液,直至起初生成的沉淀又复溶解,然后在溶液中加入 $2\,mol \cdot L^{-1}$ NaOH 溶液至碱性,再加入数滴 $0.1\,mol \cdot L^{-1}$ NH_4Cl 溶液,观察红棕色沉淀物生成(这个反应常用于检查 NH_4^+),反应式为:

$$NH_4^+ + 2[HgI_4]^{2-} + 4OH^- =\!=\!= \left[O \begin{array}{c} Hg \\ \diagup \diagdown \\ NH_2 \\ \diagdown \diagup \\ Hg \end{array} \right] I \downarrow (红棕色) + 7I^- + 3H_2O$$

② 在 $0.1\,mol \cdot L^{-1}$ $Hg(NO_3)_2$ 溶液中,逐滴加入 $1\,mol \cdot L^{-1}$ KSCN 溶液,最初生成白色 $Hg(SCN)_2$ 沉淀,再继续加入过量的 KSCN,沉淀即溶解生成无色的 $Hg(SCN)_4^{2-}$ 配离子,写出反应式,将溶液分成两份,分别加入锌盐和钴盐溶液,并用玻璃棒摩擦试管壁观察白色 $Zn[Hg(SCN)_4]$ 和蓝色 $Co[Hg(SCN)_4]$ 沉淀生成(此反应可定性检验 Zn^{2+} 和 Co^{2+})。

(5) Hg^{2+} 的鉴定

① Cu_2HgI_4 鉴定反应(检出限量 $0.05\,\mu g$,最低浓度 $1\,\mu g \cdot g^{-1}$)　取 1 滴 Hg^{2+} 试液,加 $1\,mol \cdot L^{-1}$ KI 溶液,使生成沉淀后又溶解,加 2 滴 $KI-Na_2SO_3$ 溶液,2～3 滴 Cu^{2+} 溶液,生成橘黄色沉淀,示有 Hg^{2+}:

$$Hg^{2+} + 4I^- =\!=\!= HgI_4^{2-}$$

$$2Cu^{2+} + 4I^- =\!=\!= 2CuI \downarrow + I_2$$

$$2CuI + HgI_4^{2-} = Cu_2HgI_4 + 2I^-$$

反应生成的 I_2 由 Na_2SO_3 除去。

Pd^{2+} 因有下面的反应而存在干扰：

$$2CuI + Pd^{2+} = PdI_2 + 2Cu^+$$

产生的 PdI_2 使 CuI 变黑。

CuI 是还原剂，须考虑到氧化剂的干扰（Ag^+、Hg_2^{2+}、Au^{3+}、Pt^{4+}、Fe^{3+}、Ce^{4+} 等）。钼酸盐和钨酸盐与 CuI 反应生成低氧化物（钼蓝、钨蓝）而干扰。

② 与 $SnCl_2$ 反应（检出限量 $5\mu g$，最低浓度 $200\mu g \cdot g^{-1}$） 取 2 滴 Hg^{2+} 试液，滴加 $0.5mol \cdot L^{-1}$ $SnCl_2$ 溶液，出现白色沉淀，继续加过量 $SnCl_2$，不断搅拌，放置 $2\sim 3min$，出现灰色沉淀，示有 Hg^{2+}。

$$SnCl_4^{2-} + 2HgCl_2 = SnCl_6^{2-} + Hg_2Cl_2(s)$$
$$SnCl_4^{2-} + Hg_2Cl_2 = SnCl_6^{2-} + 2Hg(s)$$

凡与 Cl^- 能形成沉淀的阳离子应先除去。

能与 $SnCl_2$ 起反应的氧化剂应先除去，这一反应同样适用于 Sn^{2+} 的鉴定。

五、操作要点

① 要特别注意鉴定反应进行的条件（反应物的浓度、溶液的酸碱性、反应的温度、介质等）及干扰离子。

② 可对样品进行空白实验（用蒸馏水代替样品，以相同的方法进行离子鉴定）和对照实验（用已知试液代替样品，以相同的方法进行离子鉴定）。

实验二十三 氧化还原反应

一、预习要点

① 复习有关氧化还原反应的基本概念。影响电极电势的因素，能斯特方程式及其有关计算。

② 原电池原理及其组成。

二、目的要求

① 学会装置原电池。

② 学会用酸度计测量电池的电动势并了解浓度对电池电动势的影响。

③ 熟悉常用氧化剂和还原剂的反应。

④ 了解浓度、酸度对氧化还原反应的影响。

三、实验原理

本实验采用 pH 计的毫伏部分测量原电池的电动势。原电池电动势的精确测量常用电位差计，而不能用一般的伏特计。因为伏特计与原电池接通后，有电流通过伏特计引起原电池发生氧化还原反应。另外，由于原电池本身有内阻，放电时产生内压降，伏特计所测得的端电压，仅是外电路的电压，而不是原电池的电动势。当用 pH 计与原电池接通后，由于 pH 计的毫伏部分具有高阻抗，使测量回路中通过的电流很小，原电池的内压降近似为零，所测得的外电路的电压降可近似地作为原电池的电动势。因此，可用 pH 计的毫伏部分粗略地测量原电池的电动势。

电流通过电解质溶液，在电极上引起化学变化的过程称为电解，电解时电极电势的高低、离子浓度的大小、电极材料等因素都可以影响两极上的电解产物。

氧化还原反应的实质是电子的转移，物质在溶液中得失电子能力的强弱由氧化还原电对的电极电势决定，电极电势越大，氧化型物质的氧化能力越强，还原型物质的还原能力越弱，反之亦然。根据氧化还原电对的电极电势相对大小，可判断电对中氧化型或还原型物质的氧化能力或还原能力的相对强弱，进一步判断氧化还原反应进行的方向。

电极电势的大小与物质的本性有关。浓度、温度、介质酸度等条件的变化均可导致电极电势的变化。浓度与电极电势之间的关系（T 为 298.15K）可用能斯特（Nernst）方程式表示：

$$\varphi = \varphi^{\ominus} + \frac{0.059}{n} \lg \frac{c_{氧化态}}{c_{还原态}}$$

对于有含氧酸根离子参加的氧化还原反应常有 H^+ 参加，如：

$$MnO_4^- + 8H^+ + 5e^- \rightleftharpoons Mn^{2+} + 4H_2O$$

$$\varphi_{MnO_4^-/Mn^{2+}} = \varphi^{\ominus}_{MnO_4^-/Mn^{2+}} + \frac{0.059}{5} \lg \frac{c_{MnO_4^-} c^8_{H^+}}{c_{Mn^{2+}}}$$

c_{H^+} 的改变，可使 MnO_4^- 氧化性发生变化。

有沉淀剂（包括 OH^-）或配位剂的存在，能够大大减少溶液中某一离子的浓度时或能够引起电动势符号变化时，甚至可以改变反应方向。

四、实验用品

酸度计、导线、电极架、烧杯、盐桥。

酸：$H_2C_2O_4$（$0.1mol \cdot L^{-1}$）、H_2SO_4（$1mol \cdot L^{-1}$，$3mol \cdot L^{-1}$）、HAc（$6mol \cdot L^{-1}$）。

碱：$NH_3 \cdot H_2O$（浓）、$NaOH$（$2mol \cdot L^{-1}$，$6mol \cdot L^{-1}$）。

盐：NH_4F（$3mol \cdot L^{-1}$）、Na_2SO_4（$0.5mol \cdot L^{-1}$）、$KMnO_4$（$0.01mol \cdot L^{-1}$）。

$0.1mol \cdot L^{-1}$ 盐溶液：Na_2SO_3，KI，KIO_3，KBr，$FeNH_4(SO_4)_2$，$FeCl_3$，$ZnSO_4$，$CuSO_4$。

其他：H_2O_2（3%）、CCl_4、酚酞指示剂、滤纸。

五、实验步骤

1. 原电池电动势的测定与电解

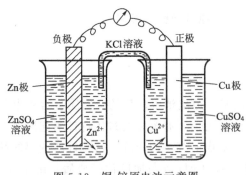

图 5-13 铜-锌原电池示意图

往一只 50mL 小烧杯中加入 15mL $0.1mol \cdot L^{-1}$ $ZnSO_4$ 溶液，在其中插入 Zn 片；往另一只 50mL 小烧杯中加入 15mL $0.1mol \cdot L^{-1}$ $CuSO_4$ 溶液，在其中插入 Cu 片，用盐桥把它们连接起来组成原电池，通过导线将铜电极接酸度计的正极，锌电极接酸度计的负极测其电动势（见图 5-13）。

在盛 $CuSO_4$ 溶液的烧杯中，搅拌下滴加浓 $NH_3 \cdot H_2O$ 至生成的沉淀完全溶解，与此同时，观察伏特计指针变化情况，并说明电动势变化的原因，写出反应式。

再往盛 $ZnSO_4$ 溶液的烧杯中搅拌下滴入浓 $NH_3 \cdot H_2O$ 至生成的沉淀完全溶解，与此同时，观察伏特计指针变化情况，说明电动势变化的原因，写出反应式。

在一个垫有一张滤纸的表面皿中加入 3~5mL Na_2SO_4（$0.5mol \cdot L^{-1}$）溶液和一滴酚酞，将上述原电池两导线与湿润滤纸接触（两导线距离不可太远），观察 Na_2SO_4 溶液有何变化？加以解释。

2. 电极电势与氧化还原反应

在小试管中将 3~4 滴 $0.1mol \cdot L^{-1}$ KI 溶液用蒸馏水稀释至 1mL，加入 2 滴 $0.1mol \cdot L^{-1}$ $FeCl_3$，摇匀后再加入 0.5mL CCl_4 充分振荡，观察 CCl_4 层的颜色有何变化。

用 $0.1mol \cdot L^{-1}$ 的 KBr 溶液代替 $0.1mol \cdot L^{-1}$ 的 KI 溶液进行同样实验。

由实验结果定性地比较 Br_2-Br^-、I_2-I^-、Fe^{3+}-Fe^{2+} 三个电对电极电势的相对高低（即代数值相对大小），并指出哪个电对的氧化态是最强的氧化剂，哪个电对的还原态是最强的还原剂。说明电极电势与氧化还原反应方向的关系。

3. 影响氧化还原反应的因素

（1）**浓度对氧化还原反应的影响** 在小试管中加入 0.5mL $0.1mol \cdot L^{-1}$ $Fe(NH_4)(SO_4)_2$、0.5mL $0.1mol \cdot L^{-1}$ KI 和 0.5mL CCl_4 溶液，摇匀后观察 CCl_4 层的颜色，然后加入 1mL $3mol \cdot L^{-1}$ NH_4F 溶液，充分振荡，观察 CCl_4 的颜色变化。解释原因。

（2）**温度对氧化还原反应的影响** 在两支试管中各加入 $0.01mol \cdot L^{-1}$ $KMnO_4$ 溶液 3 滴和 $3.0mol \cdot L^{-1}$ H_2SO_4 溶液 5 滴，将其中一支试管放在水浴中加热几分钟，在两支试管中同时加入 $0.1mol \cdot L^{-1}$ $H_2C_2O_4$ 溶液 5 滴。比较两组混合溶液颜色的变化快慢，并作出解释。

（3）**介质对氧化还原的影响**

① 对反应方向的影响 在试管中加入 $0.1mol \cdot L^{-1}$ KI 溶液 10 滴和 $0.1mol \cdot L^{-1}$ KIO_3 溶液 2~3 滴，观察有无变化。再加入几滴 $1mol \cdot L^{-1}$ H_2SO_4 溶液，观察现象。再逐滴加入 $2mol \cdot L^{-1}$ NaOH 溶液，观察反应的现象，并做出解释。

② 反应产物的影响 在三支试管中各加入 $0.01mol \cdot L^{-1}$ $KMnO_4$ 溶液 2 滴；第一支试管中加入 6 滴 $1mol \cdot L^{-1}$ H_2SO_4 溶液，第二支试管中加入 6 滴 H_2O，第三支试管中加入 6 滴 $6mol \cdot L^{-1}$ NaOH 溶液，混合后往三支试管中逐滴加入 $0.1mol \cdot L^{-1}$ 的 Na_2SO_3 溶液。观察实验现象，并写出反应方程式。

③ 对反应速率的影响 在两支试管中，各加两滴 $0.01mol \cdot L^{-1}$ $KMnO_4$ 溶液，然后分别加入 0.5mL $1mol \cdot L^{-1}$ H_2SO_4 溶液和 $6mol \cdot L^{-1}$ HAc 溶液，再分别同时加入 0.5mL $0.1mol \cdot L^{-1}$ KBr 溶液，观察并比较两支试管中的紫色溶液褪色的快慢。写出反应式，并加以解释。

4. 设计性实验

用 $0.1mol \cdot L^{-1}$ KI、$1mol \cdot L^{-1}$ H_2SO_4、3% H_2O_2、$0.01mol \cdot L^{-1}$ $KMnO_4$ 设计一个实验，证明 H_2O_2 既有氧化性又有还原性。

六、问题讨论

① 当本实验中所用原电池断开外电路时，能长期保存吗？如果导线与电极或酸度计接线柱接触不良，将对电动势测量产生什么影响？为什么？

② 为什么 H_2O_2 既有氧化性又有还原性？在何种情况下作氧化剂？在何种情况下作还原剂？

③ 介质的酸碱性对哪些氧化还原反应有影响？

④ 如何用实验证明 $KClO_3$、$K_2Cr_2O_7$ 等溶液在酸性介质中才有氧化性。
⑤ 通过本实验总结出影响电极电势的因素。

实验二十四　高锰酸钾标准溶液的配制和标定

一、预习要点
① 高锰酸钾标准溶液的配制方法。
② 高锰酸钾标准溶液标定条件。

二、目的要求
① 掌握高锰酸钾标准溶液的配制方法和保存条件。
② 掌握用 $Na_2C_2O_4$ 作基准物标定高锰酸钾溶液的原理、滴定条件、操作技巧和计算。

三、实验原理
高锰酸钾（$KMnO_4$）为强氧化剂，易与水中的有机物和空气中的尘埃等还原性物质作用。而市售的高锰酸钾常含有少量杂质，如硫酸盐、氯化物及硝酸盐等，因此不能用精确称量高锰酸钾的方法来直接配制标准溶液。

$KMnO_4$ 溶液还能自行分解，其分解反应如下：

$$4KMnO_4 + 2H_2O = 4MnO_2\downarrow + 4KOH + 3O_2\uparrow$$

分解速率随溶液的 pH 值而改变。在中性溶液中，分解很慢，但 Mn^{2+} 离子和 MnO_2 能加速 $KMnO_4$ 的分解，见光时分解更快，因此 $KMnO_4$ 标准溶液的浓度容易改变，必须正确配制和保存。

正确配制和保存的 $KMnO_4$ 溶液应呈中性，不含 MnO_2，这样，浓度就比较稳定，放置数月后浓度大约只降低 0.5%。但是如果长期使用，仍应定期标定。

$KMnO_4$ 标准溶液常用还原剂草酸钠 $Na_2C_2O_4$ 作基准物来标定。$Na_2C_2O_4$ 不含结晶水，容易精制，性质稳定，操作简便。用 $Na_2C_2O_4$ 标定 $KMnO_4$ 溶液的反应如下：

$$2MnO_4^- + 5C_2O_4^{2-} + 16H^+ \xrightarrow{\triangle} 2Mn^{2+} + 10CO_2 + 8H_2O$$

滴定温度控制在 70～80℃，不应低于 60℃，否则反应速率太慢，但温度超过 90℃，草酸又可分解。

滴定时可利用离子本身的颜色指示滴定终点。

根据称取的 $Na_2C_2O_4$ 质量和耗用的 $KMnO_4$ 溶液的体积，即可计算 $KMnO_4$ 标准溶液的准确浓度。

四、实验用品
分析天平，称量瓶，酸式滴定管，4 号玻璃滤锅，量筒、锥形瓶、台秤、电炉、烧杯。
$KMnO_4$（固或 $0.1mol \cdot L^{-1}$），$Na_2C_2O_4$（基准试剂，于 105℃干燥 2h，储存于干燥器中）、H_2SO_4 溶液（8+92）。

五、实验步骤

1. $c_{\frac{1}{5}KMnO_4} = 0.1mol \cdot L^{-1}$ 高锰酸钾标准溶液的配制

称取 3.3g 高锰酸钾，溶于 1050mL 水中，缓缓煮沸 15min，冷却，于暗处放置两周，用已处理过的 4 号玻璃滤锅过滤除去 MnO_2 等杂质。滤液储于洁净的棕色瓶中，放置暗处保存。

玻璃滤锅的处理方法是将玻璃滤锅在同样浓度的高锰酸钾溶液中缓缓煮沸 5min。

2. 标定

称取 0.25g（应称准至小数点后第几位？）于 105～110℃ 电烘箱中干燥至恒重的工作基准试剂草酸钠，于 250mL 锥形瓶中，溶于 100mL 硫酸溶液（8+92）中，用配制好的高锰酸钾溶液滴定，近终点时加热至约 65℃，继续滴定至溶液呈粉红色，并保持 30s。同时做空白实验。平行标定 4 次。

高锰酸钾标准溶液的浓度（$c_{\frac{1}{5}KMnO_4}$）以摩尔每升（$mol \cdot L^{-1}$）表示，按下式计算：

$$c_{\frac{1}{5}KMnO_4} = \frac{m \times 1000}{(V_1 - V_2)M}$$

式中 m——草酸钠的质量，g；

V_1——高锰酸钾溶液的体积，mL；

V_2——空白实验高锰酸钾溶液的体积，mL；

M——草酸钠的摩尔质量，$M_{\frac{1}{2}Na_2C_2O_4} = 66.999 g \cdot mol^{-1}$。

六、注意事项

① 加热及放置时，均应盖上表面皿，以免尘埃及有机物等落入。

② 标定过程中要注意滴定速度，第一滴 $KMnO_4$ 溶液褪色很慢，在第一滴 $KMnO_4$ 溶液没有褪色以前，不要加入第二滴，待反应生成的 Mn^{2+} 自催化作用显效后，滴定的速度可适当加快，但不能让 $KMnO_4$ 溶液像流水似地滴下去，近终点时更需小心缓慢滴入。

③ 应使滴定终点时溶液保持适当的温度。

④ $KMnO_4$ 作氧化剂，通常是在强酸性溶液中反应，滴定过程中若出现棕色混浊现象 [为 $MnO(OH)_2$ 沉淀，是由酸度不足引起的]，应立即加入 H_2SO_4 补救，但若已经达到终点，则加 H_2SO_4 已无效，这时应重做实验。

⑤ 加热可使反应加快，但不应热至沸腾，否则容易引起部分草酸分解。在滴定至终点时，溶液的温度不应低于 60℃。

⑥ $KMnO_4$ 溶液具有较强的氧化性，应装在酸式滴定管中，不能装入碱式滴定管，以防其可能与橡胶管作用。

⑦ 由于 $KMnO_4$ 溶液颜色很深，不易观察溶液弯月面的最低点，因此体积读数应使视线与液面两侧的最高点水平。

⑧ $KMnO_4$ 滴定的终点不太稳定，这是由于空气中含有还原性气体及尘埃等杂质，落入溶液中能使 $KMnO_4$ 缓慢分解，而使粉红色消失，故经 30s 不褪色，即可认为已到终点。

⑨ 如果急用 $KMnO_4$ 标准溶液，则将配好的 $KMnO_4$ 溶液经煮沸并在水浴上保温 1h，冷却后过滤，则不必长期放置，就可以标定其浓度。

七、问题讨论

① 配制 $KMnO_4$ 标准溶液时，为什么要把 $KMnO_4$ 溶液煮沸一定时间和放置数天？溶液为什么要过滤后才能保存？是否可用滤纸过滤？

② 配好的溶液为什么要装在棕色瓶中放置暗处保存？

③ 用 $Na_2C_2O_4$ 标定 $KMnO_4$ 溶液浓度时，H_2SO_4 加入量的多少对标定有何影响？可否用盐酸或硝酸来代替？

④ 用 $Na_2C_2O_4$ 标定 $KMnO_4$ 溶液浓度时，为什么要加热？溶液温度过高或过低有什么影响？

⑤ 用 $KMnO_4$ 溶液滴定 $Na_2C_2O_4$ 溶液时，$KMnO_4$ 溶液为什么一定要装在酸式滴定管中？
⑥ 本实验的滴定速度应如何掌握，为什么？试解释溶液褪色的速度越来越快的现象。
⑦ 滴定管中的 $KMnO_4$ 溶液应怎样准确地读取读数？

实验二十五　化学需氧量（COD）的测定

一、预习要点
① 酸性高锰酸钾法测定 COD 原理。
② 酸性高锰酸钾法测定 COD 方法要点。

二、目的要求
① 了解测定 COD 的意义。
② 掌握酸性高锰酸钾法测定水中 COD 的分析方法。

三、实验原理
化学需氧量是指用适量的氧化剂处理水样时，水样中需氧污染物所消耗的氧化剂的量，通常以相应的氧量（单位为 $mg·L^{-1}$）来表示。COD 是表示水体或污水的污染程度的重要综合指标之一，是环境保护和水质控制中经常需要测定的项目。COD 值越高，说明水体污染越严重。

COD 的测定分酸性高锰酸钾法、碱性高锰酸钾法和重铬酸钾法及碘酸盐法。
本实验采用酸性高锰酸钾法，其原理如下：
在酸性条件下，高锰酸钾具有很强的氧化性。

$$MnO_4^- + 8H^+ + 5e^- = Mn^{2+} + 4H_2O \qquad \varphi^\ominus = 1.51V$$

向被测水样中定量加入高锰酸钾溶液，加热水样，水溶液中多数的有机污染物都可以氧化，但反应过程相当复杂，主要发生以下反应：

$$4KMnO_4 + 6H_2SO_4 + 5C = 2K_2SO_4 + 4MnSO_4 + 6H_2O + 5CO_2\uparrow$$

加入定量且过量的 $Na_2C_2O_4$ 还原过量的高锰酸钾，最后再用高锰酸钾标准溶液返滴过量的草酸钠至微红色为终点，由此计算出水样的耗氧量。反应如下：

$$2MnO_4^- + 5C_2O_4^{2-} + 16H^+ = 10CO_2\uparrow + 8H_2O + 2Mn^{2+}$$

氧化温度与时间会影响结果，本实验用 30min 煮沸法。
若水样中含有 F、H_2S（或 S）、SO_3、NO_2 等还原性离子，也会干扰测定，可在冷的水样中直接用高锰酸钾滴定至微红色后，再进行 COD 测定。

四、实验用品
$0.005mol·L^{-1}$ 高锰酸钾溶液：将实验二十四中 $0.02mol·L^{-1}$ 高锰酸钾溶液稀释 4 倍。

$0.013mol·L^{-1}$ 草酸钠标准溶液：称取基准物质 $Na_2C_2O_4$ 0.42g 左右溶于少量的蒸馏水中，定量转移至 250mL 容量瓶中，稀释至刻度，摇匀，计算其浓度。

H_2SO_4 (1+2)；NaOH (10%)；硝酸银溶液（w 为 0.10）。
移液管（10mL，25mL），水浴锅，酸式滴定管（50mL），锥形瓶（250mL）。

五、实验步骤
1. 取适量水样（25.00mL）于 250mL 锥形瓶中，加蒸馏水 100mL，加硫酸（1+2）

10mL，再加入 w 为 0.10 的硝酸银溶液 5mL 以除去水样中的 Cl^-（当水样中 Cl^- 浓度很小时，可以不加硝酸银），摇匀后准确加入 $0.005\,mol \cdot L^{-1}$ 高锰酸钾溶液 10.00mL（V_1），将锥形瓶置于沸水浴中加热 30min，氧化需氧污染物。稍冷后（约80℃），加 $0.013\,mol \cdot L^{-1}$ 草酸钠标准溶液 10.00 mL，摇匀（此时溶液应为无色，若仍为红色，再补加 5.00mL），在 70~80℃的水浴中用 $0.005\,mol \cdot L^{-1}$ 高锰酸钾溶液滴定至微红色，30s 内不褪色即为终点，记下高锰酸钾溶液的用量为 V_2。

2. 在 250mL 锥形瓶中加入 100mL 蒸馏水和 10mL 硫酸（1+2），移入 $0.013\,mol \cdot L^{-1}$ 草酸钠标准溶液 10.00mL，摇匀，在 70~80℃的水浴中，用 $0.005\,mol \cdot L^{-1}$ 高锰酸钾溶液滴定至溶液呈微红色，30s 内不褪色即为终点，记下高锰酸钾溶液的用量为 V_3。

3. 在 250mL 锥形瓶中加入 100mL 蒸馏水和 10mL 硫酸（1+2），在 70~80℃下，用 $0.005\,mol \cdot L^{-1}$ 高锰酸钾溶液滴定至溶液呈微红色，30s 内不褪色即为终点，记下高锰酸钾溶液的用量为 V_4。

按下式计算化学需氧量 $COD_{Mn^{2+}}$：

$$COD_{Mn^{2+}} = \frac{[(V_1+V_2-V_4)f-10.00] \times c_{Na_2C_2O_4} \times 16.00 \times 1000}{V_5}$$

式中，$f=10.00/(V_3-V_4)$，即每毫升高锰酸钾相当于 f mL 草酸钠标准溶液；V_s 为水样体积；16.00 为氧的相对原子质量。

六、操作要点

① 水样量根据在沸水浴中加热反应 30min 后，应剩下加入量一半以上的 $0.005\,mol \cdot L^{-1}$ 高锰酸钾溶液量来确定。

② 废水中有机物种类繁多，但对于主要含烃类、脂肪、蛋白质以及挥发性物质（如乙醇、丙酮等）的生活污水和工业废水，其中的有机物大多数可以氧化 90% 以上，像吡啶、甘氨酸等有些有机物则难以氧化，因此，在实际测定中，氧化剂种类、浓度和氧化条件等对测定结果均有影响，所以必须严格按规定操作步骤进行分析，并在报告结果时注明所用的方法。

③ 本实验在加热氧化有机污染物时，完全敞开，如果废水中易挥发性化合物含量较高时，应使用回流冷凝装置加热，否则结果将偏低。

④ 水样中 Cl^- 在酸性高锰酸钾中能被氧化，使结果偏高。

⑤ 实验所用的蒸馏水最好用含酸性高锰酸钾的蒸馏水重新蒸馏所得的二次蒸馏水。

七、注意事项

① 当水样中 Cl 量较高（大于 $100\,mg \cdot L^{-1}$）时，在酸性高锰酸钾中能被氧化，会发生以下反应，使结果偏高：

$$2MnO_4^- + 16H^+ + 10Cl^- == 2Mn^{2+} + 8H_2O + 5Cl_2\uparrow$$

为了避免这一干扰，水样应先加蒸馏水稀释后再测定，或改用碱性高锰酸钾法测定，反应为：

$$4MnO_4^- + 3C + 2H_2O == 4MnO_2 + 3CO_2\uparrow + 4OH^-$$

然后再将溶液调成酸性，加入 $Na_2C_2O_4$，把 MnO_2 和过量的 $KMnO_4$ 还原，再利用 $KMnO_4$ 滴至水样至微红色终点。由上述反应可知，在碱性溶液中进行氧化，虽然生成 MnO_2，但最后仍被还原成 Mn^{2+}，所以在酸性溶液中和在碱性溶液中所得的结果是相同的。

按上述操作用蒸馏水做空白实验，平行两次。
计算公式同酸性高锰酸钾法（为什么？）。
② 高锰酸钾法适用于测定地表水、引用水和生活污水。
③ 重铬酸钾法可以将难氧化的物质在较高温度下彻底氧化。
④ 超过85℃时，草酸钠会分解，使测量的结果偏高。

八、问题讨论

① 哪些因素影响COD测定的结果，为什么？

② 酸性溶液测定COD时，若加热煮沸出现棕色是什么原因？需重做吗？而碱性溶液测定COD时，出现绿色或棕色可以吗？为什么？

③ 可以采用哪些方法避免水中Cl^-对测定结果的影响？

④ COD测定时，大多数有机物可以氧化90%以上，一般保留3位有效数字即可。

⑤ 一般测定清洁水中COD时，采用高锰酸钾法比较简便、快速。但用这个方法测定污水或工业废水时不够满意，因为这些水中含有许多复杂的有机物质，用高锰酸钾很难氧化，不易严格控制操作条件。用于测定污染严重的水样时不如重铬酸钾法好。重铬酸钾法能将大部分有机物氧化，适合于污水和工业废水分析（但直链烃、芳香烃、苯等化合物仍不能氧化；若加硫酸银作催化剂，直链化合物可被氧化，但对芳香烃类无效），氯化物在此条件下也能被重铬酸钾氧化生成氯气，故水样中氯化物高于$30 mg \cdot L^{-1}$时，须加硫酸汞消除干扰。

九、参考文献

南京大学无机及分析化学实验编写组. 无机及分析化学实验. 第三版. 北京：高等教育出版社，1998：131~132.

实验二十六 药用葡萄糖含量的测定

一、预习要点

① 间接碘量法测定葡萄糖含量的原理。
② 操作要点和注意事项。

二、目的要求

① 学会间接碘量法测定葡萄糖含量的原理、方法，进一步掌握返滴定法技能。
② 掌握I_2标准溶液的配制与标定。
③ 进一步熟悉酸式滴定管的操作，掌握有色溶液滴定时体积的正确读法。

三、实验原理

葡萄糖是人体主要的热量来源之一，每克葡萄糖可产生4cal（1kal=4.1840J）热能，故被用来补充热量。葡萄糖注射液有保肝、解毒、强心、利尿、消肿、补充体液等作用，葡萄糖注射液又分为等渗溶液、中渗溶液、高渗溶液，其浓度不同，医疗作用也不同，因而常常需要测定葡萄糖注射液中葡萄糖含量。其测定原理如下。

I_2与NaOH作用可生成次碘酸钠（NaIO），次碘酸钠可将葡萄糖（$C_6H_{12}O_6$）分子中的醛基定量地氧化为羧基。未与葡萄糖作用的次碘酸钠在碱性溶液中歧化生成NaI和$NaIO_3$，当酸化时$NaIO_3$又恢复成I_2析出，用$Na_2S_2O_3$标准溶液滴定析出的I_2，从而可计算出葡萄糖的含量。涉及的反应如下：

I_2 与 NaOH 作用生成 NaIO 和 NaI：

$$I_2 + 2OH^- = IO^- + I^- + H_2O$$

$C_6H_{12}O_6$ 和 NaIO 定量作用：

$$C_6H_{12}O_6 + IO^- = C_6H_{12}O_7 + I^-$$

总反应式为：

$$I_2 + C_6H_{12}O_6 + 2OH^- = C_6H_{12}O_7 + 2I^- + H_2O$$

未与葡萄糖作用的 NaIO 在碱性溶液中歧化成 NaI 和 $NaIO_3$：

$$3IO^- = IO_3^- + 2I^-$$

在酸性条件下，$NaIO_3$ 又恢复成 I_2 析出：

$$IO_3^- + 5I^- + 6H^+ = 3I_2 + 3H_2O$$

用 $Na_2S_2O_3$ 滴定析出的 I_2：

$$I_2 + 2S_2O_3^{2-} = S_4O_6^{2-} + 2I^-$$

因为 1mol 葡萄糖与 1mol I_2 作用，而 1mol IO^- 可产生 1mol I_2，从而可以测定出葡萄糖的含量。

本法可作为葡萄糖注射液中葡萄糖含量的测定方法。

四、实验用品

移液管，滴定管（酸式，碱式，50mL）。

I_2 标准溶液（0.05mol·L^{-1}），$Na_2S_2O_3$ 标准溶液（0.1mol·L^{-1}），NaOH（2mol·L^{-1}），HCl（6mol·L^{-1}），淀粉指示剂溶液（10g·L^{-1}）。

五、实验步骤

移取 25.00mL 葡萄糖待测试液于碘量瓶中，从酸式滴定管中加入 25.00mL I_2 标准溶液。一边摇动，一边缓慢加入 2mol·L^{-1} NaOH 溶液，直至溶液呈浅黄色。将碘量瓶加塞于暗处放置 10~15min 后，加 2mL 6mol·L^{-1} HCl 使成酸性，立即用 $Na_2S_2O_3$ 溶液滴定至溶液呈淡黄色时，加入 2mL 淀粉指示剂，继续滴定蓝色消失即为终点。

葡萄糖的质量浓度 $\rho_{C_6H_{12}O_6}$ 以克每升表示（g·L^{-1}），按下式计算：

$$\rho_{C_6H_{12}O_6} = \frac{\left(c_{I_2}V_{I_2} - \frac{1}{2}c_{Na_2S_2O_3}V_{Na_2S_2O_3}\right) \times \frac{M_{C_6H_{12}O_6}}{1000}}{V} \times 1000$$

式中　c_{I_2}——碘标准溶液的浓度，mol·L^{-1}；

V_{I_2}——碘溶液的体积，mL；

$c_{Na_2S_2O_3}$——硫代硫酸钠标准溶液的浓度，mol·L^{-1}；

$V_{Na_2S_2O_3}$——硫代硫酸钠标准溶液的体积，mL；

V——试样的体积，mL；

M——葡萄糖（$C_6H_{12}O_6$）的摩尔质量，180.16g·mol^{-1}。

六、操作要点

加 NaOH 的速度不能过快，否则过量的 NaIO 来不及氧化 $C_6H_{12}O_6$ 就歧化成与 $C_6H_{12}O_6$ 反应的 $NaIO_3$ 和 NaI，使测定结果偏低。这一步骤对测定结果影响很大，务必仔细操作和观测。

七、注意事项

本方法可用作葡萄糖注射液中葡萄糖含量的测方法,测定时可视注射液的浓度将其适当稀释。葡萄糖注射液有 $50g \cdot L^{-1}$、$100g \cdot L^{-1}$、$250g \cdot L^{-1}$、$500g \cdot L^{-1}$ 四种规格。本实验用 $500g \cdot L^{-1}$ 葡萄糖注射液稀释 100 倍作为待测溶液。

八、问题讨论

① I_2 溶液应装入何种滴定管中?为什么?装入滴定管后弯月面看不清,应如何读数?

② 葡萄糖含量的测定中淀粉指示剂溶液应在什么时候加入?

实验二十七　土壤中有机质含量的测定

一、预习要点

① 重铬酸钾测定土壤中有机质含量的原理。

② 操作要点和注意事项。

二、目的要求

① 掌握重铬酸钾测定土壤中有机质含量的原理。

② 学会用重铬酸钾测定土壤中有机质的含量。

三、实验原理

有机质是土壤中结构复杂的有机物质,其含量对土壤肥力有重大影响,它能促使土壤形成结构,改善土壤物理、化学性质及生物学过程的条件,提高土壤的吸收性能和缓冲性能,同时它本身又含有植物所需要的各种养分,如碳、氮、磷、硫等。因此,要了解土壤的肥力状况,必须进行土壤有机质含量的测定。

本实验所指的有机质是土壤有机质的总量,包括半分解的动植物残体,微生物生命活动的各种产物及腐殖质,另外还包括少量能通过 0.25mm 筛孔的未分解的动植物残体。如果要测定土壤腐殖质含量,则样品中的植物根系及其他有机残体应尽可能除去。

重铬酸钾法测定有机质,是基于在浓硫酸存在下,用已知过量的 $K_2Cr_2O_7$ 溶液在电砂浴加热条件下与土壤共热,使其中的碳被氧化,而多余的 $K_2Cr_2O_7$,以邻菲啰啉为指示剂,用 $(NH_4)_2Fe(SO_4)_2$ 标准溶液滴定,以所消耗的 $K_2Cr_2O_7$ 量计算有机碳含量。再换算成有机质含量。其反应式如下:

$$2K_2Cr_2O_7 + 8H_2SO_4 + 3C = 2Cr_2(SO_4)_3 + 2K_2SO_4 + 3CO_2 + 8H_2O$$

$$K_2Cr_2O_7 + 6(NH_4)_2Fe(SO_4)_2 + 7H_2SO_4 = Cr_2(SO_4)_3 + 3Fe_2(SO_4)_3 + 6(NH_4)_2SO_4 + 7H_2O + K_2SO_4$$

由于误差大,故只需取三位有效数字。

本方法适用于测定土壤有机质含量在 15% 以下的土壤。

四、实验用品

分析天平(感量 0.0001g),电砂浴,磨口三角瓶(150mL),磨口简易空气冷凝管(直径 0.9cm,长 19cm),定时钟,移液管(10.00mL,25.00mL),滴定管,温度计(200~300℃),铜丝筛(孔径 0.25mm),瓷研钵。

$K_2Cr_2O_7$(固),H_2SO_4(浓,$2mol \cdot L^{-1}$),$(NH_4)_2Fe(SO_4)_2 \cdot 6H_2O$(固),硫酸银(研成粉末),二氧化硅(粉末状)。

邻菲啰啉指示剂:称取邻菲啰啉 1.49g 溶于含有 $1.00g(NH_4)_2Fe(SO_4)_2 \cdot 6H_2O$ 约 100mL 水溶液中。此指示剂易变质,应密闭保存于棕色瓶中备用。

$0.4\text{mol} \cdot \text{L}^{-1} \left(\frac{1}{6}\text{K}_2\text{Cr}_2\text{O}_7\right)\text{-H}_2\text{SO}_4$ 溶液：称取 20g $\text{K}_2\text{Cr}_2\text{O}_7$，溶于 300～400mL 蒸馏水中，待完全溶解后加水稀释至 500mL，必要时可加热溶解。冷却后再缓慢加入 500mL 化学纯浓 H_2SO_4，不断搅动，每加约 100mL 硫酸后稍停片刻，并把大烧杯放在盛有冷水的盆内冷却，待溶液的温度降到不烫手时再加另一份硫酸，直到全部加完为止。

土壤样品。

五、实验步骤

1. 样品的选择和制备

选取有代表性风干土壤样品，用镊子挑除植物根叶等有机残体，然后用木棍把土块压细，使之通过 1mm 筛。充分混匀后，从中取出试样 10～20g，磨细，并全部通过 0.25mm 筛，装入磨口瓶中备用。

对新采回的水稻土或长期处于渍水条件下的土壤，必须在土壤晾干压碎后，平摊成薄层，每天翻动 1 次，在空气中暴露一周左右后才能磨样。

2. 标准溶液的配制和标定

（1）配制 $0.2\text{mol} \cdot \text{L}^{-1}$ $(\text{NH}_4)_2\text{Fe}(\text{SO}_4)_2$ 标准溶液　用台秤称取 80g $(\text{NH}_4)_2\text{Fe}(\text{SO}_4)_2 \cdot 6\text{H}_2\text{O}$ 溶于 180mL $2\text{mol} \cdot \text{L}^{-1}$ H_2SO_4 中，加水稀释至 1L，储于棕色瓶中保存。

（2）配制 $c_{\frac{1}{6}\text{K}_2\text{Cr}_2\text{O}_7} = 0.2\text{mol} \cdot \text{L}^{-1}$ 标准溶液　准确称取 10g 左右在 130℃ 下烘 1.5h 的分析纯 $\text{K}_2\text{Cr}_2\text{O}_7$ 溶于少量水中，转入 1000mL 容量瓶中，用水稀释至标线。

（3）$0.2 \text{mol} \cdot \text{L}^{-1}$ $(\text{NH}_4)_2\text{Fe}(\text{SO}_4)_2$ 标准溶液的标定　用移液管移取 25mL $0.2\text{mol} \cdot \text{L}^{-1}$ $\text{K}_2\text{Cr}_2\text{O}_7$ 标准溶液于 250mL 锥形瓶中，加 25mL $2\text{mol} \cdot \text{L}^{-1}$ H_2SO_4，加 3 滴邻菲咯啉指示剂，用 $(\text{NH}_4)_2\text{Fe}(\text{SO}_4)_2$ 溶液滴定至绿色恰好变成砖红色即为终点。

3. 试样的测定

准确称取通过 0.25mm 筛子的风干土样 0.05～0.5g，精确到 0.0001g，视土壤中含腐殖质的质量分数（w）而定。置入 150mL 三角瓶中，加粉末状的硫酸银 0.1g，准确加入 10mL $0.4\text{mol} \cdot \text{L}^{-1}$ $\left(\frac{1}{6}\text{K}_2\text{Cr}_2\text{O}_7\right)\text{-H}_2\text{SO}_4$ 溶液，摇匀。将盛有试样的三角瓶装一简易空气冷凝管，移至已预热到 200～230℃ 的电砂浴上加热（见图 5-14）。当简易空气冷凝管下端落下第一滴冷凝液时，开始计时，消煮 5min±0.5min。

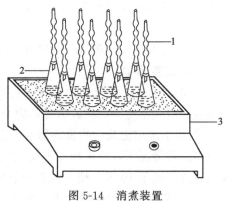

图 5-14　消煮装置

1—简易空气冷凝管；2—三角瓶；3—电砂浴

消煮完毕后，将三角瓶从电砂浴上取下，冷却片刻，用水冲洗冷凝管内壁及其底端外壁，使洗涤液流入原三角瓶，瓶内溶液的总体积应控制在 60～80mL，加 4 滴邻菲咯啉指示剂，用 $0.2 \text{mol} \cdot \text{L}^{-1}$ $(\text{NH}_4)_2\text{Fe}(\text{SO}_4)_2$ 标准溶液滴定剩余的重铬酸钾。溶液的变色过程是先由橙黄变为蓝绿，再变为棕红即达终点。

如果试样滴定所用 $(\text{NH}_4)_2\text{Fe}(\text{SO}_4)_2$ 标准溶液的体积（mL）不到空白标定所耗 $(\text{NH}_4)_2\text{Fe}(\text{SO}_4)_2$ 标准溶液体积的 1/3 时，则应减少土壤称样量，重新测定。

每批试样必须同时做 2～3 个空白标定。取 0.500g 粉末状二氧化硅代替试样，其他步骤与试样测定相同，取其平均值。

4. 计算

土样有机质的质量分数 w，数值以百分数表示，按下式计算：

$$w = \frac{\left(\dfrac{V_0 - V}{1000}\right) c_2 M_{\frac{1}{4}C} \times 1.724}{m} \times k \times 100$$

式中　V_0——滴定空白试液所消耗的 $(NH_4)_2Fe(SO_4)_2$ 标准溶液的体积，mL；

　　　V——测定试样时消耗的 $(NH_4)_2Fe(SO_4)_2$ 标准溶液的体积，mL；

　　　c_2——$(NH_4)_2Fe(SO_4)_2$ 标准溶液的浓度，mol·L^{-1}；

　　　M——碳的摩尔质量，g·mol^{-1}（$M_{\frac{1}{4}C} = 3.000$）；

　1.724——由有机碳换算为有机质的系数（有机质中碳的含量为 58%，故 1g 碳约等于 1.724g 有机质）。

　　　k——有机碳氧化率校正系数。不加硫酸银时，有机碳的氧化率平均只能达到 90%，故测得的有机碳含量要乘以校正系数 1.1，当加入硫酸银时，校正系数为 1.04。

　　　m——烘干试样的质量，g。

平行测定的结果用算术平均值表示，保留三位有效数字。

允差：当土壤所含有机质质量分数小于 1% 时，平行测定结果的差不得超过 0.05%；质量分数为 1%～4% 时，不得超过 0.10%；质量分数为 4%～7% 时，不得超过 0.30%；含量在 10% 以上时，不得超过 0.50%。

六、操作要点

① 取样量大小直接影响测定：有机质质量分数（以百分数表示）在 2% 以下时，试样质量取 0.4～0.5g；2%～7% 时，取 0.2～0.3g；7%～10% 时，取 0.1g；10%～15% 时，取 0.05g。

② 消化煮沸时，必须严格控制时间和温度。

七、注意事项

① 在消煮后，溶液仍须为黄棕色或黄中稍带绿色，如颜色变绿，则表明样品用量过多，重铬酸钾用量不足，有机碳氧化不完全，需要重做。

② 对于水稻土及一些长期渍水的土壤，由于土壤中含有亚铁离子，会使测定结果偏高，因为在这种情况下，重铬酸钾不仅氧化了有机碳，而且也氧化了土壤中的亚铁离子，须将土磨碎后摊平风干 10 天，使亚铁充分氧化为高铁后再测定。

③ 在含氯化物的盐渍土中，测定结果也较高，因氯离子被氧化成氯分子。可加入硫酸银 0.1g，使氯离子沉淀为氯化银，避免氯离子的干扰作用。

④ 对于石灰性土样，须慢慢加入浓硫酸，以防由于碳酸钙的分解而引起剧烈发泡。

八、问题讨论

① 本实验所用的 $0.4\,\text{mol·L}^{-1}\,\frac{1}{6}K_2Cr_2O_7\text{-}H_2SO_4$ 溶液，其浓度为什么不需要很准确？

② 标定用的 $0.2\,\text{mol·L}^{-1}\,\frac{1}{6}K_2Cr_2O_7$ 溶液，其浓度为什么要求很准确？

实验二十八　维生素 C 片剂的碘量法与紫外分光光度法测定

一、预习要点
① 直接碘量法。
② 紫外分光光度计。

二、目的要求
① 通过维生素 C 片的含量测定，掌握直接碘量法的原理及操作。
② 了解测定维生素 C 片含量的紫外分光光度法，并与中国药典采用的碘量法比较。

三、实验原理
维生素 C 是人体重要的维生素之一，它影响胶原蛋白的形成，参与人体多种氧化还原反应，并且有解毒作用。人体自身不能制造维生素 C，所以人体必须不断地从食物中摄入维生素 C，通常还需储藏能维持一个月左右的维生素 C。缺乏时会产生坏血病，故又称抗坏血酸。

维生素 C 属于水溶性维生素，分子式为 $C_6H_8O_6$。分子中的烯二醇基具有还原性，能被 I_2 定量地氧化成二酮基，因而可用 I_2 标准溶液直接测定。

简写为：
$$C_6H_8O_6 + I_2 \rightleftharpoons C_6H_6O_6 + 2HI$$

使用淀粉作为指示剂，用直接碘量法可测定药片、注射液、饮料、蔬菜、水果中维生素 C 的含量。

由于维生素 C 的还原性很强，较容易被溶液和空气中的氧氧化，在碱性介质中这种氧化作用更强，因此滴定宜在酸性介质中进行，以减少副反应的发生。考虑到 I^- 在强酸性条件下也易被氧化，故一般选在 pH 值为 3~4 的弱酸性溶液中进行滴定。

由于碘具有挥发性，碘离子易被空气所氧化而使滴定产生误差；又由于碘的挥发性和腐蚀性，使碘标准滴定溶液的配制及标定比较麻烦。根据维生素 C 在稀盐酸溶液中，酸度小于 pH=3.8 时，维生素 C 吸收曲线比较稳定，在 243nm 波长处有最大吸收的特性，可建立紫外分光光度法测定维生素 C 片含量的方法。

四、实验用品
分析天平，酸式滴定管（50mL），锥形瓶（250mL）。
I_2 标准碘溶液（0.05mol·L^{-1}），HAc（2mol·L^{-1}），淀粉指示剂溶液（10g·L^{-1}）。
紫外分光光度计，容量瓶（50mL），吸量管。
维生素 C 标准溶液：准确称取 105℃ 干燥至恒重的维生素 C 0.0500g，加 10mL 3mol·L^{-1} 盐酸溶解，并以蒸馏水定容到 500mL。
HCl（3mol·L^{-1}）。
样品：市售维生素 C 含片（750mg/片）。

五、实验步骤

1. 直接碘量法测定维生素 C 的含量

(1) 测定　准确称取适量（约相当于维生素 C 0.2g）研成粉末的维生素 C 药片，置于 250mL 锥形瓶中，加入 100mL 新煮沸过并冷却的蒸馏水，加入 10mL 2mol·L^{-1} HAc 和 2mL 淀粉指示剂（10g·L^{-1}），立即用 0.05mol·L^{-1} I$_2$ 标准滴定溶液滴定至稳定的浅蓝色，30s 内不褪色即为终点。

平行测定三次。

(2) 计算　维生素 C 的质量分数，数值以百分数表示，按下式计算：

$$w_{C_6H_8O_6} = \frac{2c_{I_2} V_{I_2} \times 10^{-3} \times M_{\frac{1}{2}C_6H_8O_6}}{m} \times 100$$

2. 紫外分光光度法测定维生素 C 的含量

(1) 校准曲线的绘制　准确吸取维生素 C 标准溶液 0.00mL、1.00mL、2.00mL、3.00mL、4.00mL、5.00mL 于 6 个 50mL 容量瓶中，以去离子水稀释至刻度，摇匀。在 243nm 波长处测定其吸光度 A。

(2) 样品测定　取 4 片维生素 C 含片研细，准确称取 0.25～0.26g 于 100mL 烧杯中，加入 2.50mL 3mol·mL^{-1} HCl 溶解，以去离子水稀释至 1000mL。移取样品溶液 5.00mL 于 50mL 容量瓶中，定容。

测定条件同标准曲线。

(3) 计算　由测得的吸光度 A 在标准曲线上查得浓度，换算为药品中含量（mg/片）。

六、操作要点

① 试样溶解后应立即进行滴定，以防止维生素 C 被空气所氧化。
② 接近终点时的滴定速度不宜过快，溶液呈现稳定的蓝色即为终点。
③ 滴定时速度的控制；淀粉指示剂的特点及终点的判断；深色溶液在滴定管中的读数。
④ 维生素 C 在空气中易被氧化，在配制维生素 C 样品溶液时，必须加入新煮沸的冷却蒸馏水，以防止水中的氧化性物质干扰测定。

七、问题讨论

① 为什么维生素 C 含量可以用直接碘量法测定（维生素 C 的标准电极电位为 0.18V）？
② 测定维生素 C 样品含量时，为何要加入酸溶液？
③ 溶解维生素 C 样品时，为什么要用新煮沸放冷的蒸馏水？

八、参考文献

[1] 中华人民共和国药典. 2005 年版. 第 2 部. 第 670 页.
[2] 肖光等. 维生素 C 片剂的紫外分光光度法测定. 光谱实验室，2004，21（5）：948～949.

实验二十九　硝酸银标准溶液的配制与标定

一、预习要点

① 电位计或 pH 计使用。
② 磁力搅拌器使用。
③ 确定终点的方法。

二、目的要求

① 了解电位滴定法原理。
② 掌握硝酸银标准溶液电位滴定法。

三、实验原理

将规定的指示电极和参比电极浸入同一被测溶液中,在滴定过程中,参比电极的电位保持恒定,指示电极的电位不断改变。在化学计量点前后,溶液中被测物质浓度的微小变化,会引起指示电位的急剧变化,指示电极电位的突跃点就是滴定终点。

四、实验用品

酸度计或电位计(应具有 0.1pH 单位或 10mV 的精确度,精确的实验应采用具有 0.02pH 单位或 2mV 精确度的仪器);216 型银电极,217 型双盐桥饱和甘汞电极 硝酸银(固或 $0.1mol \cdot L^{-1}$),淀粉溶液($10g \cdot L^{-1}$)。

五、实验步骤

1. $c_{AgNO_3}=0.1mol \cdot L^{-1}$ 标准溶液的配制

称取 17.5g 硝酸银,溶于 1000mL 水中,摇匀。溶液储存于棕色瓶中。

2. 标定

称取 0.22g 于 500～600℃ 的高温炉中灼烧至恒重的工作基准试剂氯化钠,溶于 70mL 水中,加 10mL 淀粉溶液($10g \cdot L^{-1}$),以 216 型银电极作指示电极,217 型双盐桥饱和甘汞电极作参比电极,用配制好的硝酸银溶液滴定。

滴定时,首先按图 5-15 所示连接好仪器。

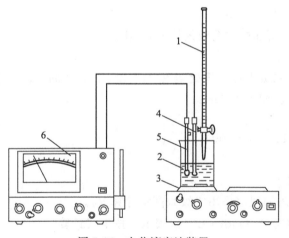

图 5-15 电位滴定法装置
1—滴定管;2—烧杯;3—磁力搅拌器;
4—指示电极;5—参比电极;6—电位计或 pH 计

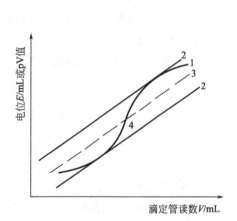

图 5-16 作图法求电位滴定终点
1—滴定曲线;2—切线;
3—平行等距离线;4—滴定终点

按产品标准的规定取样并制备试液。插入规定的指示电极和参比电极,开动磁力搅拌器,用规定的标准溶液滴定。从滴定管中滴入约为所需滴定体积的 90% 的标准溶液,测量指示电极的电位或 pH 值。以后每滴加 1mL 或适量标准溶液测量一次电位或 pH 值,化学计量点前后,应每滴加 0.1mL 标准溶液,测量一次。继续滴定至电位或 pH 值变化不大时为止。记录每次滴加标准溶液后滴定管的读数及测得的电位或 pH 值,用作图法或二级微商法确定滴定终点。

3. 终点的确定

(1) 作图法 以指示电极的电位（mV）或 pH 值为纵坐标，以滴定管的读数（mL）为横坐标绘制滴定曲线。作两条与横坐标成 45°的滴定曲线的切线，并在两切线间作一条与两切线距离相等的平行线（见图 5-16），该线与滴定曲线的交点即为滴定终点。交点的横坐标为滴定终点时标准溶液的用量，交点的纵坐标为滴定终点时电位或 pH 值。

本方法适用于滴定曲线对称的情况。

(2) 二级微商法 将滴定管读数 V（mL）和对应的电位 E（mV）或 pH 值列成表格，并计算下列数值：

每次滴加标准溶液的体积（ΔV）。

每次滴加标准溶液引起的电位或 pH 值的变化（ΔE 或 ΔpH）。

一级微商值。即单位体积标准溶液引起的电位或 pH 值的变化，数值上等于 $\Delta E/\Delta V$ 或 $\Delta pH/\Delta V$。

二级微商值。数值上相当于相邻的一级微商之差。

一级微商的绝对值最大、二级微商等于零时就是滴定终点。

滴定终点时标准溶液的用量按下式计算：

$$V_0 = V + \left(\frac{a}{a-b} \cdot \Delta V\right)$$

式中 V_0——滴定终点时标准溶液的用量，mL；

a——二级微商为零前的二级微商值；

b——二级微商为零后的二级微商值；

V——二级微商为 a 时标准溶液的用量，mL；

ΔV——二级微商为 a 至二级微商为 b 所加标准溶液的体积，mL。

典型实例见表 5-19。

在上表中，一级微商的最大值为 550，二级微商为零之点在 110 和 −360 之间。由上表中查得 $a=110$、$b=-360$、$V=34.30$mL、$\Delta V=0.1$mL。

$$\begin{aligned}V_0 &= 34.30 + \left[\frac{110}{110-(-360)} \times 0.1\right] \\ &= 34.30 + 0.023 \\ &= 34.32 (\text{mL})\end{aligned}$$

本实验按 GB/T 601—2002 中 4.21.2 条的规定采用二级微商法计算 V_0。

硝酸银标准溶液的浓度（c_{AgNO_3}）以摩尔每升（mol·L^{-1}）表示，按下式计算：

$$c_{AgNO_3} = \frac{m \times 1000}{V_0 M}$$

式中 m——氯化钠的质量，g；

V_0——硝酸银溶液的体积，mL；

M——氯化钠的摩尔质量，g·mol^{-1}，58.442。

六、注意事项

① 银电极：使用前用细砂纸将表面擦亮，然后浸入含有少量硝酸钠的稀硝酸（1+1）溶液中，直到有气体放出为止，取出用水洗干净。

② 双盐桥型饱和甘汞电极：盐桥套管内装饱和硝酸铵或硝酸钾溶液。

表 5-19 微商表

V/mL	E/mV	ΔE/mV	ΔV/mL	一级微商 ΔE/ΔV	二级微商
33.00	405				
		10	0.40	25	
33.40	415				10
		7	0.20	35	
33.60	422				10
		9	0.20	45	
33.80	431				15
		12	0.20	60	
34.00	443				60
		12	0.10	120	
34.10	455				30
		15	0.10	150	
34.20	470				290
		44	0.10	440	
34.30	514				110
		55	0.10	550	
34.40	569				−360
		19	0.10	190	
34.50	588				−80
		11	0.10	110	
34.60	599				−40
		7	0.10	70	
34.70	606				

七、参考文献

[1] GB/T 601—2002 化学试剂 标准溶液的制备.
[2] GB/T 9725—1988 化学试剂 电位滴定法通则.

实验三十 生理盐水中 NaCl 含量的测定

一、预习要点
① 分步沉淀原理。
② 莫尔法测定氯化物原理及注意事项。

二、目的要求
① 学习银量法测定氯的原理和方法。
② 掌握莫尔法的实际应用。

三、实验原理

某些可溶性氯化物中氯含量的测定可采用银量法。银量法根据所用指示剂不同又分为莫尔法、佛尔哈德法和法扬司法。

本实验采用莫尔法。此方法是在中性或弱碱性溶液中，以 K_2CrO_4 为指示剂，用 $AgNO_3$ 标准溶液进行滴定。由于 AgCl 的溶解度比 Ag_2CrO_4 小，因此溶液中首先析出 AgCl 沉淀，当 AgCl 定量沉淀后，过量一滴 $AgNO_3$ 溶液即与 CrO_4^{2-} 生成砖红色 Ag_2CrO_4 沉淀，指示到达终点。

主要反应式如下：

$$Ag^+ + Cl^- \longrightarrow AgCl \downarrow （白色） \qquad K_{sp} = 1.8 \times 10^{-10}$$

$$2Ag^+ + CrO_4^{2-} \longrightarrow Ag_2CrO_4 \downarrow （砖红色） \quad K_{sp} = 2.0 \times 10^{-12}$$

四、实验用品

马弗炉，分析天平，坩埚，坩埚钳，干燥器，容量瓶，称量瓶，锥形瓶，移液管，酸式滴定管。

NaCl（基准试剂），$AgNO_3$（A.R.），K_2CrO_4（5%），生理盐水。

五、实验步骤

1. $0.1 mol \cdot L^{-1}$ $AgNO_3$ 标准溶液的配制与标定

$AgNO_3$ 标准溶液可由基准工作试剂 $AgNO_3$ 直接配制。方法是，在分析天平上精确称量所需基准工作试剂 $AgNO_3$，在烧杯中加入不含 Cl^- 的蒸馏水，溶解后，将溶液完全转入容量瓶中，用水稀释至标线，计算其准确浓度。

$AgNO_3$ 标准溶液也可由分析纯 $AgNO_3$ 结晶配制后，由电位滴定法进行标定（参见实验二十）。

本实验则采用与测定氯化物含量时相同的方法（莫尔法）进行标定后使用。

NaCl 基准试剂在 500～600℃ 灼烧半小时后，放置在干燥器中冷却。

称取 1.7g $AgNO_3$，溶于不含 Cl^- 的蒸馏水中，并用不含 Cl^- 的蒸馏水稀释至 100mL。如欲保存，则需置于棕色试剂瓶中，在暗处保存，以防见光分解。

标定时，准确称取 0.15～0.2g 基准 NaCl 三份，分别置于三个锥形瓶中，各加 25mL 蒸馏水溶解后，加入 5% K_2CrO_4 1mL，在充分摇动下，用 $AgNO_3$ 溶液滴定至溶液刚呈现稳定的砖红色即为终点。记录 $AgNO_3$ 溶液用量。计算 $AgNO_3$ 的浓度（$mol \cdot L^{-1}$）。

2. 测定生理盐水中 NaCl 含量

将生理盐水稀释 1 倍后，用移液管准确移取 25.00mL 已稀释的生理盐水于锥形瓶中，加入 5% K_2CrO_4 1mL，在充分摇动下，用 $AgNO_3$ 标准溶液滴定至刚呈现稳定的砖红色即为终点。平行测定三次，计算生理盐水中 NaCl 的含量。

六、注意事项

① 滴定必须在中性或碱性溶液中进行，最适宜 pH 范围为 6.5～10.5。如有铵盐存在，溶液的 pH 值最好控制在 6.5～7.2 之间。

② 指示剂的用量对滴定有影响，一般以 $5 \times 10^{-3} mol \cdot L^{-1}$ 为宜。

③ 凡是能与 Ag^+ 生成难溶性化合物或配合物的阴离子都干扰测定，如 PO_4^{3-}、AsO_4^{3-}、AsO_3^{3-}、S^{2-}，SO_3^{2-}、CO_3^{2-}、$C_2O_4^{2-}$ 等。其中 H_2S 可加热煮沸除去，将 SO_3^{2-} 氧化成 SO_4^{2-} 后不再干扰测定。

④ 大量的 Cu^{2+}、Ni^{2+}、Co^{2+} 等有色离子将影响终点的观察。

⑤ 凡是能与 CrO_4^{2-} 指示剂生成难溶化合物的阳离子也干扰测定，如 Ba^{2+}、Pb^{2+} 能与 CrO_4^{2-} 分别生成 $BaCrO_4$ 和 $PbCrO_4$ 沉淀。Ba^{2+} 的干扰可加入过量 Na_2SO_4 消除。

⑥ Al^{3+}、Fe^{3+}、Bi^{3+}、Sn^{4+} 等高价金属离子在中性或弱碱性溶液中易水解产生沉淀，也不应存在。

七、问题讨论

① 莫尔法测定 Cl^- 时，为什么溶液的 pH 值应控制为 6.5～10.5？

② 以 K_2CrO_4 作指示剂时，其浓度太大或太小对测定有何影响？

实验三十一　水质全盐量的测定

一、预习要点
① 重量法测定水中全盐量的方法原理。
② 真空过滤、蒸发、烘干、称量等基本操作。

二、目的要求
① 掌握重量法测定水中全盐量的原理。
② 掌握重量法测定水中全盐量的方法。

三、实验原理
本方法规定了重量法测定水中全盐量的方法，本方法适用于农田灌溉水质、地下水和城市污水中全盐量的测定。取 100.0 mL 水样测定，其下限为 $10 mg \cdot L^{-1}$。

本方法中全盐量是指可通过孔径为 $0.45 \mu m$ 的滤膜或滤器，并于 $105℃ \pm 2℃$ 烘干至恒重的残渣重量（如有机物过多应采用过氧化氢处理）。

四、实验用品
有机微孔滤膜（孔径为 $0.45 \mu m$），微孔滤膜过滤器，真空泵，瓷蒸发皿（125 mL），干燥器，水浴或蒸汽浴，电热恒温干燥箱，分析天平（感量 0.1 mg）。

蒸馏水（电导率 $\leqslant 0.5 \mu S \cdot cm^{-1}$），$H_2O_2$（30%，A.R.），过氧化氢溶液 $[1+1(V/V)]$。

五、实验步骤

1. 试样制备

样品采集在玻璃瓶或塑料瓶中按环境监测技术规范采集有代表性水样 500 mL。

2. 测定

（1）蒸发皿恒重　将蒸发皿洗净放在 $105℃ \pm 2℃$ 烘箱中烘 2h，取出放在干燥器内冷却后称量。反复烘干、冷却、称量，直至恒重（两次称量的重量差不超过 0.5 mg），放入干燥器中备用。

（2）水样过滤　将水样上清液用垫有 $0.45 \mu m$ 孔径的有机微孔滤膜的滤器过滤，弃去初滤液 10~15 mL，滤液用干燥洁净的玻璃器皿接取。

（3）蒸干　移取过滤后水样 100.0 mL 于瓷蒸发皿内，放在蒸汽浴上蒸干。若水中全盐量大于 $2000 mg \cdot L^{-1}$，可酌情减少取样体积，用水稀释至 100 mL。

（4）有机物处理　如果蒸干残渣有色，待蒸发皿稍冷后，滴加过氧化氢溶液 $[1+1(V/V)]$ 数滴，慢慢旋转蒸发皿至气泡消失，再置于蒸汽浴上蒸干，反复处理数次，直至残渣变白或颜色稳定不变为止。

（5）烘干和称量　将蒸干的蒸发皿放入 $105℃ \pm 2℃$ 烘箱内按步骤（1）蒸发皿恒重方法恒重。

3. 结果计算

水中全盐量按下式计算：

$$c = \frac{W - W_0}{V} \times 10^6$$

式中　c——水中全盐量，$mg \cdot L^{-1}$；
　　　W——蒸发皿及残渣的总质量，g；
　　　W_0——蒸发皿的质量，g；

V——水样体积，mL。

六、操作要点
含有大量钙镁氯化物的水样蒸干后易吸水使测定结果偏高，采用减少取样量和快速称重的方法可减小影响。

七、问题讨论
① 5个实验室分别用 255mg·L^{-1} 和 684mg·L^{-1} 统一水样测定全盐量，精密度和准确度如下。重复性：实验室内相对标准偏差分别为 2.6% 和 1.6%；再现性：实验室间相对标准偏差分别为 3.7% 和 2.2%；准确度：加标回收率范围分别为 91.0%～102% 和 88.1%～98.1%。你认为测定结果是否满意？

② 如何减小钙镁氯化物引起的测量误差？

八、参考文献
HJ/T51 1999 水质全盐量的测定——重量法。

实验三十二　氟离子选择性电极测定自来水中微量氟

一、预习要点
① 电位法测定离子浓度的原理。
② 离子计的使用方法。
③ 半对数坐标纸使用方法。

二、目的要求
① 了解氟离子选择性电极的结构、作用原理及特点。
② 掌握电位法测定离子浓度的原理、分析方法、自来水中氟离子的测定条件。
③ 掌握离子计的使用方法。

三、实验原理
氟是人体必需的微量元素之一，人体对氟的含量极为敏感。从满足人体对氟的需要到由于氟过多而导致中毒的量之间相差不多。因此，氟对人体的安全范围比其他元素窄得多，应该更加警惕氟对人体健康的影响，氟含量的控制及测定是保证人体健康的重要因素。

氟化物广泛存在于天然水体中。饮用水中含氟的适宜浓度为 0.5～1.0mg·L^{-1}，缺氟易患龋齿病。当长期饮用含氟量高于 1.5mg·L^{-1} 的水时，则易患斑齿病，如果水中含氟量高于 4mg·L^{-1} 时，则可导致氟骨病。

测定氟化物的方法有：氟离子选择电极法、氟试剂分光光度法、茜素磺酸锆目视比色法、离子色谱法和硝酸钍滴定法。前两种应用广泛。对于污染严重的生活污水和工业废水以及含氟硼酸盐的水均要进行预蒸馏。清洁的地面水、地下水可直接取样测定。

测定方法中所使用的电极为氟电极和饱和甘汞电极。测定原理为：氟离子选择电极（图5-17）的氟化镧单晶膜对氟离子产生选择性对数响应，氟电极和饱和甘汞电极在被测试液中，电池的电动势 E 随溶液中氟离子活度的变化而改变，当溶液的总离子强度为定值且足够时变化规律符合能斯特（Nernst）方程式

$$E = E^{\ominus} - \frac{2.303RT}{F} \lg c_{F^-}$$

待测氟离子浓度 $c_{F^-} < 10^{-2}$ mol·L^{-1} 时，活度系数为1，可以用 c_{F^-} 代替其活度 a_{F^-}。

E 与 $\lg c_{F^-}$ 成直接关系，$-\dfrac{2.303RT}{F}$ 为该直线的斜率，亦为电极的斜率。

工作电池可表示如下：

Ag|AgCl,Cl⁻(0.3mol·L⁻¹),F⁻(0.001mol·L⁻¹)|LaF₃(膜)‖F 试液‖KCl(饱和),Hg₂Cl₂|Hg

$$\underbrace{\varphi_{AgCl/Ag} \quad \underbrace{E_{内} \; E_{外}}_{E} \; \varphi_{液接} \quad \varphi_{Hg_2Cl_2/Hg}}_{\varphi}$$

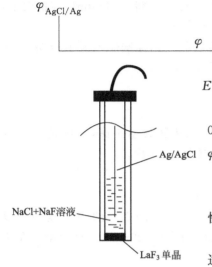

图 5-17 氟离子选择电极

电池电动势（E）为：

$$E = \varphi_{甘汞} - \varphi_{氟} + \varphi_{液接} = \varphi_{Hg_2Cl_2/Hg} - (\varphi_{AgCl/Ag} + E_{膜}) + \varphi_{液接}$$

在 25℃时，$E_{膜} = E_{外} - E_{内} = 0.059\lg a_{F^-}(外) - 0.059\lg a_{F^-}(内) = 常数 + 0.059\lg a_{F^-}(外)$，而 $\varphi_{甘汞}$、$\varphi_{AgCl/Ag}$、$E_{内}$ 为常数，$\varphi_{液接}$ 也可视为常数，则得：

$$E = 常数 - 0.059\lg a_{F^-}(外)$$

即电池的电动势与试液中 F⁻ 离子活度的负对数或线性关系。这就是离子选择性电极测定 F⁻ 的理论依据。

用氟电极测定 F⁻ 时，测定溶液的 pH 值为 5～8。最适宜的 pH 值范围为 5.5～6.5。pH 值过低，H⁺ 与 F⁻ 反应生成 HF 或 HF^{2-} 降低 F⁻ 活度，使测定结果偏低；pH 值过高，易引起单晶膜中 La^{3+} 的水解，OH⁻ 与 LaF_3 反应形成 $La(OH)_3$ 沉淀，影响电极的响应，释放 F⁻，使测定结果偏高。

故通常用 pH≈6 的柠檬酸钠缓冲溶液来控制溶液的 pH 值，并同时达到控制溶液总离子强度的目的，故柠檬酸钠溶液（pH≈6）又称为总离子强度缓冲溶液（TISAB）。

总离子强度缓冲溶液（TISAB）由高浓度惰性电解质（离子强度调节剂）、pH 缓冲剂和掩蔽剂组成，其作用是：

① 维持标液和试液的离子强度相同使其活度系数相同。

② 控制试液 pH（pH=5～6）。

③ 消除未知液中共存物质的干扰。例如柠檬酸盐可消除 Al^{3+}、Fe^{3+}、Si^{4+} 对测定的严重干扰。

具体测量时采用标准曲线法。操作时配制一系列浓度不同的标准溶液，在标准系列和待测试液中加入相同量的总离子强度缓冲溶液，以控制离子强度，使 pH 为定值并掩蔽干扰离子，来保证活度系数与 pH 不变。测定标准系列和待测试液的 E 值，绘制标准系列浓度对 E（mV）的工作曲线，根据样品的 E 值，可在工作曲线上查出 F⁻ 的浓度。

当 F⁻ 浓度在 $1\sim10^{-6}$ mol·L⁻¹ 时，氟电极电势与 pF（F⁻ 浓度的负对数）成直线关系，可用标准曲线法进行测定。

四、实验用品

离子计或 pH 计（精确到 0.1mV），氟离子选择电极，饱和甘汞电极或氯化银电极，磁力搅拌器（具备覆盖聚乙烯或者聚四氟乙烯等的搅拌棒）。

聚乙烯杯（100mL，150mL），容量瓶（100mL），吸量管，移液管，半对数坐标纸。

HCl（2mol·L⁻¹），NaAc（150g·L⁻¹）。

总离子强度缓冲溶液（TISABⅡ）：量取约 500mL 水于 1L 烧杯内，加入 57mL 冰醋酸，

58g氯化钠和4.0g环己二胺四乙酸（CDTA）或1,2-亚乙基环己二胺四乙酸，搅拌溶解，置烧杯于冷水浴中，慢慢地在不断搅拌下加入6mol·L^{-1} NaOH（约125mL）使pH值达到5.0～5.5之间，转入1000mL容量瓶中，稀释至标线，摇匀。

氟化物标准储备液（100μg·mL^{-1}）：称取0.2210g基准氟化钠（NaF），预先于105～110℃干燥2h，或者于500～630℃干燥约40min，干燥器内冷却，转入1000mL容量瓶中，稀释至标线，摇匀。储存在聚乙烯瓶中，此溶液每毫升含氟100μg。

氟化物标准溶液（10.0μg·mL^{-1}）：用无分度吸管吸取氟化钠标准储备液10.00mL注入100mL容量瓶中，稀释至标线，摇匀，此溶液每毫升含氟10.0μg。

五、实验步骤

1. 采样与样品

实验室样品应该用聚乙烯瓶采集和储存，如果水样中氟化物含量不高，pH值在7以上，也可以用硬质玻璃瓶存放，采样时应先用水样冲洗取样瓶3～4次。

2. 测定前的准备

按测定仪器及电极的使用说明书进行。

氟离子选择电极的准备：氟离子选择电极在使用前于10^{-4} mol·L^{-1}的NaF溶液中浸泡活化1～2h，用蒸馏水清洗电极（其在蒸馏水中的电位值约为-300mV）。最后浸泡在蒸馏水中待用。

预热仪器20min，置离子计于"mV"挡，接入氟离子选择电极与参比电极。

在测定前应使试分达到室温，并使试分和标准溶液的温度相同（温差不得超过±1℃）。

3. 标准系列溶液的配制与标准曲线的绘制

用吸量管分别吸取1.00mL、3.00mL、5.00mL、10.0mL、20.0mL氟化物标准溶液置于100mL容量瓶中，加入10mL总离子强度缓冲溶液，用水稀释至标线，摇匀。分别注入100mL聚乙烯杯中，各放入一只塑料搅拌棒。以浓度由低到高为顺序，分别依次插入电极，连续搅拌溶液，待电位稳定后，在继续搅拌时读取电位值E。在每一次测量之前，都要用水冲洗电极，并用滤纸吸干。在半对数坐标纸上绘制E(mV)-lgc_{F^-}(mg·L^{-1})校准曲线，浓度标示在对数分格上，最低浓度标示在横坐标的起点线上。

4. 水样测定

用无分度吸管，吸取适量（50mL）试分，置于100mL容量瓶中，用NaAc（150g·L^{-1}）或HCl（2mol·L^{-1}）调节至近中性。加入10mL总离子强度缓冲溶液（TISABⅡ），用水稀释至标线，摇匀。将其注入100mL聚乙烯杯中，放入一只塑料搅拌棒，插入电极，连续搅拌溶液，待电位稳定后，在继续搅拌时读取电位E_x值。在每一次测量之前，都要用水充分冲洗电极，并用滤纸吸干。根据测得的毫伏数，在校准曲线上查找氟化物的含量。

5. 空白实验

用蒸馏水代替试分，按上述测定条件和步骤进行空白实验。

6. 清洗电极

测定结束后，用蒸馏水清洗电极多次，若电极暂不使用，则应风干后收入电极盒保存。

7. 结果的表示

氟含量以mg·L^{-1}（μg·mL^{-1}）表示。

根据测定所得的电位值，在校准曲线上，查得相应的以mg·L^{-1}表示的氟离子含量。

如果试分中氟化物含量低，则应从测定值中扣除空白实验值。

六、操作要点

① 电极的清洗要合乎要求。
② 加入标准溶液的体积要准确。
③ 标准系列和待测试液中要加入相同量的总离子强度缓冲溶液。
④ 在每一次测量之前,都要用水冲洗电极,并用滤纸吸干。
⑤ 测量时应从低浓度开始,到高浓度为止。
⑥ 电极不宜在浓溶液中长时间浸泡。

七、注意事项

① 不得用手指触摸电极的膜表面,为了保护电极,试分中氟的测定浓度最好不要大于 $40mg \cdot L^{-1}$。
② 插入电极前不要搅拌溶液,以免在电极表面附着气泡,影响测定的准确度。
③ 电极的存放:电极用后应用水充分冲洗干净,并用滤纸吸去水分,放在空气中或者放在稀的氟化物标准溶液中,如果短时间内不再使用,应洗净,吸去水分,套上保护电极敏感部位的保护帽,电极使用前应充分冲洗,并去掉水分。
④ 搅拌速度应适中,稳定,不要形成涡流,测定过程中应连续搅拌。
⑤ 如果电极的膜表面被有机物等沾污,必须先清洗干净后才能使用,清洗可用甲醇、丙酮等有机试剂,亦可用洗涤剂。例如,可先将电极浸入温热的稀洗涤剂(1 份洗涤剂加 9 份水),保持 3~5min。必要时,可再放入另一份稀洗涤剂中,然后用水冲洗,再在 1+1 的盐酸中浸 30s,最后用水冲洗干净,用滤纸吸去水分。
⑥ 本标准方法适用于测定地面水、地下水和工业废水中的氟化物。
⑦ 试样成分如果不太复杂,可直接取出试分,如果含有氟硼酸盐或者污染严重,则应先进行蒸馏。
⑧ 水样有颜色、混浊不影响测定。
⑨ 温度影响电极的电位和样品的离解,须使试液与标准溶液的温度相同,并注意调节仪器的温度补偿装置使之与溶液的温度一致。
⑩ 每日要测定电极的实际斜率。
⑪ 本方法的最低检测限为含氟化物(以氟计)$0.05mg \cdot L^{-1}$,测定上限可达 $1900 mg \cdot L^{-1}$。
⑫ 本方法测定的是游离的氟离子浓度,某些高价阳离子(例如三价铁、三价铝和四价硅)及氢离子能与氟离子配位而有干扰,所产生的干扰程度取决于配位离子的种类和浓度,氟化物的浓度及溶液的 pH 值等,在碱性溶液中氢氧根离子的浓度大于氟离子浓度的 1/10 时影响测定,其他一般常见的阴、阳离子均不干扰测定,测定溶液的 pH 值为 5~8。
⑬ 氟电极对氟硼酸盐离子(BF_4^-)不响应,如果水样含有氟硼酸盐或者污染严重,则应先进行蒸馏,通常,加入总离子强度缓冲溶液以保持溶液中总离子强度,并与干扰离子配位,保持溶液适当的 pH,就可以直接进行测定了。

八、问题讨论

① 测量时,控制溶液的离子强度是因为离子选择电极测量的是溶液中离子的活度,而实际分析中要测量离子的浓度,这种说法对吗?
② 测定时溶液是否可以放在玻璃烧杯中测定,为什么?

九、参考文献

GB/T 7484—1987 水质氟化物的测定 离子选择电极法.

实验三十三　含铬废水的测定及其处理

一、预习要点
① 铁氧体法处理废水中铬的原理、方法。
② 分光光度计使用方法。

二、目的要求
① 学习水样中铬的处理方法。
② 综合学习加热，溶液配制，酸碱滴定和固液分离及分光光度测六价铬的方法。

三、实验原理

含铬的工业废水，其铬的存在形式多为 Cr^{6+} 及 Cr^{3+}。Cr^{6+} 的毒性比 Cr^{3+} 大 100 倍，它能诱发皮肤溃疡，贫血，肾炎及神经炎等。工业废水排放时，要求 Cr^{6+} 的含量不超过 $0.3mg \cdot L^{-1}$，而生活饮用水和地面水，则要求 Cr^{6+} 的含量不超过 $0.05mg \cdot L^{-1}$。

Cr^{6+} 的除去方法很多，本实验采用铁氧体法。所谓铁氧体是指：在含铬废水中，加入过量的硫酸亚铁溶液，使其中的 Cr^{6+} 和亚铁离子发生氧化还原反应，此时 Cr^{6+} 被还原为 Cr^{3+}，而亚铁离子则被氧化为 Fe^{3+}。调节溶液的 pH，使 Cr^{3+}、Fe^{3+} 和 Fe^{2+} 转化为氢氧化物沉淀。然后加入 H_2O_2，再使部分+2 价铁氧化为+3 价铁，组成类似 $Fe_3O_4 \cdot xH_2O$ 的磁性氧化物。这种氧化物称为铁氧体，其组成也可写作 $Fe^{3+}[Fe^{2+}Fe_{1-x}^{3+}Cr_x]O_4$，其中部分+3 价铁可被+3 价铬代替，因此可使铬成为铁氧体的组分而沉淀出来。其反应方程式为：

$$Cr_2O_7^{2-} + 6Fe^{2+} + 14H^+ = 2Cr^{3+} + 6Fe^{3+} + 7H_2O$$

$$Fe^{2+} + (2-x)Fe^{3+} + xCr^{3+} + 8OH^- = Fe^{3+}[Fe^{2+}Fe_{1-x}^{3+}Cr_x]O_4(铁氧体) + 4H_2O$$

式中，x 在 0~1 之间。

含铬的铁氧体是一种磁性材料，可以应用在电子工业上。采用该方法处理废水既环保又利用了废物。

处理后的废水中 Cr^{6+} 可与二苯酰肼（二苯碳酰肼）（DPCI）在酸性条件下作用产生红紫色配合物来检验结果。该配合物的最大吸收波长为 540nm 左右，摩尔吸光系数为 $2.6 \times 10^4 \sim 4.17 \times 10^4 L/(mol \cdot cm)$。显色温度以 15℃为宜，过低温度显色速度慢，过高配合物稳定性差；显色时间为 2~3min，配合物可在 1.5h 内稳定，根据颜色深浅进行比色，即可测定废水中的残留 Cr^{6+} 的含量。

四、实验用品

电磁铁，分光光度计，台式天平，50mL 容量瓶，移液管（25mL），吸量管，锥形瓶（250mL），酒精灯，温度计（100℃），漏斗，蒸发皿，比色皿。

$K_2Cr_2O_7$ 标准溶液：准确称取于 140℃下干燥的 $K_2Cr_2O_7$ 0.2829 g 于小烧杯中，溶解后转入 1000mL 容量瓶中，用水稀释至刻度，摇匀，含 Cr^{6+} $100mg \cdot L^{-1}$ 溶液作储备液，准确移取 5mL 储备液于 500mL 容量瓶中，用水稀释至刻度，摇匀，制成含 Cr^{6+} $1.0\mu g \cdot mL^{-1}$ 标准溶液。

$0.05mol \cdot L^{-1}$ 硫酸亚铁铵 $(NH_4)_2Fe(SO_4)_2$：用 $0.01mol \cdot L^{-1}$ $K_2Cr_2O_4$ 标定，H_2SO_4 $(3mol \cdot L^{-1})$，硫酸-磷酸-H_2O $(15+15+70)$，氢氧化钠 $(6mol \cdot L^{-1})$，过氧化氢 H_2O_2 (3%)，$FeSO_4 \cdot 7H_2O$ (s)。

二苯碳酰二肼 $[(C_6H_5NHNH)_2CO]$ $(2g \cdot L^{-1})$：0.5g 二苯碳酰二肼加入 50mL 95% 的乙醇溶液。待溶解后再加入 200mL 10% H_2SO_4 溶液，摇匀。该物质很不稳定，见光易

分解，应储于棕色瓶中（不用时置于冰箱中。该溶液应为无色，如溶液已是红色，则不应再使用。最好现用现配）。

二苯胺磺酸钠 $C_6H_5NHC_6H_4SO_3Na$（1‰），含铬废水（约 $1.45g \cdot L^{-1}$）。

五、实验步骤

1. 含铬废水中铬的测定

用移液管量取 25.00mL 含铬废水置于 250mL 锥形瓶中，依次加入 10mL 混合酸，30mL 去离子水和 4 滴二苯胺磺酸钠 $C_6H_5NHC_6H_4SO_3Na$ 指示剂，摇匀。用标准 $(NH_4)_2Fe(SO_4)_2$ 溶液滴定至溶液由红色变到绿色时为止，即为终点。平行三次。求出废水中 Cr^{6+} 的浓度。

2. 含铬废水的处理

量取 100mL 含铬废水，置于 250mL 烧杯中，根据上面测定的铬量，换算成 CrO_3 的质量，再按 $CrO_3 : FeSO_4 \cdot 7H_2O = 1 : 16$ 的质量比算出所需 $FeSO_4 \cdot 7H_2O$ 的质量，用台式天平称出所需的 $FeSO_4 \cdot 7H_2O$ 的质量，加到含铬废水中，不断搅拌，待晶体溶解后，逐滴加入 H_2SO_4（$3mol \cdot L^{-1}$），并不断搅拌，直至溶液的 pH 值约为 1（如何得知？），此时溶液显亮绿色（什么物质？为什么？）。

逐滴加入 NaOH（$6mol \cdot L^{-1}$）溶液，调节溶液的 pH 值到约为 8。然后将溶液加热至 70℃左右，在不断搅拌下滴加 3‰ H_2O_2 溶液。冷却静置，使所形成的氢氧化物沉淀沉降。

采用倾斜法对上面的溶液进行过滤，滤液进入干净干燥的烧杯中，沉淀用去离子水洗涤数次，然后将沉淀物转移到蒸发皿中，用小火加热，蒸发至干。待冷却后，将沉淀均匀地摊在干净的白纸上，另用纸将磁铁紧紧裹住，然后与沉淀物接触，检验沉淀物的磁性。

3. 处理后水质的检验

① $K_2Cr_2O_4$ 标准曲线的绘制。用吸量管分别移取标准 $K_2Cr_2O_4$ 溶液 0.00mL、0.50mL、1.00mL、2.00mL、4.00mL、6.00mL、8.00mL、10.00mL 各置于 50mL 容量瓶中，然后每一只容量瓶中加入约 30mL 去离子水和 2.5mL 二苯碳酰二肼溶液，最后用去离子水稀释到刻度，摇匀，让其静置 10min。以试剂空白为参比溶液，在 540nm 波长处测量溶液的吸光度 A，绘制曲线。

② 处理后水样中 Cr^{6+} 的含量。往容量瓶中加入 2.5mL 二苯碳酰二肼溶液，然后取上面处理后的滤液 10.00mL 加入 50mL 容量瓶中，用水稀释到刻度，摇匀，静置 10min。然后用同样的方法在 540nm 处测出其吸光度。

③ 根据测定的吸光度，在标准曲线上查出相对应的 Cr^{6+} 的质量（mg），再用下面的公式算出每升废水试样中的含量。

$$w_{Cr^{6+}} = \frac{c \times 1000}{V} (mg \cdot L^{-1})$$

式中　c——在标准曲线上查到的 Cr^{6+} 浓度，$mg \cdot L^{-1}$；

　　　V——所取含铬废水试样的体积，mL。

六、注意事项

二苯碳酰二肼分光光度法测定水质六价铬时应注意：

① 本测定方法适用于地面水和工业废水中六价铬的测定。

② 当试分体积为 50mL，使用光程长为 30mm 的比色皿，本方法的检出量为 0.2μg 六价铬，最低检出浓度为 $0.004 mg \cdot L^{-1}$，使用光程为 10mm 的比色皿，测定上限浓度为 $1.0 mg \cdot L^{-1}$。

③ 含铁量大于 $1mg \cdot L^{-1}$ 显色后呈黄色（其干扰可通过加铁的配合剂 H_3PO_4 消除）。

④ 和汞（Hg_2^{2+} 和 Hg^{2+}）反应，也和显色剂反应，生成蓝（紫）色化合物，但在本方法的显色酸度下，反应不灵敏，汞的浓度达 $200mg \cdot L^{-1}$ 不干扰测定。

⑤ 六价钼也生成有色化合物，但在本方法的显色酸度下，反应也不灵敏，钼的浓度达 $200mg \cdot L^{-1}$ 不干扰测定。

⑥ 钒的含量高于 $4mg \cdot L^{-1}$ 与显色剂生成棕黄色化合物有干扰，但钒与显色剂反应后 $10min$ 可自行褪色，可不予考虑。

⑦ 少量的 Cu^{2+}、Ag^+、Au^{3+} 在一定程度上有干扰。

⑧ 另外，还原性物质干扰测定。

⑨ 所有玻璃器皿内壁须光洁，以免吸附铬离子。不得用重铬酸钾洗液洗涤。可用硝酸、硫酸混合液或合成洗涤剂洗涤，洗涤后要冲洗干净。

七、问题讨论

① 处理废水中，为什么加 $FeSO_4 \cdot 7H_2O$ 前要加酸调节 pH 值到 1，然后为什么又要加碱调整到 pH=8 左右，如果 pH 控制不好，会有什么不良影响？

② 如果加入 $FeSO_4 \cdot 7H_2O$ 不够，会产生什么效果？

八、参考文献

GB 7467—87 水质六价铬的测定二苯碳酰二肼分光光度法．

实验三十四　固体释氧剂过氧化钙的制备及含量测定

一、预习要点

① 制备过氧化钙的基本原理和方法。

② X 射线衍射仪、SEM、热重差热分析仪等仪器的原理及使用方法。

二、目的要求

① 综合练习无机化合物制备的操作。

② 了解制备过氧化钙的基本原理和方法。

③ 熟练氧化还原滴定分析等基本操作。

④ 了解碱土金属过氧化物的性质。

⑤ 了解 X 射线衍射仪、SEM、热重差热分析仪等仪器的原理及使用方法。

三、实验原理

过氧化钙是一种新型的多功能无机化工产品，常温下是无色或淡黄色粉末，易溶于酸，难溶于水、乙醇等溶剂。过氧化钙在一定条件下可长期缓慢地释放氧气，提供种子发芽所需要的氧气，因此可作为水稻种子粉衣剂，使水稻直播成为现实，从而打破几千年来传统的水稻种植模式，不仅省工、省力，而且可增产；复合过氧化钙在水产养殖中可提高溶解氧，降低化学需氧量，降低氨氮，调节 pH 和硬度，并且可以改善水质和环境，是良好的供氧剂；另外，用复合过氧化钙处理大豆、棉花、玉米等农作物的种子，不仅促进种子发芽率，还增产 12% 以上，同时具有改良土壤、杀虫灭菌、促进植物新陈代谢等多种功效；用于果蔬保鲜，效果极佳；用过氧化钙处理含 Cu^{2+}、Mn^{2+}、Cd^{2+} 等重金属离子的工业废水和印染有机废水，方法简单可靠，没有二次污染。除此之外，还可以用于冶金添加剂、橡胶补强剂等领域。从众多日益开发的应用领域看，过氧化钙的生产及应用具有广阔前景。

过氧化钙一般通过钙盐或氢氧化钙与过氧化氢反应制得。因为过氧化氢分解速度随温度升高而迅速加快，因此，一般是在 0～5℃ 的低温下合成，在水溶液中析出的为 $CaO_2 \cdot 8H_2O$，再于 150℃ 左右脱水干燥，即得产品。

四、实验用品

仪器：Y-4Q-X射线衍射仪，Z-9201A 多功能电动搅拌器，DT-40 型热分析仪，XMT-152 型数显温控仪等，Ammry KYKY 1000B 型扫描电子显微镜。

三口瓶（100mL），铁架台，烧瓶夹，冰水浴，抽滤装置。

试剂：无水氯化钙（96%，工业级），H_2O_2（30%，工业级），氨水（25%，工业级），稳定剂，$Ca(OH)_2$（96%，工业级），冰，$KMnO_4$ 标准滴定溶液（$0.1mol \cdot L^{-1}$），H_3PO_4（1+3）。

五、实验步骤

1. CaO_2 的制备

以无水氯化钙或 $Ca(OH)_2$ 为原料，设计合成过氧化钙的工艺路线，拟定实验过程，并确定合成 5g 过氧化钙所需各种试剂的用量。

2. 过氧化钙含量分析

采用化学法测定，用高锰酸钾标准溶液滴定。查阅文献，拟定分析测试步骤，及计算过氧化钙含量的方法。

3. 表征

用 TG-DTA 分析样品的失水及转化过程；用 X 射线衍射仪（XRD）测量其物相结构；用高倍光学显微镜初步观察其粒度及分散性。

4. 性质实验

设计实验定性检验 CaO_2 在水、稀酸中的溶解性，即：溶解速度、溶解后溶液的酸碱性及反应产物。

六、问题讨论

① 在制备过程中，为了提高过氧化氢的利用率，应采取哪些措施？
② 如何提高过氧化钙的纯度？
③ 如何提高过氧化钙的稳定性？
④ 测定过氧化钙含量还有哪些方法？如何选择滴定反应的介质？

实验三十五 三草酸合铁（Ⅲ）酸钾的制备与组成分析

一、预习要点

① 三草酸合铁（Ⅲ）酸钾的制备原理、方法。
② 确定化合物化学式的基本原理和方法。

二、目的要求

① 了解三草酸合铁（Ⅲ）酸钾的制备方法。
② 掌握确定化合物化学式的基本原理和方法。
③ 巩固无机合成、滴定分析和重量分析的基本操作。
④ 掌握离子交换树脂的操作方法。
⑤ 了解古埃磁天平的原理和操作。

⑥ 了解磁化率的意义，通过对一些物质的磁化率的测定，求出未成对电子数并判断中心离子的电子结构和成键类型。

三、实验原理

三草酸合铁（Ⅲ）酸钾是制备负载型活性铁催化剂的主要原料，也是一些有机反应很好的催化剂，因而具有工业生产价值。

三草酸合铁（Ⅲ）酸钾 $K_3[Fe(C_2O_4)_3] \cdot 3H_2O$：亮绿色单斜晶体，易溶于水（0℃时，4.7g/100g 水；100℃时，117.7g/100g 水），难溶于乙醇、丙酮等有机溶剂。110℃失去结晶水，230℃时分解。具有光敏性，光照下易分解，应避光保存。

$$2[Fe(C_2O_4)_3]^{3-} \xrightarrow{h\nu} 2FeC_2O_4 + 3C_2O_4^{2-} + 2CO_2$$

1. $K_3[Fe(C_2O_4)_3] \cdot 3H_2O$ 的制备

首先利用硫酸亚铁铵与草酸反应，制备草酸亚铁：

$$(NH_4)_2Fe(SO_4)_2 \cdot 6H_2O + H_2C_2O_4 = FeC_2O_4 \cdot 2H_2O(s) + (NH_4)_2SO_4 + H_2SO_4 + 4H_2O$$

然后在草酸钾存在下，用过氧化氢将草酸亚铁氧化为三草酸合铁（Ⅲ）酸钾配合物。同时有氢氧化铁生成，反应为：

$$6FeC_2O_4 \cdot H_2O + 3H_2O_2 + 6K_2C_2O_4 = 4K_3[Fe(C_2O_4)_3] + 2Fe(OH)_3 + 6H_2O$$

加入适量草酸可使 $Fe(OH)_3$ 转化为三草酸合铁（Ⅲ）酸钾，反应为：

$$2Fe(OH)_3 + 3H_2C_2O_4 + 3K_2C_2O_4 = 2K_3[Fe(C_2O_4)_3] + 6H_2O$$

后两步总反应式为：

$$2FeC_2O_4 \cdot 2H_2O + H_2O_2 + 3K_2C_2O_4 + H_2C_2O_4 = 2K_3[Fe(C_2O_4)_3] \cdot 3H_2O$$

加入乙醇放置，由于三草酸合铁（Ⅲ）酸钾低温时溶解度很小，便可析出绿色的晶体。

2. $K_3[Fe(C_2O_4)_3] \cdot 3H_2O$ 组成分析

（1）结晶水含量的测定　采用重量法。将一定量的产物在110℃干燥，根据失重情况即可计算结晶水的含量。

（2）$C_2O_4^{2-}$ 含量的测定　高锰酸钾氧化滴定法。用 $KMnO_4$ 标准溶液滴定 $C_2O_4^{2-}$，测得样品中 $C_2O_4^{2-}$ 的含量：

$$5C_2O_4^{2-} + 2MnO_4^- + 16H^+ = 10CO_2 + 2Mn^{2+} + 8H_2O$$

（3）铁含量的测定　先用 Zn 粉还原 Fe^{3+} 成 Fe^{2+}，过滤未反应 Zn 粉，然后用 $KMnO_4$ 标准溶液滴定 Fe^{2+}，测得样品中 Fe^{2+} 的含量：

$$2Fe^{3+} + Zn = 2Fe^{2+} + Zn^{2+}$$
$$5Fe^{2+} + MnO_4^- + 8H^+ = 5Fe^{3+} + Mn^{2+} + 4H_2O$$

（4）钾含量的确定　差减计算法。配合物减去结晶水、$C_2O_4^{2-}$、Fe^{3+} 的含量后即为 K^+ 的含量。

（5）$K_3[Fe(C_2O_4)_3] \cdot 3H_2O$ 中配阴离子电荷的测定　阴离子树脂交换测定法（也可用电导法测定）。季铵盐型强碱性阴离子交换树脂（ $R\equiv N^+Cl^-$，R 代表树脂母体）中的 Cl^- 可以与溶液中的阴离子 X^{n-} 进行交换：

$$nR\equiv N^+Cl^- + X^{n-} = (R\equiv N^+)_n + X^{n-} + nCl^-$$

当用准确称量的三草酸合铁（Ⅲ）酸钾溶于水后，让其通过装有717型苯乙烯强碱性（氯型）阴离子交换树脂的交换柱时，便有一定量的 Cl^- 置换出来。收集后，以 K_2CrO_4 为指示剂，在中性或弱酸性溶液中（最适宜 pH 值范围为 6.5～10.5），用 $AgNO_3$ 标准溶液滴定，求出 Cl^- 的总物质的量，即可求得配阴离子的电荷数 n：

$$n = \text{Cl}^- \text{离子物质的量/配合物的物质的量}$$

(6) $K_3[Fe(C_2O_4)_3] \cdot 3H_2O$ 配合物中心体电子结构的确定（磁化率的测定） 某些物质本身不呈现磁性，但在外磁场作用下会诱导出磁性，表现为一个微观磁矩，其方向与外磁场方向相反。这种物质称为反磁性物质。

有的物质本身就具有磁性，表现为一个微观的永久磁矩。但由于热运动，排列杂乱无章，其磁性在各个方向上互相抵消。它们在外磁场作用下，会顺着外磁场方向排列，其磁化方向与外磁场方向相同，产生一个附加磁场，使总的磁场得到加强。这种物质称为顺磁性物质。顺磁性物质在外磁场作用下也会产生诱导磁矩，但其数值比永久磁矩小得多。

离子若具有一个或更多个未成对电子，则像一个小磁体，具有永久磁矩，在外磁场作用下会产生顺磁性。又因顺磁效应大于反磁效应，故具有未成对电子的物质都是顺磁性物质。其有效磁矩（μ_{eff}）与分子中未成对电子数（n）的近似关系式为：

$$\mu_{eff} \approx \sqrt{n(n+2)} \quad （玻尔磁子）$$

如能通过实验求出 μ_{eff}，便可推算出未成对电子数目，从而确定离子的电子排列情况。μ_{eff} 为微观物理量，无法直接由实验测得，须将它与宏观物理量磁化率联系起来。有效磁矩与磁化率的关系为：

$$\mu_{eff} = 2.84\sqrt{xMT}$$

式中　x——磁化率；

　　　M——相对分子质量；

　　　T——热力学温度，K。

物质的磁化率可用古埃磁天平测量。古埃法测量磁化率的原理如下：

顺磁性物质会被不均匀外磁场一端所吸引，而反磁性物质会被排斥，因此，将顺磁性物质或反磁性物质放在磁场中称量，其质量会与不加磁场时不同。顺磁性物质被吸引，其质量增加；反磁性物质被磁场排斥，其质量减少。

求物质的磁化率较简便的方法是以顺磁性莫尔盐$(NH_4)_2Fe(SO_4)_2 \cdot 6H_2O$ 的磁化率为标准，控制莫尔盐与样品实验条件相同，此时待求物质的磁化率与莫尔盐的磁化率的关系如下式所示：

$$\frac{x}{x_s} = \frac{\Delta m}{\Delta m_s} \cdot \frac{m_s}{m}$$

则

$$x = x_s \cdot \frac{m_s}{\Delta m_s} \cdot \frac{\Delta m}{m}$$

式中　m_s——装入样品管中的莫尔盐的质量，g；

　　　m——装入样品管中的待测样品的质量，g；

　　　Δm_s——莫尔盐加磁场前后质量的变化，g；

　　　Δm——待测样品加磁场前后质量的变化，g。

已知，$x_s = \frac{9500}{T+1} \times 10^{-6}$，$T$ 为热力学温度。

通过上述各关系式，即可求得 μ_{eff}，进而求出 n，由此确定配离子的电子结构。

四、实验用品

台式天平，加热装置，水浴，抽滤装置，烧杯（100mL、200mL），量筒（10mL、25mL），温度计（100℃），天平，称量瓶，烘箱等。

$(NH_4)_2Fe(SO_4)_2 \cdot 6H_2O$（固），$H_2SO_4$（$3mol \cdot L^{-1}$），$H_2C_2O_4$（$1mol \cdot L^{-1}$），$K_2C_2O_4$（饱和），乙醇（95%），$H_2O_2$（3%）。

草酸钾（固），三氯化铁（$0.40g \cdot mL$）。

滴定管（棕色，酸式），锥形瓶，过滤装置，$c_{1/5KMnO_4} = 0.1mol \cdot L^{-1}$标准溶液，锌粉，稀硫酸溶液。

离子交换柱，分析天平，容量瓶（100mL，棕色），锥形瓶，滴定管（棕色，酸式），移液管。

717型苯乙烯强碱性阴离子交换树脂（氯型），$AgNO_3$（$0.1mol \cdot L^{-1}$标准溶液，$0.1mol \cdot L^{-1}$），5% K_2CrO_4。古埃磁天平（包括磁场、电光天平、励磁电源等）一套，样品管1支，装样品工具（包括研钵、角匙、小漏斗、玻棒）一套。

试剂：莫尔盐 $(NH_4)_2Fe(SO_4)_2 \cdot 6H_2O$（A.R.），$K_3[Fe(C_2O_4)_3] \cdot 3H_2O$（自制），$K_3Fe(CN)_6$ 或 $K_4Fe(CN)_6 \cdot 3H_2O$（A.R.），丙酮。

五、实验步骤

1. $K_3[Fe(C_2O_4)_3] \cdot 3H_2O$ 的制备

方法一

称取 $5g(NH_4)_2Fe(SO_4)_2 \cdot 6H_2O$ 固体，放入200mL烧杯中，加入15mL蒸馏水和5滴 $3mol \cdot L^{-1}$ 硫酸，加热使之溶解。然后加入25mL、$1mol \cdot L^{-1}$ 草酸溶液，加热至沸，并不断搅拌、静置，便得到黄色 $FeC_2O_4 \cdot 2H_2O$ 沉淀。沉降后，用倾泻法弃出上层清液，然后加入20mL蒸馏水，搅拌并温热、静置，再弃出清液（尽可能把清液倾干净些）。最后在上面的沉淀中，加入10mL饱和 $K_2C_2O_4$ 溶液，在水浴上加热至约40℃，用滴管慢慢加入20mL、3% H_2O_2 溶液，不断搅拌并保持温度在40℃左右，此时，含有氢氧化铁沉淀产生。然后加热至沸，再加入8mL $1mol \cdot L^{-1}$ 草酸溶液（首先一次性加入5mL，然后再慢慢地加入3mL）。在加热时，始终保持接近沸腾温度，这时体系应该变为亮绿色透明溶液。如混浊，趁热将溶液抽滤倒入100mL烧杯中，加入10mL、95%乙醇。若有晶体析出，以温热的方式使生成的晶体再溶解。冷却（冰水），即有晶体析出。用倾泻法分离出晶体，用滤纸把水吸干，称重，计算产率。

方法二

称取6g草酸钾置于100mL烧杯中，注入10mL蒸馏水，加热，使草酸钾全部溶解，继续加热至近沸腾时，边搅拌边加入4mL三氯化铁溶液（$0.40g \cdot mL^{-1}$）。将此液置于冰水中冷却至5℃以下，即有大量晶体析出，以布氏漏斗抽滤，得粗产品。

将粗产品溶于10mL热的蒸馏水中，趁热过滤，将滤液在冰水中冷却，待结晶完全后，抽滤，并用少量冰蒸馏水洗涤晶体。取下晶体，用滤纸吸干，并在空气中干燥片刻，称重，计算产率。

2. $K_3[Fe(C_2O_4)_3] \cdot 3H_2O$ 组成分析

（1）结晶水含量的测定　自行设计分析方案测定产物中结晶水含量。

（2）$K_3[Fe(C_2O_4)_3] \cdot 3H_2O$ 中草酸根和铁含量的测定（$KMnO_4$法）　自行设计分析方案测定产物中 $C_2O_4^{2-}$ 和铁含量。

提示：

① 高锰酸钾标准溶液的浓度可采用 $c_{1/5KMnO_4} = 0.1mol \cdot L^{-1}$。

② $C_2O_4^{2-}$ 含量的测定（参考实验二十四）。

③ 铁含量的测定。

将上面已测定过 $C_2O_4^{2-}$ 含量的溶液加热至近沸，加少量分析纯锌粉，直到溶液中的黄色消失（说明溶液中的 Fe^{3+} 离子已完全转化成 Fe^{2+} 离子）。

反应完毕应尽快过滤，以免 Zn 粉继续与 H^+ 反应，降低溶液酸度，导致 Fe^{2+}、Fe^{3+} 等水解而析出和 Fe^{2+} 离子再被空气氧化成 Fe^{3+} 离子。宜趁热过滤，并做到定量转移。过滤时洗涤液不能用水而应用稀硫酸（为什么）？洗涤液与滤液合并后用于测定。

根据产物中 $C_2O_4^{2-}$ 和铁的含量，计算出配阴离子中铁与 $C_2O_4^{2-}$ 的摩尔比。

(3) $K_3[Fe(C_2O_4)_3] \cdot 3H_2O$ 中配阴离子电荷的测定

① 装柱 将离子交换柱固定在铁架上，在管中充入蒸馏水至 1/3 高度，然后将泡好的 717 型苯乙烯强碱性（氯型）阴离子交换树脂和水搅匀成糊状，从管上端倾入，使树脂自然沉下，同时将多余的水从下部排出，树脂的高度为 15cm 左右。在操作过程中，树脂一定要始终保持在水面下，防止水流干而有气泡进入。如果树脂柱进入了空气，就需要重新装柱。

② 交换 用蒸馏水淋洗树脂柱，当用 $AgNO_3$ 溶液检查树脂柱流出液，仅出现轻微混浊（保留，为下面实验作比较用）时，即可认为已淋洗干净。继续让水面下降至比树脂稍微高一些（0.5～1cm）。

准确称取 0.7～0.9g（准确至 1.0mg）自制样品，在小烧杯中用 10～15mL 的蒸馏水将其溶解，小心将全部溶液转移至交换柱内，打开活塞，以每分钟 3mL 的速度让其流出，每 3s 一滴，用一个干净的 100mL 容量瓶收集流出液。当柱中的液面下落至将与树脂柱相齐时，将 5mL 洗过小烧杯的蒸馏水再转入交换柱，继续流过树脂柱，这样重复 2～3 次后，可直接用洗瓶中的蒸馏水将交换柱上部管壁上可能残留的溶液尽可能冲洗下去。等到容量瓶内收集的流出液约为 60～70mL 时，用 $AgNO_3$ 溶液检查流出液，仅出现轻微混浊（与最初的蒸馏水淋洗液比较），即停止淋洗。用蒸馏水将容量瓶中的溶液稀释至刻度，摇匀。

③ 滴定 自行设计分析方案。采用 K_2CrO_4 指示剂银量法时要特别注意溶液酸度对测定的影响。根据测定收集到的 Cl^- 离子的总物质的量，进而可算出配阴离子的电荷数（取最接近的整数）。

(4) $K_3[Fe(C_2O_4)_3] \cdot 3H_2O$ 配合物中心体电子结构的确定（磁化率的测定）

① 莫尔盐与待测样品研细过筛备用。

② 取一支干燥样品管挂在天平的挂钩上，调节样品管的高度，使样品管的底部对准磁铁的中心线。在不加磁场的情况下，称得空样品管的质量 m。取下样品管，将研细的莫尔盐装入管中，样品的高度约为 15cm（准确到 0.5mm），置于天平的挂钩上，在不加磁场的情况下称量得 m_1，接通电磁铁的电源，电流调至 5A（磁通密度 B 约为 0.5T），在该磁场强度下称得质量 m_2，并记录样品周围的温度。

③ 在相同磁场强度下，用 $K_3Fe(C_2O_4)_3 \cdot 3H_2O$ 取代莫尔盐重复步骤②。

④ 根据实验数据求出 $K_3Fe(C_2O_4)_3 \cdot 3H_2O$ 的 μ_{eff}。

由 μ_{eff} 确定 $K_3Fe(C_2O_4)_3$ 中 Fe^{3+} 的最外层电子结构。

六、注意事项

此制备需避光，干燥，所得成品也要放在暗处。

七、问题讨论

① 合成过程中，滴完 H_2O_2 后为什么还要煮沸溶液？

② 合成产物的最后一步，加入质量分数为 0.95 的乙醇，其作用是什么？能否用蒸干溶

液的方法来取得产物？为什么？

③ 产物为什么要经过多次洗涤？洗涤不充分对其组成测定会产生怎样的影响？

④ $K_3[Fe(C_2O_4)_3]\cdot 3H_2O$ 可用加热脱水法测定其结晶水含量，含结晶水的物质能否都用这种方法进行测定？为什么？

⑤ 按三草酸合铁（Ⅲ）酸钾 0.3g，铁氰化钾 0.4g 加水 5mL 的比例配成溶液，涂在纸上。附上图案，在日光直射下（数秒钟）或红外灯光下，观察现象并解释。

⑥ 取 0.3～0.5g 三草酸合铁（Ⅲ）酸钾加水 5mL 配成溶液，将滤纸浸湿，同上操作，曝光后去掉图案，用约 3.5% 六氰合铁（Ⅲ）酸钾溶液湿润或漂洗，观察现象并解释。

实验三十六　侯氏联合制碱法与碳酸钠和碳酸氢钠含量的测定

一、预习要点

① 侯氏联合制碱法原理。
② 中国科学技术专家侯德榜传略。
③ 混合碱中碳酸钠、碳酸氢钠双指示剂法测定原理、方法、注意事项。

二、目的要求

① 追索当年科学家发明思路，感悟侯德榜先生伟大的爱国精神、科学精神、创业精神、奉献精神、勤奋精神、创新精神。
② 通过实验了解联合制碱法的反应原理，学会利用各种盐类溶解度的差异，并通过复分解反应制取盐的方法。
③ 练习并掌握减压过滤等基本操作。
④ 掌握用双指示剂法测定混合碱中 Na_2CO_3、$NaHCO_3$ 以及总碱量的方法。

三、实验原理

在中国化学工业史上，有一位杰出的科学家，他为祖国的化学工业事业奋斗终生，并以独创的制碱工艺闻名于世界，他就像一块坚硬的基石，托起了中国现代化学工业的大厦，这位先驱者就是被称为"国宝"的侯德榜。

侯德榜一生在化工技术上有三大贡献。第一，揭开了苏尔维法的秘密；第二，创立了中国人自己的制碱工艺——侯氏联合制碱法；第三，就是他为发展小化肥工业所做的贡献。

侯氏联合制碱法的反应原理是将二氧化碳和氨气通入氯化钠溶液中，制得碳酸氢钠，再在高温下灼烧，转化为碳酸钠。在分离出碳酸氢钠的滤液里加入食盐，使析出氯化铵晶体，分离出氯化铵后，继续通氨气和二氧化碳又制得碳酸氢钠，氨由合成氨厂供给，即把纯碱厂和合成氨厂联合起来，既生产纯碱又制得化肥。

主要化学反应可表示如下：

$$NH_3 + CO_2 + H_2O + NaCl \Longrightarrow NaHCO_3\downarrow + NH_4Cl$$

$$2NaHCO_3 \xrightarrow{\triangle} Na_2CO_3 + CO_2 + H_2O$$

上面第一个反应，可以看成是碳酸氢铵和氯化钠在水溶液中的复分解反应。

$$NH_4HCO_3 + NaCl \Longrightarrow NaHCO_3\downarrow + NH_4Cl$$

NH_4HCO_3、$NaCl$、$NaHCO_3$ 和 NH_4Cl 同时存在于水溶液中，是一个复杂的四元交互体系，它们在水溶液中的溶解度互相发生影响。但是，可以根据各种纯净盐在不同温度下在水中溶解度的不同（见表 5-20），选择分离几种盐的最佳条件和适宜的操作步骤。

表 5-20　$NaHCO_3$ 等四种盐在不同温度下的溶解度（$g/100gH_2O$）

温度/℃ 盐	0	10	20	30	40	50	60	70	80	90	100
$NaHCO_3$	6.9	8.15	9.6	11.1	12.7	14.5	16.4	—	—	—	—
NaCl	35.7	35.8	36.0	36.3	36.6	37.0	37.3	37.8	38.4	39.0	39.8
NH_4HCO_3	11.9	15.8	21.0	27.0	—	—	—	—	—	—	—
NH_4Cl	29.4	33.3	37.2	41.4	45.8	50.4	55.2	60.2	65.6	71.3	77.3

混合碱是 Na_2CO_3 与 NaOH 或 Na_2CO_3 与 $NaHCO_3$ 的混合物，可采用双指示剂法进行分析，测定各组分的含量。本实验即是利用双指示剂法测定混合碱中 Na_2CO_3 和 $NaHCO_3$ 组分的含量。

在混合碱的试液中加入酚酞指示剂，用 HCl 标准溶液滴定至溶液呈微红色。此时试液中所含 Na_2CO_3 被滴定成 $NaHCO_3$，反应如下：

$$Na_2CO_3 + HCl = NaCl + NaHCO_3$$

设滴定体积为 V_1（mL）。再加入溴甲酚绿-甲基红指示液，继续用 HCl 标准溶液滴定至溶液由绿色变为暗红色后煮沸 2min，冷却后继续滴定至溶液再呈暗红色即为终点。此时 $NaHCO_3$ 被中和成 H_2CO_3，反应为：

$$NaHCO_3 + HCl = NaCl + H_2O + CO_2 \uparrow$$

设此时消耗 HCl 标准溶液的体积为 V_2（mL）。

Na_2CO_3、$NaHCO_3$ 和总碱（Na_2O）的含量可由下式计算：

$$w_{Na_2CO_3} = \frac{c_{HCl} V_1 \times 52.994}{m}$$

$$w_{NaHCO_3} = \frac{c_{HCl}(V_2 - V_1) \times 84.007}{m}$$

$$w_{Na_2O} = \frac{c_{HCl}(V_1 + V_2) \times 30.990}{m}$$

式中　$w_{Na_2CO_3}$——混合碱中 Na_2CO_3 的质量分数；

w_{NaHCO_3}——混合碱中 $NaHCO_3$ 的质量分数；

w_{Na_2O}——混合碱中总碱量以 Na_2O 计的质量分数；

V_1——酚酞终点消耗盐酸标准滴定溶液的体积，L；

V_2——溴甲酚绿-甲基红混合指示剂终点消耗盐酸标准滴定溶液的体积，L；

52.994——$\frac{1}{2} Na_2CO_3$ 摩尔质量，$g \cdot mol^{-1}$；

84.007——$NaHCO_3$ 摩尔质量，$g \cdot mol^{-1}$；

30.990——$\frac{1}{2} Na_2O$ 摩尔质量，$g \cdot mol^{-1}$；

m——试样的质量，g。

四、实验用品

布氏漏斗，吸滤瓶，马弗炉，蒸发皿，分析天平，称量瓶，酸式滴定管（50mL），量筒（100mL），烧杯（150mL），粗食盐，NaOH（$3mol \cdot L^{-1}$），Na_2CO_3（$3mol \cdot L^{-1}$），HCl（$6mol \cdot L^{-1}$），标准 HCl 溶液（$0.1mol \cdot L^{-1}$），NH_4HCO_3（固），酚酞溶液（$10g \cdot L^{-1}$），溴甲酚绿-甲基红指示液，温度计（0~100℃），锥形瓶（250mL）。

五、实验步骤

1. Na_2CO_3 的制备

（1）**化盐和精制** 在150mL烧杯中注入50mL 24%～25%的粗盐水溶液。用3mol·L^{-1} NaOH和3mol·L^{-1}Na$_2$CO$_3$溶液的混合溶液（体积为1∶1）调整pH值至11左右，得到胶状 [Mg$_2$(OH)$_2$CO$_3$·CaCO$_3$]沉淀，以除去食盐中所含的钙、镁杂质。

$$2Mg^{2+} + 2OH^- + CO_3^{2-} = Mg_2(OH)_2CO_3 \downarrow$$

$$CO_3^{2-} + Ca = CaCO_3 \downarrow$$

注入混合碱液后，加热至沸，抽滤，分离沉淀。将滤液用6mol·L^{-1} HCl调整pH值至7。解释为什么要用HCl调整pH值？

（2）**转化** 将盛有滤液的烧杯放在水浴上加热，控制溶液温度在30～35℃之间。在不断搅拌的情况下，分多次把21g研细的NH$_4$HCO$_3$加入滤液中，加完后继续保温搅拌半小时，然后静置，抽滤，得到NaHCO$_3$晶体，用少量水洗涤2次，以除去附着在表面的铵盐。再将晶体进行抽滤，将晶体转移到滤纸上在小于110℃下烘干，称重，计算NaHCO$_3$的产率。

$$NaHCO_3 \text{产率} = \frac{\text{实际产量}}{\text{理论产量}} \times 100\%$$

所得母液回收，留作制取氯化铵之用。

（3）**制纯碱** 将抽干的NaHCO$_3$放入蒸发皿中，在马弗炉中，于270～300℃下灼烧1h，即发生分解反应得到纯碱。等冷却到室温时，称量制得的纯碱的质量，以NaCl为基准计算Na$_2$CO$_3$的产率。

$$Na_2CO_3 \text{产率} = \frac{\text{实际产量}}{\text{理论产量}} \times 100\%。$$

2. NH_4Cl 的回收

在每10 mL母液中加入3.0g氯化钠，充分搅拌，使其溶解。然后，在冰盐冷却剂中冷却，则析出晶体。如何检验析出的晶体是NH$_4$Cl而不是NaCl？

3. 混合碱中 Na_2CO_3 与 $NaHCO_3$ 含量的测定

用递减法称取0.2g（称准至0.01mg）自制纯碱试样三份，分别置于250 mL锥形瓶中，用50 mL蒸馏水溶解，加1滴酚酞指示剂，用盐酸标准溶液滴定至红色恰好消失，记下滴定用去的HCl体积（V_1）。必须注意，在滴定时，酸要在不断摇动溶液下逐滴加入，以防溶液局部酸度过大，Na$_2$CO$_3$不是被中和成NaHCO$_3$，而是直接转变为CO$_2$。第一终点到达后，在锥形瓶中再加10滴溴甲酚绿-甲基红混合指示剂，继续用盐酸标准溶液滴定，当溶液由绿色变为暗红色时，停止滴定，煮沸溶液2 min，冷却后继续至暗红色为终点，记下消耗HCl体积（V_2）。计算Na$_2$CO$_3$、NaHCO$_3$和Na$_2$O的含量。

实验报告格式参见表5-21。

表 5-21　混合碱中 Na_2CO_3 与 $NaHCO_3$ 含量的测定

项目	1	2	3
称量瓶+试样质量(倒出前)/g			
称量瓶+试样质量(倒出后)/g			
$m_{试样}$/g			

续表

项目		1	2	3
滴定消耗 HCl 的体积 V_1/mL	第一终点读数			
	初始读数			
	净用量			
滴定消耗 HCl 的体积 V_2/mL	第二终点读数			
	初始读数			
	净用量			
w_{Na_2O}	测定值			
	平均值			
	相对标准偏差 S_r			
$w_{Na_2CO_3}$	测定值			
	平均值			
w_{NaHCO_3}	测定值			
	平均值			

六、注意事项

用盐酸滴定混合碱时，酚酞终点比较难以观察。为得到较正确的结果，可用一参比溶液来对照。本实验可采用相同浓度的 $NaHCO_3$ 溶液，加 2 滴酚酞指示剂作参比溶液。

七、问题讨论

① 如果在制得的 $NaHCO_3$ 产品中含有水或杂质 NaCl，那么分解后所得 Na_2CO_3 的质量与其理论值有什么偏差？

② 在过滤了 $NaHCO_3$ 晶体的母液中加入固体 NaCl。溶解后，将溶液冷却至 -10 ℃ 左右，为什么能析出 NH_4Cl 晶体？

③ 为什么计算碳酸钠产率时，要根据氯化钠的用量？对碳酸钠产率的影响因素有哪些？

④ 本实验用酚酞作指示剂时，其所消耗的 HCl 体积较溴甲酚绿-甲基红少，为什么？

⑤ 在总碱量的计算式中，$V_总$ 有几种求法？如果只要求测定总碱量，实验应怎样做？

实验三十七　硫代硫酸钠的制备及含量测定

一、预习要点

① 无机化合物制备基本操作：蒸发、浓缩、结晶、过滤。
② 直接碘量法、间接碘量法原理以及方法要点。

二、目的要求

① 训练无机化合物制备过程中的基本操作。
② 熟悉硫代硫酸钠的制备原理和方法。
③ 产品要求为白色晶体，不含硫化物；$Na_2S_2O_3$ 含量在 90% 以上。
④ 掌握 $Na_2S_2O_3$ 及 I_2 标准溶液的配制与标定方法。
⑤ 学习碘量法的基本原理，掌握碘量瓶的使用方法。

三、实验原理

1. 硫代硫酸钠的制备

用亚硫酸钠与硫粉在沸腾条件下直接合成，其反应为：

$$Na_2SO_3 + S = Na_2S_2O_3$$

常温下析晶为 $Na_2S_2O_3 \cdot 5H_2O$

2. 硫代硫酸钠的纯度测定

应用碘滴定法测定硫代硫酸钠的纯度,即:

$$I_2 + 2Na_2S_2O_3 = 2NaI + Na_2S_4O_6$$

碘量法中使用的标准溶液是硫代硫酸钠溶液和碘液。

$Na_2S_2O_3$ 标准溶液的配制与标定。

市售的分析纯硫代硫酸钠试剂($Na_2S_2O_3 \cdot 5H_2O$)纯度不够高,一般均含有少量 S、Na_2S、Na_2SO_3、Na_2SO_4 等杂质,易风化和潮解,因此 $Na_2S_2O_3$ 不能用直接法配制,配好的 $Na_2S_2O_3$ 溶液也不稳定,易分解,其原因是:

① 遇酸分解,水中的 CO_2 使水呈弱酸性:

$$S_2O_3^{2-} + CO_2 + H_2O \xrightarrow{pH<4.6} HCO_3^- + HSO_3^- + S(s)\downarrow$$

此分解作用一般在初制成溶液的最初十日内进行。

② 受水中微生物的作用,这是 $Na_2S_2O_3$ 浓度变化的主要原因。

$$S_2O_3^{2-} \longrightarrow SO_3^{2-} + S(s)\downarrow$$

③ 空气中氧的作用,此反应的速率较慢,但微量 Cu^{2+}、Fe^{3+} 的存在能加速此反应的进行。

$$2S_2O_3^{2-} + O_2 \longrightarrow 2SO_4^{2-} + 2S(s)\downarrow$$

④ 见光分解。

蒸馏水中可能含有的 Fe^{3+}、Cu^{2+} 等会催化 $Na_2S_2O_3$ 溶液的氧化分解。

$$2Cu^{2+} + 2S_2O_3^{2-} = 2Cu^+ + S_4O_6^{2-}$$

$$2Cu^+ + \frac{1}{2}O_2 + H_2O = 2Cu^{2+} + 2OH^-$$

因此配制 $Na_2S_2O_3$ 标准溶液的方法是:称取比计算用量稍多的 $Na_2S_2O_3 \cdot 5H_2O$ 试剂,溶于水后加少量 Na_2CO_3 使溶液呈弱碱性(pH=9~10),煮沸,以抑制微生物的生长。溶液储于棕色瓶中并置于暗处以防止光照分解,数天后(一般在一周后)进行标定。若发现溶液变浑,需过滤后再标定,严重时应弃去重新配制。

标定 $Na_2S_2O_3$ 溶液浓度的基准物有 $K_2Cr_2O_7$、$KBrO_3$、KIO_3 等。

$K_2Cr_2O_7$ 最常用,标定实验的主要步骤是在酸性溶液中,$K_2Cr_2O_7$ 与过量 KI 反应,生成与 $K_2Cr_2O_7$ 计量相当的 I_2,在暗处放置一段时间使反应完全,然后加蒸馏水稀释以降低酸度,在弱酸性条件下用待标定的 $Na_2S_2O_3$ 溶液滴定析出的 I_2,近终点时溶液呈现稻草黄色(I_3^- 黄色与 Cr^{3+} 绿色)时,加入淀粉指示剂(若滴定前加入,由于碘-淀粉吸附化合物,不易与 $Na_2S_2O_3$ 反应,给滴定带来误差),继续滴定至蓝色消失即为终点。最后准确计算 $Na_2S_2O_3$ 溶液的浓度。这个标定 $Na_2S_2O_3$ 的方法称为间接碘量法。

标定 $Na_2S_2O_3$ 溶液时的基本反应式为:

$$6I^- + Cr_2O_7^{2-} + 14H^+ = 2Cr^{3+} + 3I_2 + 7H_2O$$

$$2S_2O_3^{2-} + I_2 = S_4O_6^{2-} + 2I^-$$

3. 碘标准溶液的配制与标定

碘标准溶液虽然可以用纯碘直接配制,但由于 I_2 的挥发性强,很难准确称量。游离 I_2 容易挥发损失,这是影响碘溶液稳定性的原因之一。因此溶液中应维持适当过量的 I^- 离子,以减少 I_2 的挥发。一般先称取一定量的碘溶于少量 KI 溶液中,KI 加入量一般三倍于 I_2 重,再加等重（或一倍）的水溶解后稀释至所需体积。溶液中自由 KI 含量约为 3%。空气能氧化 I^- 离子，引起 I_2 浓度增加：

$$4I^- + O_2 + 4H^+ \Longrightarrow 2I_2 + 2H_2O$$

此氧化作用缓慢，但能为光、热及酸的作用而加速，因此 I_2 溶液应储存于棕色磨口瓶中，置冷暗处保存。I_2 能缓慢腐蚀橡胶和其他有机物，所以应避免与这类物质接触。

碘液可以用基准物 As_2O_3 标定，也可用已标定的 $Na_2S_2O_3$ 溶液标定。

四、实验用品

台式天平，研钵，量筒，电磁加热搅拌器，$\phi 60mm$ 长颈漏斗，漏斗架，定性滤纸（$\phi 7cm$、$11cm$），蒸发皿，水浴，抽滤装置，烘箱。

分析天平，棕色瓶，碘量瓶，碱式滴定管（50mL，棕色），酸式滴定管（50mL，棕色）。

硫粉，乙醇（95%），亚硫酸钠，I_2，KI。

硫代硫酸钠（$Na_2S_2O_3 \cdot 5H_2O$ 或 $Na_2S_2O_3$），Na_2CO_3（固），$K_2Cr_2O_7$（工作基准试剂），KI（固），H_2SO_4（20%），淀粉指示液（$10g \cdot L^{-1}$）。

五、实验步骤

1. 硫代硫酸钠的制备

称取 2g 硫粉，研碎后置于 100mL 烧杯中，用 1mL 乙醇润湿，搅拌均匀，再加入 6g Na_2SO_3，加蒸馏水 30mL，放入磁子，置于磁力搅拌器上，加热至沸腾，调好转速，保持微沸 40min 以上，直至少量硫粉漂浮在液面上（注意，若体积小于 20mL，应在反应过程中适当补加些水至 20~25mL），趁热过滤（应将长颈漏斗先用热水预热后过滤），将滤液转移至蒸发皿，用水浴加热，蒸至溶液出现微黄色混浊为止。冷却，即有大量晶体析出（若放置一段时间仍没有晶体析出，是形成了过饱和溶液，可摩擦器壁或加一粒硫代硫酸钠晶体引种，破坏过饱和状态）。减压抽滤，并用少量乙醇（5~10mL）洗涤晶体，抽干，放入 40℃ 烘箱烘 40min。称量，计算产率。

2. $c_{Na_2S_2O_3} = 0.1 mol \cdot L^{-1}$ 硫代硫酸钠标准溶液的配制与标定

（1）配制 称取 26g 硫代硫酸钠（$Na_2S_2O_3 \cdot 5H_2O$）（或 16g 无水硫代硫酸钠），加 0.2g 无水碳酸钠，溶于 1000mL 水中，缓缓煮沸 10min，冷却。储存于棕色瓶中，放置两周后过滤。

（2）标定 称取 0.18g 于 120℃±2℃ 干燥至恒重的工作基准试剂重铬酸钾，置于碘量瓶中，溶于 25mL 水，加 2g 碘化钾及 20mL 硫酸溶液（20%），摇匀，于暗处放置 10min。加 150mL 水（15~20℃），用配制好的硫代硫酸钠溶液滴定，近终点时（溶液的颜色由棕红色转变为浅黄色时）加 2mL 淀粉指示液（$10g \cdot L^{-1}$），继续滴定至溶液由蓝色变为亮绿色，即为滴定终点。同时做空白实验。

（3）计算 硫代硫酸钠标准溶液的浓度 $c_{Na_2S_2O_3}$ 以摩尔每升（$mol \cdot L^{-1}$）表示，按下式计算：

$$c_{Na_2S_2O_3} = \frac{m \times 1000}{(V_1 - V_2)M}$$

式中 m——重铬酸钾的质量，g；

V_1——硫代硫酸钠溶液的体积，mL；

V_2——空白实验硫代硫酸钠溶液的体积，mL；

M——重铬酸钾的摩尔质量，g·mol^{-1}（$M_{\frac{1}{6}K_2Cr_2O_7}=49.031$）。

3. $c_{\frac{1}{2}I_2}=0.1\text{mol}\cdot L^{-1}$ 碘标准溶液的配制与标定

（1）配制　称取 13g 碘及 35g 碘化钾，溶于 100mL 水中，稀释至 1000mL，摇匀，储存于棕色瓶中。

（2）标定　量取 35.00～40.00mL 配制好的碘溶液，置于碘量瓶中，加 150mL 水（15～20℃），用硫代硫酸钠标准溶液（$c_{Na_2S_2O_3}=0.1\text{mol}\cdot L^{-1}$）滴定，近终点时加 2mL 淀粉指示液（10g·L^{-1}），继续滴定至溶液蓝色消失。同时做水消耗碘的空白实验：取 250mL 水（15～20℃），加 0.05～0.20mL 配制好的碘溶液及 2mL 淀粉指示液（10g·L^{-1}），用硫代硫酸钠标准溶液（$c_{Na_2S_2O_3}=0.1\text{mol}\cdot L^{-1}$）滴定至溶液蓝色消失。

（3）计算　碘标准溶液的浓度（$c_{\frac{1}{2}I_2}$）以摩尔每升（mol·L^{-1}）表示，按下式计算：

$$c_{\frac{1}{2}I_2}=\frac{(V_1-V_2)c_1}{V_3-V_4}$$

式中　V_1——硫代硫酸钠标准溶液的体积，mL；

V_2——空白实验硫代硫酸钠标准溶液的体积，mL；

c_1——硫代硫酸钠标准溶液的浓度，mol·L^{-1}；

V_3——碘溶液的体积，mL；

V_4——空白实验中加入的碘溶液的体积，mL。

4. 硫代硫酸钠（$Na_2S_2O_3\cdot 5H_2O$）含量的测定

（1）测定　称取 1g 样品，称准至 0.0001g，溶于 70mL 无二氧化碳的水中，用碘标准溶液（$c_{\frac{1}{2}I_2}=0.1\text{mol}\cdot L^{-1}$）滴定近终点时，加 3mL 淀粉指示液（10g·L^{-1}），继续滴定至溶液呈蓝色（1min 不变即可）。

（2）计算　硫代硫酸钠（$Na_2S_2O_3\cdot 5H_2O$）的质量分数 w，数值以百分数表示，按下式计算：

$$w=\frac{(V/1000)cM}{m}\times 100$$

式中　V——滴定试液所消耗的碘标准溶液的体积，mL；

c——碘标准溶液的浓度，mol·L^{-1}；

m——试样的质量，g；

M——硫代硫酸钠（$Na_2S_2O_3\cdot 5H_2O$）的摩尔质量，248.17＝g·mol^{-1}。

六、操作要点

① $Na_2S_2O_3$ 溶液过滤后溶液仍呈黄色，可再过滤一次。

② 配制碘溶液时，切记一定要待 I_2 完全溶解后再稀释。

七、注意事项

① 配制碘溶液时，一定要待 I_2 完全溶解后再转移。做完实验后，剩余的 I_2 溶液应倒入回收瓶中。

② 碘易受有机物的影响，不可使用软木塞、橡皮塞，I_2 溶液不能装在碱式滴定管中。并应储存于棕色瓶内避光保存。

③ 配制和装液时应戴上手套。

④ $K_2Cr_2O_7$ 与 KI 反应速率较慢，为了加速反应，必须加入过量的 KI 并提高溶液的酸度。但酸度太高又会加速空气中的 O_2 氧化 I^- 而生成 I_2，增大滴定误差，一般控制酸度为

0.4mol·L^{-1}左右，并在暗处放置5min使反应定量完成。

⑤ 标定 $Na_2S_2O_3$ 溶液浓度时在滴定前加蒸馏水稀释溶液以降低酸度，减少空气中的 O_2 对 I^- 的氧化，降低 Cr^{3+} 浓度，便于终点颜色观察，降低 $Na_2S_2O_3$ 在酸性介质中的歧化速度。

⑥ 间接碘量法加入淀粉指示剂的时间应在临近滴定终点时。如果滴定到终点以后，溶液迅速变蓝，$K_2Cr_2O_7$ 与 KI 反应不完全，可能是放置时间不够，遇此情况，应重做。

八、问题讨论

① 蒸发浓缩硫代硫酸钠溶液时，为什么不能蒸发得太浓？干燥硫代硫酸钠晶体的温度为什么控制在40℃？

② 如何配制并保存 $Na_2S_2O_3$ 溶液？

③ 制 I_2 溶液为何要加入 KI？

④ 直接碘量法与间接碘量法加入淀粉指示剂有何不同？终点颜色变化有何不同？为什么间接碘量法加入淀粉指示剂要在接近终点时才能加入？

⑤ 用 $K_2Cr_2O_7$ 标定 $Na_2S_2O_3$ 溶液浓度时，为什么要加入过量的 KI 和硫酸溶液？

⑥ 在进行滴定操作的过程中，为什么要用配上瓶塞的碘量瓶？

⑦ 碘量法主要的误差来源有哪些？如何避免？

⑧ 试说明碘量法为什么既可测定还原性物质，又可测定氧化性物质？测定时应如何控制溶液的酸碱性？为什么？

实验三十八 水热法制备纳米二氧化锡

一、预习要点

① 水热法原理。

② pH 计的原理及使用方法。

③ X 射线衍射法（XRD）的原理及其测试方法。

④ 透射电子显微镜（TEM）的原理及其测试方法。

二、目的要求

① 了解水热法制备纳米氧化物的原理及实验方法。

② 研究 SnO_2 纳米粉制备的工艺条件。

③ 学习使用 pH 计准确调节 pH 值的方法。

④ 学习用 XRD 确定产物的物相。

⑤ 学习用透射电子显微镜 TEM 检测超细微粒的粒径及其形貌。

三、实验原理

纳米粒子通常是指粒径大约为 1~100nm 的超微颗粒。物质处于纳米尺度状态时，其许多性质既不同于原子、分子，又不同于大块体相物质，构成物质一种新的状态。

处于纳米尺度的粒子，其电子的运动受到颗粒边界的束缚而被限制在纳米尺度内，当粒子的尺寸可以与其中电子（或空穴）的 de'Brglie 波长相近时，电子运动呈现显著的波粒二象性，此时材料的光、电、磁性质出现许多新的特征和效应。纳米材料位于表、界面上的原子数足以与粒子内部的原子数相抗衡，总表面能大大增加。粒子的表、界面化学性质异常活泼，可能产生宏观量子隧道效应、介电限域效应等。纳米粒子的新特性为物理学、电子学、化学和材料科学等开辟了全新的研究领域。

纳米材料的合成方法有气相法、液相法和固相法。其中气相法包括：化学气相沉积、激光气相沉积、真空蒸发和电子束或射频束溅射等；液相法包括溶胶-凝胶（Sol-Gel）法、水热法和共沉淀法。制备纳米氧化物微粉常用水热法，其优点是产物直接为晶态，无须经过焙烧晶化过程，可以减少颗粒团聚，同时粒度比较均匀，形态也比较规则。

SnO_2 是一种半导体氧化物，它在传感器、催化剂和透明导电薄膜等方面具有广泛用途。纳米 SnO_2 具有很大的比表面积，是一种很好的气敏和湿敏材料。

本实验以水热法制备 SnO_2 纳米粉。以 $SnCl_4$ 为原料，利用水解产生的 $Sn(OH)_4$，脱水缩合晶化产生 SnO_2 纳米微晶，反应如下：

$$SnCl_4 + 4H_2O \longrightarrow Sn(OH)_4(s) + 4HCl$$
$$nSn(OH)_4 \longrightarrow nSnO_2 + 2nH_2O。$$

水热反应的条件，如反应物的浓度、温度、介质的 pH 值、反应时间等对反应产物的物相、形态、粒子尺寸及其分布均有较大影响。

四、实验用品

仪器：100mL 不锈钢反应釜（带聚四氟乙烯内衬），恒温箱（带控温装置），磁力搅拌器，循环水真空水泵，pH 计，离心机，多晶 X 射线衍射仪，透射电子显微镜，烧杯，电热套，烘箱，马弗炉，恒温槽，研钵，干燥器。

药品：$SnCl_2 \cdot 5H_2O$（A.R.），KOH（A.R.），乙酸（A.R.），乙酸铵（A.R.），乙醇（A.R.，95%）。

五、实验步骤

1. 纳米 SnO_2 的制备

称取一定量的 $SnCl_2 \cdot 5H_2O$，配成 $1mol \cdot L^{-1}$ 溶液，过滤除去不溶物，得到无色清亮溶液，用 KOH 溶液调节 pH 值为 1～1.4。取 50mL 原料溶液，转入容积为 100mL、具有聚四氟乙烯内衬的不锈钢反应釜，密封后置于恒温箱中，反应温度控制在 120～160℃ 范围内，反应时间在 2h 左右。

从反应釜取出的产物经过减压过滤或离心处理后，用 10:1（体积比）乙酸-乙酸铵的缓冲溶液洗涤多次，再用 95% 的乙醇溶液洗涤 2 次，在恒温箱中于 80℃ 干燥，然后研细。

2. 产物表征

用多晶 X 射线衍射仪测定产物的物相。在 JCPDS 卡片集中查出 SnO_2 的多晶标准衍射卡片，将样品的 d 值和相对强度与标准卡片的数据相对照，确定产物是否是 SnO_2。用透射电子显微镜（TEM）直接观察样品粒子的尺寸与形貌。

六、注意事项

反应产物要充分洗涤干净，要根据产物和反应的体系性质选择合适的洗涤试剂来辅助蒸馏水除掉杂质离子。

七、问题讨论

① 水热法合成无机材料具有哪些特点？
② 水热法制备纳米 SnO_2 微粉过程中，哪些因素影响产物的粒子大小及其分布？
③ 在洗涤 SnO_2 纳米粒子沉淀物过程中，为什么用乙酸－乙酸铵的缓冲溶液做洗液？
④ 如何减少纳米粒子在干燥过程中的团聚？

八、参考文献

① 程虎民，马季铭，赵振国等．纳米 SnO_2 的水热合成．高等学校化学学报，1996，17

(6): 833-837.

② 林碧洲. SnO₂ 纳米精粉的溶胶-水热合成. 华侨大学学报（自然科学版），2000，21 (3): 268-270.

实验三十九　微波法制备纳米磷酸钴及其表征

一、预习要点
① 表面活性剂的性质、类型及其在纳米材料合成中的作用。
② 微波辐射法及其原理。
③ 热重-差热分析仪（TG-DTA）的测试原理及其测试方法。

二、目的要求
① 掌握阴离子型表面活性剂在水溶液中的存在状态及其纳米离子合成过程中所起的作用及其对产品性能影响的机理。
② 了解微波辐射法制备纳米粒子的方法。
③ 加深理解微波辐射的原理。
④ 学习使用透射电镜、热重-差热分析仪等对样品进行表征。

三、实验原理
纳米材料是指晶粒和晶界等显微结构能达到纳米级尺度水平的材料。纳米材料由于具有极微小的粒径及巨大的比表面，因此常表现与本体材料不同的性质，如纳米材料可在颜料、涂料、催化剂、功能陶瓷材料、发光材料、生物材料等方面有重要的作用。纳米材料的制备方法有多种，微波辐射法可在较短时间内完成，具有时间短、见效快、操作方便等特点。

本实验是将含硫酸钴、磷酸二氢钠、尿素、十二烷基苯磺酸钠的混合液，在微波辐射下反应制备纳米材料—磷酸钴，其反应式为：

$$3Co^{2+} + 2H_2PO_4^- + 4OH^- \longrightarrow Co_3(PO_4)_2 \cdot 4H_2O \downarrow$$

固体沉淀物经离心分离、洗涤、干燥后，用透射电镜观察其粒子分布及颗粒形状；用热分析仪观察其受热时脱水和晶型变化的情况。

四、实验用品
天平，烧杯，微波炉，透射电镜，热重-差热分析仪。
无水硫酸钴（A.R.），磷酸二氢钠（A.R.），尿素，十二烷基苯磺酸钠（A.R.）。

五、实验步骤
1. 磷酸钴的制备

配制含硫酸钴（3.0×10^{-3} mol·L^{-1}）、磷酸二氢钠（3.0×10^{-3} mol·L^{-1}）、十二烷基苯磺酸钠（0.01mol·L^{-1}）、尿素（1.0mol·L^{-1}）的混合液100mL，放入200mL烧杯中，搅拌溶解后，放在微波炉的中央，中火挡（约500W）辐射3min，待混合液沸腾后调至小火挡（约200W）辐射2min，取出后置于冷水中冷至室温，然后转入离心管用离心机以3000r·min^{-1}离心分离，倾去上层清液，用二次蒸馏水冲洗沉淀5次，所得沉淀于100℃以下烘干，储于干燥器中备用。

2. 产品的表征

① 将得到的固体粉末均匀分布于铜网上，晾干后用透射电镜观察其粒子分布及颗粒

形状。

② 用热重-差热分析仪，在氮气保护、升温速度 20℃·min^{-1} 条件下，观察记录样品从室温至 700℃ 的 TG-DTA 曲线，并计算样品的含水量，以确定水合物中结晶水的数目。

六、注意事项

① 十二烷基苯磺酸钠的用量不同，对产物的颗粒大小、形貌有不同的影响。

② 注意产品的烘干温度，要防止失去结晶水。

③ 样品在 TG-DTA 测试前，要研磨并过筛（300 目）后才能测试。

七、问题讨论

① 制备过程中加入的表面活性剂十二烷基苯磺酸钠有何作用？

② 试分析制备磷酸钴纳米材料受到哪些因素影响？

八、参考文献

周怀宁主编. 微型无机化学实验. 北京：科学出版社，2001.

实验四十　疏水二氧化硅的制备及表征

一、预习要点

① 水玻璃及其硅酸的性质及其特点。

② 疏水材料。

二、目的要求

① 了解并掌握疏水二氧化硅的制备原理、方法。

② 了解并掌握材料疏水性测试的方法－接触角测试。

三、实验原理

水合二氧化硅（$SiO_2 \cdot nH_2O$）无毒、无味、不溶于水，熔点为 1750℃，不溶于酸，但能溶于碱和氢氟酸。因其为多孔性物质，质轻；由于 nH_2O 以表面羟基形式存在，易吸水而成为团聚体，具有粒径小、比表面积大、高分散性、化学稳定性好、耐高温和绝缘性好等特点。这种特殊的表面结构和颗粒形态等物理化学性能，使其应用于橡胶、塑料、涂料、油墨、造纸、皮革、医药、日用化工等众多领域。

1. 二氧化硅的结构及特点

根据 X 射线图谱分析，二氧化硅粒子呈无定形状态，但制法不同导致粒子内部的结构有所差异：气相法二氧化硅是由氯硅烷经氢氧焰高温水解制得的无定形粉体，粒子以三维立体结构为主；而液相法二氧化硅是在水介质中反应而制成，粒子中既含有三维立体结构，又有二维平面结构。两者复杂的内部结构差别可用简单的示意图 5-18 表示。目前对二氧化硅的微观结构分析，较普遍的看法如图 5-19，其一：球形粒子称作原生粒子或一次粒子，由小硅酸分子通过脱水缩聚反应形成无规则链枝状结构；其二为"二次"粒子，一次粒子之间以面与面相互接触，连接成链状，形成三维聚集体，但是这种状态不稳定，在剪切力作用下轻易被拉开或破坏，拉开后依然能聚集，呈可逆状态。

一般认为在二氧化硅微粒表面存在着孤立羟基、邻位羟基和双重羟基三种类型的—OH，结构如图 5-20 所示。孤立羟基是孤立的、未受干扰的自由羟基，主要存在于二氧化硅表面层上。邻位羟基是连生的、彼此形成氢键的缔合羟基。因为两个—OH 基团相距较近，故能以氢键的形式相连接。双重羟基是两个羟基连在一个 Si 原子上的羟基。

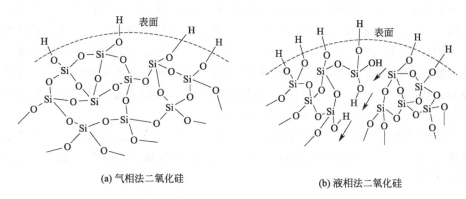

图 5-18 二氧化硅粒子的结构模型

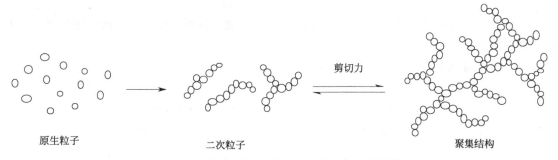

图 5-19 二氧化硅原生粒子，二次结构和聚集结构

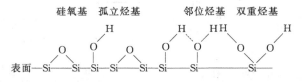

图 5-20 二氧化硅表面结构示意图

二氧化硅粒子表面的 Si—OH 具有很强的活性，容易与水发生亲和作用，形成氢键结构，特别是粒子与大气接触，产生大量的吸附水，但是可以通过加热形式除去水分子。

2. 沉淀法制备二氧化硅

沉淀法以水玻璃（化学式为 $Na_2SiO_3 \cdot nH_2O$）和酸化剂为原料，经反应生成的沉淀经分离干燥获得疏松、细分散的、絮状结构的二氧化硅颗粒。不同的酸化剂、硅酸盐的浓度、温度、时间以及搅拌条件等因素影响产品粒径。常用的酸化剂为硫酸、盐酸、硝酸、碳酸等，少数学者用乙酸乙酯水解释放出 H^+ 作酸化剂，可以制得不同品级的产品。反应原理如下：

$$Na_2SiO_3 + 2H^+ \longrightarrow H_2SiO_3 + 2Na^+$$
$$H_2SiO_3 \longrightarrow SiO_2 + H_2O$$

沉淀法生成的二氧化硅由于成本低，工艺容易控制，设备投资小，原料易得，可大量生产，适于工业化，是二氧化硅的主要品种，但产品活性低，亲和力差，补强性能低，颗粒不容易控制。

3. 二氧化硅粉体的表面疏水改性

二氧化硅表面含有大量的硅羟基而表现出很强的亲水性，导致与有机高分子如橡胶、塑料等配合时相容性、分散性较差，其分散程度会影响复合材料的应用性能。而工业上往往需要疏水性的二氧化硅，改性的目的就是改善二氧化硅表面的物理和化学性质，提高粒子与高分子之间相容性、界面黏结力，从而改善加工性能。二氧化硅的表面活性硅醇基可以同有机硅烷、醇等物质发生化学反应，以提高它同聚合物基体的亲和性及反应活性。二氧化硅改性剂大致分为无机物、氯硅烷、醇类物质、硅烷偶联剂、硅氧烷类有机硅化合物五大类，其中常用的有羟基硅油、硅烷偶联剂，硅氧烷类偶联剂。

（1）和硅烷偶联剂的反应 常用的改性剂有六甲基二硅胺烷（HMDS）、乙烯基三乙氧基硅烷偶联剂（A-151）、氨基硅烷偶联剂（APS）、γ-氨丙基三乙氧基硅烷（KH-550）等，反应方程式如下：

$$-Si-OH \xrightarrow[\Delta]{RSi(OCH_3)_3} -Si-OSi-R + CH_3OH$$

二氧化硅的表面改性既要求达到改性目的，又不改变其根本性质，目前使用最普遍的是前三种方法。

（2）羟基硅油改性

四、实验用品

500mL 四口烧瓶，滴液漏斗，量筒，温度计（100℃），电动搅拌，电热套，升降台，铁架台，接触角测量仪，激光粒度测量仪。水玻璃（$Na_2O \cdot nSiO_2$）、聚乙二醇 1000、1500、6000（$H\text{-}[OCH_2CH_2]_n\text{-}OH$）、羟基硅油（a，w-二羟基聚二甲基硅氧烷，$HO-Si(CH_3)_2O[Si(CH_3)_2O]_nSi(CH_3)_2-OH$）。

五、实验步骤

1. 疏水二氧化硅的制备

在 500mL 四颈烧瓶中加入 230mL H_2O，20g $n=2.4$ 的硅酸钠（$Na_2O \cdot 2.4SiO_2$），3g Na_2SO_4 或 1.12g 聚乙二醇，30℃搅拌 30min；升温至 85℃，以 2 滴/s 左右的速度滴加 12% 的硫酸（约 23mL）至 pH＝10.5（广泛 pH 试纸）；加羟基硅油（简称 HSO），陈化 20min，继续滴加 12% 硫酸（约 10mL）至 pH＝4.67（精密 pH 试纸），陈化 90min，过滤，

洗涤至无 SO_4^{2-}，再用酒精洗去水，80℃烘干得白色固体粉末。

2. 产品的表征
① XRD 测试产品的物相组成；SEM 及粒度分析，测试观察颗粒形貌及其大小。
② 接触角测试产品的疏水度。

六、问题讨论
羟基硅油的使用量与二氧化硅的疏水性有何相关？

七、参考文献
① 余慧明，陈雪梅．大孔容分散沉淀二氧化硅的制备及改性．涂料工业，2008，38(4)：7-10.
② 马志领，郝学辉，何佳音，周健．羟基硅油原位改性制备疏水性沉淀二氧化硅．无机盐工业．2011，43（3）：36-38.

实验四十一　碳酸铝铵分解制备纳米氧化铝

一、预习要点
① 高分子表面活性剂的组成、特点及其在无机化合物合成中的作用。
② 热重-差热仪（TG-DTA）的原理、测试方法。

二、目的要求
① 掌握碳酸铝铵热解法制备纳米 $\alpha\text{-}Al_2O_3$ 的基本原理和方法。
② 熟练掌握溶液配制、减压过滤、干燥、焙烧等基本操作。
③ 了解并掌握 PEG 在无机化合物合成过程中的作用及其机理。

三、实验原理
氧化铝在工业、国防等领域有着很多重要的应用，无论是作为粉体应用还是作为烧结体的陶瓷器件应用。超细、单分散的氧化铝粉体的制备是提高产品最终使用性能的关键所在。国内外有关纳米 $\alpha\text{-}Al_2O_3$ 的制备方法主要有：改良拜耳（Bayer）法、硫酸铝铵热解法、有机铝水解焙烧法、碳酸铝铵热解法、沉淀法、溶胶-凝胶法（sol-gel）、冷冻干燥法、水热合成法、溶胶乳化法、气相法等。

本实验采用碳酸铝铵热解法来制备纳米 $\alpha\text{-}Al_2O_3$，这是一种改良的方法，它克服了硫酸铝铵热解时的热溶解现象，得到的 $\alpha\text{-}Al_2O_3$ 粉体粒径均匀，成本较低，且对环境基本上没有污染，符合"绿色设计"的要求，综合经济效果较好。反应方程式如下：

$$4NH_4HCO_3 + NH_4Al(SO_4)_2 =\!=\!= NH_4AlO(OH)HCO_3\downarrow + 3CO_2\uparrow + 2(NH_4)_2SO_4 + H_2O$$

$$2NH_4AlO(OH)HCO_3 \xrightarrow{\text{焙烧}} Al_2O_3 + 2NH_3 + 3H_2O + 2CO_2$$

四、实验用品
磁力搅拌器，恒压滴液漏斗，恒温干燥箱，马弗炉，X 射线衍射仪，透射电子显微镜（TEM）。$NH_4Al(SO_4)_2 \cdot 12H_2O$（分析纯）、$NH_4HCO_3$（分析纯）、聚乙二醇（PEG200，PEG1540，PEG10000）。

五、实验步骤
1. 制备 Al_2O_3
（1）配制原料液　将分析纯的 $NH_4Al(SO_4)_2 \cdot 24H_2O$ 和 NH_4HCO_3 分别用去离子水配成溶液，并过滤，其浓度分别为 $0.2\text{mol} \cdot L^{-1}$ 和 $2.0\text{mol} \cdot L^{-1}$，pH 值分别为 4.0 和

8～9。

(2) 制备前驱体　反应在室温进行，将 50 mL 硫酸铝铵溶液滴入剧烈搅拌的 20mL 碳酸氢铵溶液中，控制滴定速度<1.2L·h^{-1}，即得到反应产物 $NH_4AlO(OH)HCO_3$（碳酸铝铵）。采用磁力搅拌器进行搅拌，采用聚乙二醇溶液（PEG200，PEG1540，PEG10000 等量配成）为分散剂，防止反应生成的超细颗粒的团聚。滴定完成后，将反应物过滤，并用去离子水和无水乙醇反复洗涤，随后在烘箱中 110℃的温度下干燥，得到碳酸铝铵样品。

(3) 煅烧前驱体制备目标产物　首先采用热重-差热仪（TG-DTA），测试碳酸铝铵的热分解过程，找到 Al_2O_3 的生成温度和其晶型转变的温度，从而确定制备 α-Al_2O_3 的煅烧方案（测试条件为：空气气氛 100mL·min^{-1}、升温速率为 20℃·min^{-1}，温度范围为室温至 1300℃）；然后将获得的碳酸铝铵样品置于马弗炉中，从室温升至 1100℃，再在此温度下恒温煅烧 1h，即得到 α-Al_2O_3。

2. 产物的表征

采用 X 射线衍射仪分析物相组成，采用透射电子显微镜（TEM）观察粉末的颗粒尺寸及形状。

六、注意事项

① 原料液的性质、加料方式和滴加速度对前驱体或产物的影响。
② PEG 的分子量、添加量对前驱体或产物的影响。
③ 前驱体的煅烧方式、煅烧温度和时间会对产物的晶体结构、颗粒形貌和大小有影响。

七、问题讨论

① 如果将碳酸氢铵滴入剧烈搅拌的硫酸铝铵溶液中，会不会得到碳酸铝铵？
② 反应产物与滴定速度有何关系？滴定速度大于或等于 1.2 L·h^{-1} 时，能否得到碳酸铝铵？
③ PEG 在合成前驱体的合成过程中的作用？

八、参考文献

李继光，孙旭东，张民等．碳酸铝铵热分解制备 α-Al_2O_3 超细粉．无机材料学报，1998，13（6）：803-807．

实验四十二　液相反应制备磁性四氧化三铁

一、预习要点

① Fe^{2+} 和 Fe^{3+} 的化学性质。
② 四氧化三铁的性质和用途。

二、目的要求

① 了解四氧化三铁的性质和用途。
② 掌握利用二价铁盐制备四氧化三铁的方法和原理。

三、实验原理

四氧化三铁是具有磁性的黑色晶体，密度 5.18g·cm^{-3}，熔点 1867.5K（1594.5℃），可用作颜料和抛光剂。磁性氧化铁用于制录音磁带和电讯器材。因它具磁性又名磁性氧化铁。难溶于水，溶于酸（$Fe_3O_4 + 8H^+ \longrightarrow Fe^{2+} + 2Fe^{3+} + 4H_2O$），不溶于碱，也不溶于乙醇、乙醚等有机溶剂。但是天然的 Fe_3O_4 不溶于酸。四氧化三铁可视为 $FeO·Fe_2O_3$，经

X 射线研究认为它是铁（Ⅲ）酸的盐。

本实验以二价铁盐、硝酸盐和强碱可以制备四氧化三铁粉末，主要发生以下反应：

$$12Fe^{2+} + 23OH^- + NO_3^- \longrightarrow 4Fe_3O_4 + NH_3 + 10H_2O$$

四、实验用品

烧杯，量筒，滴管，温度计，中孔熔砂玻璃过滤器，干燥箱，电子天平，磁石等。

七水硫酸亚铁固体（A.R.），硝酸钠或硝酸钾固体（A.R.）、盐酸（A.R.，6mol·L^{-1}）、氯化钡溶液（0.2mol·L^{-1}）。

五、实验步骤

将 6.95g 硫酸亚铁溶解于 200mL 去离子水中，将 0.21g 硝酸钾和 3.19g 氢氧化钾溶解在 100mL 水中。每种溶液加热到 75℃ 左右，在强烈搅拌下将上述两溶液混合，形成绿色的黏稠凝胶沉淀。在 90~100℃ 搅拌 10min 以后，沉淀转变为较细的稠密的黑色物质。将混合物冷却至室温，并加入少量 6mol·L^{-1} 盐酸使其显弱酸性，pH 为 4 左右。将四氧化三铁沉淀在中孔熔砂玻璃过滤器上进行过滤，用去离子水洗涤直到洗涤水经氯化钡溶液检验无硫酸根时止。产物在 110℃ 下干燥 1~2h，称量，计算产率，四氧化三铁的产量在 1.8g 左右。

经干燥后的产品粉末可以用磁石检验其磁性。

六、问题讨论

① 为何不使用普通的布氏漏斗进行过滤分离产品，而采用熔砂玻璃过滤器？
② 制备工程中为何要用盐酸调节 pH 至酸性？

七、参考文献

① 秦润华，姜炜，刘宏英，李风来．纳米磁性四氧化三铁的制备及表征．材料导报，2003，17，66-68.
② 高美娟，杨菊香．磁性纳米四氧化三铁颗粒的制备及应用进展．西安文理学院学报：自然科学版，2011，14（2）：34-37.

实验四十三　二氯化六氨合镍（Ⅱ）的制备、组成分析及物性测定

一、预习要点

① $NH_3·H_2O-NH_4Cl$ 缓冲溶液的组成、配制方法。
② 配位化合物的基本知识。
③ 滴定分析的基础知识。

二、目的要求

① 综合训练无机制备、提纯和定量分析的常规操作。
② 了解并掌握某些物性和结构测试方法。
③ 学习自行设计物质的提纯方法和定量分析方法。
④ 学习微型滴定方法的设计与操作。

三、实验原理

以镍为原料，先制备硝酸镍，再以此为原料制备二氯化六氨合镍（Ⅱ）。

氯化镍氨溶于水后，可与二乙酰二肟生成很稳定的红色螯合物沉淀。将沉淀烘干，称量，即可测出 Ni^{2+} 的含量，用返滴定法测 NH_3 含量，摩尔法测 Cl^- 含量。

电导法是测定配离子电荷的一种常用方法。对完全电离的配合物，在极稀溶液中离解出

一定数目的离子，测定它们的摩尔电导 Λ_m，取其上、下限的平均值。由此数值范围来确定其离子数，从而可确定配离子的电荷数。对离解为配离子和一价离子的配合物，在 25℃ 时，测定浓度为 1.00×10^{-3} mol·L^{-1} 溶液的摩尔电导，其实验规律是：

离子数	2	3	4	5
摩尔电导/(S·m^2·mol^{-1})	0.0100	0.0250	0.0400	0.0500

根据组成分析和配离子电荷的测定，能确定配合物的化学式。

通过磁化率的测定，可得到中心离子 Ni^{2+} 的 d 电子组态及该配合物的磁性信息。

通过测定配合物的电子光谱，可计算分裂能 Δ 值。不同 d 电子和不同构型的配合物的电子光谱是不同的，因此，计算分裂能 Δ 值的方法也不同。对 d^2、d^3、d^7、d^8 电子的电子光谱都有三个吸收峰，其中八面体中的 d^3、d^8 和四面体中的 d^2、d^7 电子，由最大波长的吸收峰位置的波长来计算 Δ 值。

四、实验用品

电子台秤（公用），分析天平，电磁搅拌器，锥形瓶（250mL，4 个），吸滤瓶，布氏漏斗，量筒（100mL、25mL、10mL），烧杯（500mL、250mL、100mL、50mL），酸式滴定管（50mL），碱式滴定管（50mL），吸量管（5mL），胶头滴管，洗瓶，表面皿，称量瓶，牛角勺，玻璃棒（2 只），试管（2 只），吸耳球。

$NiSO_4·6H_2O(s)$，Na_2CO_3(1mol·L^{-1})，$BaCl_2$(0.1mol·L^{-1})，$NH_3·H_2O$-NH_4Cl 混合液（每 100mL 浓氨水中含 30g NH_4Cl），乙醇，pH=10 的 $NH_3·H_2O$-NH_4Cl 缓冲溶液，甲基红作指示剂，HCl（6mol·L^{-1}），EDTA 标准溶液，紫脲酸胺指示剂（紫脲酸胺：氯化钠=1g：100g），NaOH 标准溶液，冰、NaCl(s)。

五、实验步骤

1. $Ni(NH_3)_xCl_2$ 的制备

① 称取 6.8g $NiSO_4·6H_2O$ 固体（用电子台秤称量），置于 250mL 烧杯中，加入 20mL H_2O，搅拌，使固体全部溶解。之后，在不断搅拌下，向溶液中缓慢滴加 39mL 1mol·L^{-1} Na_2CO_3 溶液至沉淀完全后（此时溶液 pH 约为 8~9），继续搅拌 5min。

② 将上述带沉淀的溶液减压过滤，并洗涤沉淀，直至无 SO_4^{2-} 为止。

③ 将滤饼转移至 250mL 烧杯中，加入 10mL 6mol·L^{-1} 的 HCl 溶液，搅拌，使之全部溶解。将溶液用冰盐浴（冰盐水置于 500mL 烧杯中，冰+适量水+2g NaCl）冷却 5min 后，在冰盐浴冷却条件下，慢慢加入 30mL $NH_3·H_2O$-NH_4Cl 混合液（每 100mL 浓氨水中含 30g NH_4Cl），注意观察颜色变化及析出沉淀的情况。加完后，继续冷却 5~10min。

④ 减压过滤，滤饼用 20mL 无水乙醇分三次洗涤沉淀。之后，将产物转移至表面皿中，在空气中风干 10min，称量后保存待用。

2. $Ni(NH_3)_xCl_2$ 组成分析（确定 x 的值，保留一位小数）

① Ni^{2+} 的测定 用减量法准确称取 0.25~0.30g 产品两份，分别用 50mL 水溶解，加入 15mL pH=10 的 $NH_3·H_2O$-NH_4Cl 缓冲溶液，约 0.2g 紫脲酸胺指示剂（用电子台秤称量），用 EDTA 标准溶液滴定至溶液由黄色变为紫色。

② NH_3 的测定 用减量法准确称取 0.2~0.25g 产品两份，分别用 25mL 水溶解，之后加入 3.00mL 6mol·L^{-1} HCl 溶液，以甲基红做指示剂（加 3 滴），用 NaOH 标准溶液滴定至溶液由红色变为淡黄绿色，记录所用的 NaOH 标准溶液的体积（V_1）。

取 3.00mL 上述所用的 6mol·L^{-1} HCl 溶液，加入 25mL 水，以甲基红作指示剂，仍用 0.5mol·L^{-1} NaOH 标准溶液滴定，记录所用的 NaOH 标准溶液的体积（V_2）。

③ 产物电离类型的确定　配制稀度分别为 128、256、512、1024 的产物溶液（稀度为摩尔浓度的倒数，表示溶液的稀释程度），用电导率仪测溶液的电导率 K，并按 $\Lambda_m = K \times 10^{-3} \, 1/C$ 计算摩尔电导。式中 $1/C$ 是稀度。

3. 物性测定

① 磁化率的测定　用古埃磁天平测定产物的磁化率（需 5g 产品），文献值：2.83$\mu\beta$。

② 产物电子光谱的测定（选做）　取 0.5g 产物溶于 50mL 1.5mol·L^{-1} NH$_3$·H$_2$O 溶液中，以蒸馏水为参比液，测定其吸收光谱。摩尔电导文献值 0.0250 S·m^2·mol^{-1}。

4. 结果及讨论

① 根据组成分析的实验结果，确定产物 Ni(NH$_3$)$_Y$(Cl)$_X$ 中的 X、Y。

② 根据电离类型测定结果，确定配离子的电荷和产物的化学式。

③ 根据测得的磁化率计算磁矩，并确定 Ni^{2+} 的外层电子构型。

④ 在吸收光谱图上找出最大吸收峰的波长，用下式计算分裂能：$\Delta = 1/\lambda \times 10^7$ (cm^{-1})。文献值：$\Delta = 10800$ cm^{-1}。

⑤ 产物的有关结构参数：立方晶系（文献值 JCPDS 卡片编号 24-803）。

d	5.98	3.59	2.924	2.532	2.065	3.056	1.947
I/2	100	40	40	18	11	7	5
文献实验d值	5.78	3.56	2.91	2.52	2.06	3.03	1.94

六、问题讨论

① 在什么条件下沉淀 Ni^{2+} 最适当？

② 洗涤二乙酰二肟镍时，为什么不用冷水或高于 50 ℃水洗？

③ 测 Cl$^-$ 含量时，K$_2$CrO$_4$ 浓度、溶液的酸度对分析结果有何影响？合适的条件是什么？

④ 根据组成分析确定的 X 与 Y，计算配制 250.00mL 稀度为 128 的溶液所需 Ni(NH$_3$)$_Y$(Cl)$_X$ 的量。

七、参考文献

① 大学化学实验改革课题组编，大学化学新实验（一），杭州：浙江大学出版社，1990年．

② 大学化学实验改革课题组编，大学化学新实验（二），兰州：兰州大学出版社，1993年．

③ 武汉大学编，无机化学实验（第二版），武汉：武汉大学出版社，1997．

④ 武汉大学编，分析化学实验（第三版），北京：高等教育出版社，1994．

实验四十四　碱式硫酸镁晶须的合成及表征

一、预习要点

① 晶体的生长原理基础知识

② X 射线衍射仪、红外光谱仪的原理、测试及其结果分析方法。

二、目的要求

① 掌握常温合成-水热反应方式制备碱式硫酸镁晶须的方法。

② 学习用X射线衍射、红外分析及显微观察确定无机化合物的结构及晶型。

三、实验原理

$$6MgSO_4 + 10NaOH + 3H_2O \longrightarrow MgSO_4 \cdot 5Mg(OH)_2 \cdot 3H_2O + 5Na_2SO_4$$

晶体生长过程可能经历晶核诱导期、生长期、破碎期三个阶段。

晶核诱导期 在室温下将NaOH加入$MgSO_4$溶液后，形成凝胶状$Mg(OH)_2$，充分搅拌使$Mg(OH)_2$以微小胶粒状均匀分散于含Mg^{2+}、SO_4^{2-}、OH^-、Na^+的水溶液中。此时可能没有$MgSO_4 \cdot 5Mg(OH)_2 \cdot 3H_2O$晶核形成，当温度逐渐升至160℃水热条件时，将逐渐生成$MgSO_4 \cdot 5Mg(OH)_2 \cdot 3H_2O$晶核。

生长期 开始形成$MgSO_4 \cdot 5Mg(OH)_2 \cdot 3H_2O$晶核后，由于$MgSO_4$为$MgSO_4 \cdot 5Mg(OH)_2 \cdot 3H_2O$晶体提供了单向生长的条件，另外，在高浓度$MgSO_4$溶液中存在$MgSO_4 \cdot 5Mg(OH)_2 \cdot nH_2O$的过饱和溶解现象，为晶体生长提供了动力，此时，形成晶须的组分按$MgSO_4 \cdot 5Mg(OH)_2 \cdot 3H_2O$的结构模块与晶体的晶面相碰撞，然后滑向针状晶体的尖端，并嵌入尖端凹陷处，从而保证晶体不断生长，形成晶须。经过一段时间，多个晶须的尖端处逐渐靠近，并黏结形成簇状。继续生长形成扇形晶须。

破碎期 扇形晶须是一种介稳态晶体物相，在水热条件下随着时间的推移处于介稳态的晶体不可避免地要逐渐变为稳定态晶体，出现扇形晶须的破碎分解，成为聚集程度较低的单个晶须。甚至有长度变短现象。

控制合理的条件，可使碱式硫酸镁生长为晶须。

四、实验用品

1L高压反应釜，抽滤装置，红外光谱仪（IR），显微镜，X射线衍射仪（XRD），透射电镜。

NaOH（分析纯），$MgSO_4 \cdot 7H_2O$（分析纯），无水乙醇，无水乙醚，稀盐酸。

五、实验步骤

1. 碱式硫酸镁晶须的制备

分别称取七水合硫酸镁122.5g，溶于355mL水中，氢氧化钠10.7g，溶于32mL水中，在50～60℃，搅拌（400r·min^{-1}）条件下将氢氧化钠溶液缓慢加入硫酸镁溶液中，继续搅拌15min，而后停止搅拌将所得的絮状氢氧化镁沉淀连同溶液一起转移到1L高压反应釜中，逐渐升温（2℃·min^{-1}）至155～175℃，压力达到0.5～0.82 MPa，恒温反应8h左右，后自然冷却至室温，打开反应釜过滤产物，并依次用70～85℃热水和室温下的水洗涤至无硫酸根离子，再依次用无水乙醇、无水乙醚洗涤，然后将产品自然干燥。

2. 合成产物的表征

化学组成分析 用化学分析方法确定产物组成，具体方法如下：准确称取已充分干燥的样品，用过量已知浓度的稀盐酸溶解，所得溶液用于测定Mg^{2+}、SO_4^{2-}、OH^-及H_2O含量。

Mg^{2+}：EDTA配合滴定法；

SO_4^{2-}：$BaCl_2$重量法；

OH^-：NaOH中和滴定法（用NaOH标准溶液滴定溶液中的过量盐酸，计算出OH^-的含量）；

H_2O：重量差减法（样品质量减去Mg^{2+}、SO_4^{2-}、OH^-含量）。

红外分析：用 KBr 压片法，对产物 $MgSO_4 \cdot 5Mg(OH)_2 \cdot 3H_2O$ 进行红外分析，观察谱图，在 $3653.50cm^{-1}$ 处为水的伸缩振动峰，$1633.59cm^{-1}$ 为 H—O—H 的弯曲振动吸收峰，$1118.94cm^{-1}$ 和 $643.85cm^{-1}$ 是 SO_4^{2-} 基团的伸缩振动峰。

X 衍射分析 用 X 衍射分析仪分析得 $MgSO_4 \cdot 5Mg(OH)_2 \cdot 3H_2O$ 的 XRD 谱图，与标准 XRD 图相比较，确定结构。

透射电镜分析 用透射显微电镜拍摄。观察晶体形状，为针状晶体，计算长径比。

六、注意事项
① 反应的温度、搅拌转速不同对产物形貌的影响。
② 产物必须洗涤干净。

七、问题讨论
① 如何制备纤维状无机化合物？
② 晶体的生长受哪些因素的影响？

八、参考文献
① 朱黎霞，岳涛，高世扬，等. $MgSO_4 \cdot Mg(OH)_2 \cdot 3H_2O$ 的水热合成及反应时间对其形貌的影响 [J]. 无机化学学报，2003，19（1）：99-102.
② 高世扬，岳涛，朱黎霞，等. 制备硫酸镁晶须的新方法：中国，1346800 [P]. 2002-05-01.
③ 武汉大学. 分析化学，第四版. 北京：高等教育出版社，2002.

附　　录

附录一　pHS-3C型精密pH计的使用说明

一、概述

pHS-3C型pH计是一台精密数字显示pH计，它采用3位半十进制LED数字显示。该机适用于大专院校、研究院所、工矿企业的化验室取样测定水溶液的pH值和电位（mV）值。此外，还可配上离子选择性电极，测出该电极的电极电位。

二、仪器主要技术性能

1. 测量范围

pH：0~14.00pH　　　mV：0~±1999mV（自动极性显示）

2. 最小显示单位

0.01pH　1mV

3. 温度补偿范围

0~60℃

4. 电子单元基本误差

pH：±0.01pH　　　mV：1mV±1个字

5. 正常使用条件

① 环境温度：5~40℃

② 相对湿度：不大于85%

③ 供电电源：AC(220±22)V　(50±1)Hz

④ 无显著的振动。

⑤ 除地球磁场外无外磁场干扰。

三、仪器结构

1. 仪器主机

外形结构见图1（a）。

2. 仪器附件与选购件

见图1（b）。

四、操作步骤

1. 开机前准备

用蒸馏水清洗电极。

2. 开机

按下电源开关，电源接通后，预热30min，接着进行标定。

3. 标定

仪器使用前先要标定。一般来说，仪器在连续使用时，每天要标定一次。

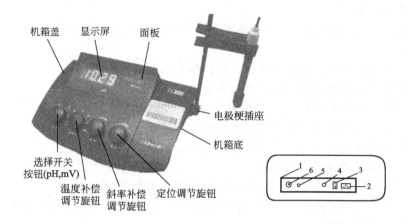

图 1（a） pHS-3C 型精密 pH 计
1—仪器后面板；2—电源插座；3—电源开关；
4—保险丝；5—参比电极接口；6—测量电极插座

 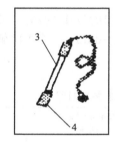  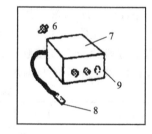

图 1（b） pHS-3C 型精密 pH 计
1—电极梗；2—电极夹；3—E-201-C-9 型塑料壳可充式 pH 复合电极；4—电极套；5—电源线；
6—Q9 短路插头；7—电极转换器（选购件）；8—转换器插头；9—转换器插座

① 在测量电极插座处拔去短路插头。
② 在测量电极处插上复合电极。
③ 把开关旋钮调到 pH 挡。
④ 调节温度补偿旋钮，使旋钮白线对准溶液温度值。
⑤ 把斜率调节旋钮顺时针旋到底（即调到 100% 位置）。
⑥ 把蒸馏水清洗过的电极插入 pH＝6.86 的缓冲溶液中。
⑦ 调节定位调节旋钮，使仪器显示读数与该缓冲溶液当时温度下的 pH 值相一致（如用混合磷酸盐定位温度为 10℃时，pH＝6.92）。
⑧ 用蒸馏水清洗电极，在插入 pH＝4.00（或 pH＝9.18）的标准缓冲溶液中，调节斜率旋钮使仪器显示读数与该缓冲溶液当时温度下的 pH 值一致。
⑨ 仪器完成标定。

注意：
经标定后，定位调节旋钮及斜率调节旋钮不应再有变动。
标定的缓冲溶液第一次应用 pH＝6.86 的溶液，第二次应用接近被测溶液 pH 值的缓冲溶液，如被测溶液为酸性时，缓冲溶液应选 pH＝4.00；被测溶液为碱性时则选 pH＝9.18 的缓冲溶液。
一般情况下，在 24h 内仪器不需再标定。

五、测量 pH 值

经标定过的仪器，即可用来测量被测溶液，被测溶液与标定溶液温度相同与否，测量步骤也有所不同。

1. 被测溶液与定位溶液温度相同时，测量步骤如下

① 用蒸馏水清洗电极头部，用被测溶液清洗一次。
② 把电极浸入被测溶液中，用玻璃棒搅拌溶液，使溶液均匀，在显示屏上读出溶液的 pH 值。

2. 被测溶液与定位溶液温度不相同时，测量步骤如下

① 用蒸馏水清洗电极头部，用被测溶液清洗一次。
② 用温度计测出被测溶液的温度。
③ 调节"温度"调节旋钮，使白线对准被测溶液的温度值。
④ 把电极插入被测溶液内，用玻璃棒搅拌溶液，使溶液均匀后读出该溶液的 pH 值。

六、缓冲溶液的配制

① pH=4.00 溶液：用 G.R. 邻苯二甲酸氢钾 10.12g，溶解于 1000mL 的高纯去离子水中。

② pH=6.86 溶液：用 G.R. 磷酸二氢钾 3.388g，G.R. 磷酸氢二钠 3.533g，溶解于 1000mL 的高纯去离子水中。

③ pH=9.18 溶液：用 G.R. 硼砂 3.80g，溶解于 1000mL 的高纯去离子水中。

注意：配制②、③溶液所用的水，应预先煮沸 15~30min，除去溶解的二氧化碳。在冷却过程中应避免与空气接触，以防二氧化碳的污染。

缓冲溶液的 pH 值与温度关系对照见表 1。

表 1 缓冲溶液的 pH 值与温度关系对照

温度/℃	$0.05\text{mol}\cdot\text{kg}^{-1}$ 邻苯二甲酸氢钾	$0.025\text{mol}\cdot\text{kg}^{-1}$ 混合物磷酸盐	$0.01\text{mol}\cdot\text{kg}^{-1}$ 四硼酸钠
5	4.00	6.95	9.39
10	4.00	6.92	9.33
15	4.00	6.90	9.28
20	4.00	6.88	9.23
25	4.00	6.86	9.18
30	4.01	6.85	9.14
35	4.02	6.84	9.11
40	4.03	6.84	9.07
45	4.04	6.84	9.04
50	4.06	6.83	9.03
55	4.07	6.83	8.99
60	4.09	6.84	8.97

附录二 BP211D 电子天平操作规程

一、开机前准备

① 用水平仪调整电子天平使水平仪内的空气泡正好位于圆环的中央。
② 将电源插头插入电源插座。
③ 预热：初次接通电源或者长时间断电之后，应预热 2.5h 以上，天平才能达到所需要的工作温度。

二、称量

① 称量范围：最大 210g；如出现 0.00000g 按十万分之一天平功能使用；如示为 0.0000g，这时为万分之一天平功能。
② 接通或关断显示器，接下 1/0 键。

③ 当显示器显示零时，0.00000g 自检过程而告结束，此时，天平准备就绪。

|o| 左下方显示 O，表示仪器处于待机状态，显示器已通过 |1/0| 键关断，天平处于工作准备状态。一旦接通，仪器使其立刻工作，而不必经历预热过程。

|◇| 显示，表示仪器正在工作。不接受其他任务。

④ 按下 TARE 键为除皮键，以使重量显示为 0.00000g，这种清零操作可在天平的全量程范围内进行。

⑤ 将物品放到秤盘上。当显示器上出现作为稳定标记的单位"g"时即可读数。

三、校正

① 开启电源开关按 |1/0| 键，当显示 0，用 |CAL| 键激活校正功能。

② 如果在校正过程中出现故障，将在显示屏上出现"Err02"信息，显示时间较短。此时，再次清零并重新按下 |CAL| 键。

四、称量法

① 减量法：打开天平显 0.00000 时，在秤盘放入盛有试样的称量瓶，记录重量，取出称量瓶，倒出所需试样量后，再放入秤盘，记录重量，计算即得。

② 增量法：打开天平显 0.00000 时，在秤盘放入称量瓶，稳定后，按一下控制板的 |TARE| 键，即可消去称量瓶重，将所需试样直接放入称量瓶中，记录试样重量，即得。

五、注意事项

① 称量时，显示器上出现稳定标记"g"，再记录重量。
② 天平内的变色硅胶要按时更换（每天一次）。
③ 样品剩余物/粉末必须小心地用刷子或后持吸尘器去除。
④ 称量完毕后，按下 |1/0| 键，盖好防尘罩，不要拔掉电源（长期不使用时拔去电源）。

附录三 自动滴定仪（ZD 型自动滴定仪）

一、概述

ZD 系列自动电位滴定仪适用于多种电位滴定，广泛应用于工业、农业、科研等许多领域。为使用不同的滴定方式，仪器设有自动滴定、控制滴定、手动滴定三种滴定方式。

① 自动滴定：当滴定达到预定终点值 10s 后，电磁阀控制电路关闭。此后即使溶液发生变化，使电极信号返离终点，电磁阀也不会再打开，确保滴定分析的结果不变。

② 控制滴定：滴定即使已达终点，滴定控制电路始终处于待命状态，一旦信号返离终点，控制电路会适时打开电磁阀。

③ 手动滴定：电磁阀由操作人员控制，按下滴定启动按钮，电磁阀打开，松开按钮，电磁阀关闭。

二、技术性能

1. 仪器结构

仪器由两部分构成：①测量仪器，见图 2；②滴定装置，见图 3。

(1) 测量仪器　测量仪器将电极输出的信号经处理后与欲置电压比较，其差值进入滴定控制电路，并将控制信号输出至滴定装置。

(2) 滴定装置　滴定装置接收测量仪器的控制信号，完成滴定工作。滴定装置主要由滴定电磁阀、磁力搅拌器、支架等组成。

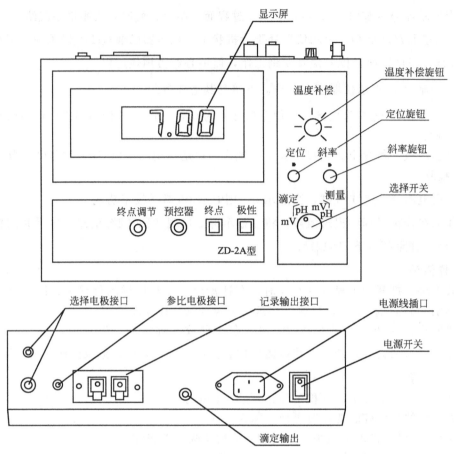

图 2 测量仪器 [（a）为仪器正面，（b）为仪器背面]

滴定电磁阀是滴定系统的主要执行部分，在试调、使用时应注意：
① 电磁阀橡皮管上端连接滴定计量管，下端连接滴定毛细管；
② 调解螺栓时，适当调节，使电磁阀关闭时无液体滴下，开启时滴液通畅。
③ 电磁阀凸头插入支杆固定孔内，并旋紧固定螺栓。

2. 主要技术参数

见表 2。

表 2 主要技术参数

型号	技术参数			
	功能	测量范围	准确度	温度补偿
ZD-2	pH	0～14.00	0.05	0～60℃
	mV	0～±1999	0.5%	
ZD-3	pH	0～14.00	0.03	0～60℃
	mV	0～±1999	0.5%	
ZD-2A	pH	0～14.0	0.01	0～60℃
	mV	0～±1999	0.1%	

容量控制精度：0.02mL
滴定终点设置范围：pH 1～13
　　　　　　　　　 mV －600～600

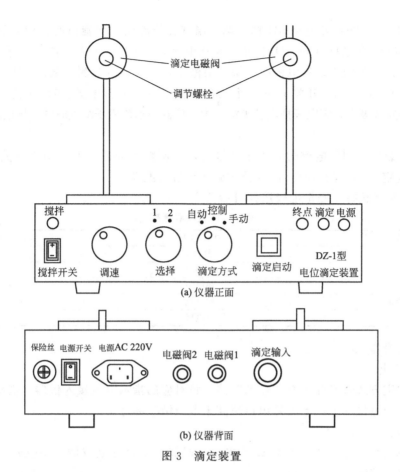

图 3　滴定装置

预控制调解范围：距离设置终点 pH　1～3

　　　　　　　　　　　　mV　100～300

输出记录信号：-1999～1999

三、使用与操作

1. pH 标定

仪器在测量或滴定 pH 前，需进行标定。

本仪器采用两点标定法：①定位标定；②斜率标定。当测量精度不高时也可用一点标定法，即只进行定位标定，此时斜率旋钮刻度置于 100% 处。

① 定位标定：功能开关至 pH 挡，把用去离子水清洗干净的电极插入 pH=7 的缓冲溶液中。调节温度补偿旋钮，使其指示的温度与缓冲溶液温度相同。再调节定位旋钮，使仪器显示的 pH 值相同。

② 斜率标定：把电极从 pH=7 的缓冲溶液中取出，用去离子水清洗干净，把清洗干净的电极插入 pH=4（或 pH=9 等）的缓冲溶液中。调节温度补偿旋钮，使其指示的温度与溶液温度相同。再调节斜率旋钮，使仪器显示的 pH 值与该溶液在此温度下的 pH 值相同。

重复①、②操作至仪器无误差。标定结束。

斜率标定选用何种标准缓冲溶液，视被测溶液 pH 值而定。斜率标准溶液应与被测液 pH 值相对接近。

2. 测量

测量仪器可单独使用。

(1) 测 pH 值　功能开关至 pH 挡，调节温度补偿旋钮，使旋钮所指值和被测溶液温度一致。接上 pH 复合电极（或 pH 电极、参比电极）。用去离子水（或二次蒸馏水，下同）清洗电极，再用滤纸吸干，将电极插入被测溶液中，仪器显示被测溶液的 pH 值。

(2) 测离子浓度　功能开关至 mV 挡，接上相应的离子选择电极、参比电极。用去离子水清洗电极并用滤纸吸干，将电极插入被测溶液中，仪器显示该离子浓度时的电极电位（mV 值）。

3. 滴定

安装滴定装置，固定电磁阀和滴定计量管，并调整到合适高度，功能开关至滴定（pH 滴定或 mV 滴定）。pH 滴定时，温度补偿旋钮至溶液温度。

(1) 测量电极选择　测量电极选择可参考表 3。

表 3　测量电极选择

滴定内容	指示电极	参比电极
酸碱滴定	pH 复合电极	
	pH 玻璃电极	232
	锑电极	217
氧化还原滴定	铂电极	217
卤素银滴定	银电极	217

(2) 滴定操作

① 自动滴定。

准备：滴定方式选择开关至"自动"挡，将对应的指示电极接入仪器，把测量电极和滴定毛细管固定于电极夹上，毛细管出口略高于电极敏感部分。

操作步骤：

a. 设置滴定终点值：按下终点显示按钮，调节终点设置电位器，使仪器显示所需终点值。再按下终点按钮，使其复位。

b. 调节预控制值：预控制大，确保不过滴；预控制小，可节省滴定时间。预控制调节顺时针方向旋转，预控制范围增大。

c. 终点显示按钮：按钮按下显示终点值，放开显示测量值。

d. 滴定极性选择：滴定开始时，电极电位小于设置终点电位值，选"＋"；反之选"－"。选错极性滴定电磁阀自动关闭。

e. 选好工作位置，1# 为左侧电磁阀与磁力搅拌器；2# 为右侧电磁阀与磁力搅拌器。打开搅拌器开关，搅拌指示灯亮，调节搅拌速度。

f. 按下启动按钮，滴定开始。

g. 当滴定稳定到达终点 10s 后，滴定电磁阀终结关闭，重点指示灯亮，滴定结束。

h. 记录有关数据。

注：自动滴定方式时，滴定启动前，重点指示灯亮，此时表示等待。

② 控制滴定。

滴定方式选择开关至"控制"挡。

操作同"自动滴定"，不同处只是滴定到达终点后，滴定电磁阀不终结关闭，而始终处于控制状态。

③ 手动滴定。

滴定方式选择开关至"手动"挡。此时滴定装置不受测试仪控制，滴定装置可单独使用。按下启动按钮，滴定电磁阀开通，放开按钮，滴定电磁阀关闭。

四、仪器维修和注意事项

① 仪器电极接口应保持高度清洁，并保证接触良好。如有污迹时可用99%工业酒精擦净。
② 与仪器配套使用的有关电极的使用和维护保养，请务必参阅有关电极使用说明书。
③ 仪器使用时请将选择电极接口短路保护接头卸下，仪器不用时装上。
④ 滴定电磁阀橡皮管用久变形后，可将橡皮管移位再用。
⑤ 与橡皮管有腐蚀作用的滴液（如高锰酸钾等）请勿使用。

附录四　721型分光光度计

一、仪器工作原理

分光光度计的基本工作原理是基于物质对光（对光的波长）的吸收具有选择性，不同的物质都有各自的吸收光带，所以当光色散后的光谱通过某一溶液时，其中某些波长的光线就会被溶液吸收。在一定的波长下，溶液中物质的浓度与光能量减弱的程度有一定的比例关系，符合于比色原理——比尔定律（图4）：

$$T = I/I_0$$
$$A = \lg \frac{1}{T} = \lg \frac{I_0}{I} = \varepsilon c b$$

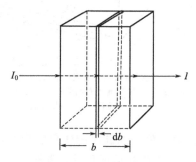

图4　比尔定律原理示意图

式中，T 为透光率；I_0 为入射光强度；I 为透射光强度；A 为消光值（吸光度）；ε 为吸收系数，$L \cdot mol^{-1} \cdot mL^{-1}$；$b$ 为溶液的光径长度，mL；c 为溶液的浓度，$mol \cdot L^{-1}$。

从以上公式可以看出，当入射光、吸收系数和溶液厚度一定时，透光率是随溶液的浓度而变化的。当入射光的波长一定时，ε 即为溶液中有色物质的一个特征常数。

721型分光光度计允许的测定波长范围在360～800nm，其构造比较简单，测定的灵敏度和精密度较高。因此，应用比较广泛。

二、仪器的基本结构

721型分光光度计的仪器构造见图5。从光源灯发出的连续辐射光线，射到聚光透镜上，会聚后，再经过平面镜转角90°，反射至入射狭缝。由此入射到单色器内，狭缝正好位于球面准直物镜的焦面上，当入射光线经过准直物镜反射后，就以一束平行光射向棱镜。光线进入棱镜后，进行色散。色散后回来的光线，再经过准直镜反射，就会聚在出光狭缝上，再通过聚光镜后进入比色皿，光线一部分被吸收，透过的光进入光电管，产生相应的光电流，经放大后在微安表上读出。

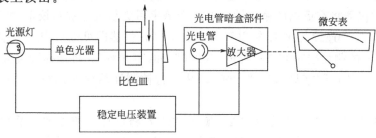

图5　721型分光光度计的基本结构示意图

三、操作和使用方法

① 首先接通电源，打开电源开关，指示灯亮，打开比色皿暗箱盖。预热 20min。

② 波长选择旋钮选择所需的单色光波长，用灵敏度旋钮选择所需的灵敏挡。

③ 放入比色皿，旋转零位旋钮调零，将比色皿暗箱盖上，推进比色皿拉杆，使参比比色皿处于空白校正位置，使光电管见光，旋转透光率调节旋钮，使微安表指针准确处于100%。按上述方法连续几次调整零位和100%位，即可进行测定工作（仪器面板见图6）。

四、仪器使用和维护的注意事项

① 不测试时，应及时打开样品室盖，断开光路，避免光电管老化。

② 连续使用仪器的时间不应超过 2h，最好是间歇 0.5h 后，再继续使用。

③ 比色皿每次使用完毕后，要用蒸馏水洗净并倒置晾干后放在比色皿盒内。在日常使用中应注意保护比色皿的透光面，使其不受损坏或产生划痕，以免影响透光率。

④ 仪器不能受潮。在日常使用中，应经常注意单色器上的防潮硅胶（在仪器的底部）是否变色，如硅胶的颜色已变红，应立即取出烘干或更换。

⑤ 在托运或移动仪器时，应注意小心轻放。

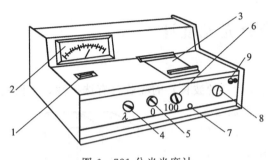

图 6　721 分光光度计
1—波长读数盘；2—电表；3—比色皿暗盒盖；4—波长调节；5—"0"透光率调节；6—"100%"透光率调节；7—比色皿架拉杆；8—灵敏度选择；9—电源开关

附录五　722 型光栅分光光度计的使用方法

① 使用仪器前，使用者应该首先了解本仪器的结构和工作原理，以及各个操作旋钮之功能。在未接通电源前，应该对仪器的安全性进行检查，电源线接线应牢固，通地要良好，各个调节旋钮的起始位置应该正确，然后再接通电源开关。仪器在使用前先检查一下，放大器暗盒的硅胶干燥筒（在仪器的左侧）如受潮变色，应更换干燥的蓝色硅胶或者倒出原硅胶，烘干后再用。

② 将灵敏度旋钮调至"1"挡（放大倍率最小）。

③ 开启电源，指示灯亮，选择开关置于"T"，波长调至测试用波长。仪器预热 20min。

④ 打开试样室盖（光门自动关闭），调节"0"旋钮，使数字显示为"00.0"，盖上试样室盖，将比色皿架置于蒸馏水校正位置，使光电管受光，调节透光率"100%"旋钮，使数字显示为"100.0"。

⑤ 如果显示不到"100.0"，则可适当增加微电流放大器的倍率挡数，但尽可能置低倍率挡使用，这样仪器将有更高的稳定性。但改变倍率后必须按④重新校正"0"和"100%"。

⑥ 预热后，按④连续几次调整"0"和"100%"，仪器即可进行测定工作。

⑦ 吸光度 A 的测量按④调整仪器的"00.0"和"100%"，将选择开关置于"A"，调节吸光度调零旋钮，使得数字显示为".000"，然后将被测样品移入光路，显示值即为被测样品的吸光度值。

⑧ 浓度 c 的测量：选择开关由"A"旋置"C"，将已标定浓度的样品放入光路，调节浓度旋钮，使得数字显示为标定值，将被测样品放入光路，即可读出被测样品的浓度值。

⑨ 如果大幅度改变测试波长时，在调整"0"和"100%"后稍等片刻（因光能量变化

急剧,光电管受光后响应缓慢,需一段光响应平衡时间),当稳定后,重新调整"0"和"100%"即可工作。

⑩ 每台仪器所配套的比色皿,不能与其他仪器上的比色皿单个调换。吸水纸将附着在比色皿外壁的溶液擦干,切勿动作太重,以免透光面产生划痕。手只能拿比色皿的毛玻璃面。

⑪ 为防止光电管疲劳,不测定时,将比色皿的暗箱盖打开。连续使用时间不得超过2h,最好间歇半小时,再继续使用;

⑫ 本仪器数字表后盖,有信号输出 0~1000mV,插座 1 脚为正,2 脚为负接地线。

仪器外形及后视图见图 7 和图 8。

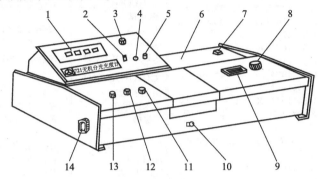

图 7　仪器外形图

1—数字显示器;2—吸光度调零旋钮;3—选择开关;4—吸光度调斜率电位器;
5—浓度旋钮;6—光源室;7—电源开关;8—波长手轮;9—波长刻度窗;
10—试样架拉手;11—100%T 旋钮;12—0%T 旋钮;13—灵敏度调节旋钮;14—干燥器

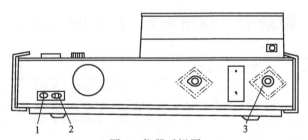

图 8　仪器后视图

1—1.5A 保险丝;2—电源插头;3—外接插头

附录六　酸解离常数（298.15K）

弱　酸	解离常数 $K_a^{\ominus}$	弱　酸	解离常数 $K_a^{\ominus}$
H_3AlO_3	$K_1=6.3\times10^{-12}$	HIO	$K_1=2.3\times10^{-11}$
H_3AsO_4	$K_1=6.0\times10^{-3}, K_2=1.0\times10^{-7}$	HIO_3	$K_1=0.16$
	$K_3=3.2\times10^{-12}$	H_5IO_6	$K_1=2.8\times10^{-2}, K_2=5.0\times10^{-9}$
H_3AsO_3	$K_1=6.6\times10^{-10}$	H_2MnO_4	$K_2=7.1\times10^{-11}$
H_3BO_3	$K_1=5.8\times10^{-10}$	HNO_2	$K_1=7.2\times10^{-4}$
$H_2B_4O_7$	$K_1=1\times10^{-4}, K_2=1\times10^{-9}$	HN_3	$K_1=1.9\times10^{-5}$
HBrO	$K_1=2.0\times10^{-9}$	H_2O_2	$K_1=2.2\times10^{-12}$
H_2CO_3	$K_1=4.4\times10^{-7}$	H_2O	$K_1=1.8\times10^{-16}$
HCN	$K_1=6.2\times10^{-10}$	H_3PO_4	$K_1=7.1\times10^{-3}, K_2=6.3\times10^{-8},$
H_2CrO_4	$K_1=9.55, K_2=3.2\times10^{-7}$		$K_3=4.2\times10^{-13}$
HClO	$K_1=2.8\times10^{-8}$	$H_4P_2O_7$	$K_1=3.0\times10^{-2}, K_2=4.4\times10^{-3},$
HF	$K_1=6.6\times10^{-4}$		$K_3=2.5\times10^{-7}, K_4=5.6\times10^{-10}$

弱 酸	解离常数 $K_a^\ominus$	弱 酸	解离常数 $K_a^\ominus$
$H_5P_3O_{10}$	$K_3=1.6\times10^{-3}, K_4=3.4\times10^{-7},$ $K_5=5.8\times10^{-10}$	CCl_3COOH (三氯乙酸)	$K_1=0.23$
H_3PO_3	$K_1=6.3\times10^{-2}, K_2=2.0\times10^{-7}$	$^+NH_3CH_2COOH$	$K_1=4.5\times10^{-3}, K_2=2.5\times10^{-10}$
H_2SO_4	$K_2=1.0\times10^{-2}$	$^+NH_3CH_2COO^-$ (氨基乙酸)	
H_2SO_3	$K_1=1.3\times10^{-2}, K_2=6.1\times10^{-8}$	(抗坏血酸)	$K_1=5.0\times10^{-5}, K_2=1.5\times10^{-10}$
$H_2S_2O_3$	$K_1=0.25, K_2=3.2\times10^{-2}\sim2.0\times10^{-2}$	$CH_3CHOHCOOH$ (乳酸)	$K_1=1.4\times10^{-4}$
$H_2S_2O_4$	$K_1=0.45, K_2=3.5\times10^{-3}$	C_6H_5COOH (苯甲酸)	$K_1=6.2\times10^{-5}$
H_2Se	$K_1=1.3\times10^{-4}, K_2=1.0\times10^{-11}$	$H_2C_2O_4$	$K_1=5.9\times10^{-2}, K_2=6.4\times10^{-5}$
H_2S	$K_1=1.32\times10^{-7}, K_2=7.10\times10^{-15}$	$H_2C_2O_4$	$K_1=5.9\times10^{-2}, K_2=6.4\times10^{-5}$
H_2SeO_4	$K_2=2.2\times10^{-2}$	$CH(OH)COOH$	$K_1=9.1\times10^{-4}, K_2=4.3\times10^{-5}$
H_2SeO_3	$K_1=2.3\times10^{-3}, K_2=5.0\times10^{-9}$	$CH(OH)COOH$ (d 酒石酸)	
$HSCN$	$K_1=1.41\times10^{-1}$	邻苯二甲酸	$K_1=1.1\times10^{-3}, K_2=3.9\times10^{-6}$
H_2SiO_3	$K_1=1.7\times10^{-10}, K_2=1.6\times10^{-12}$	柠檬酸	$K_1=1.1\times10^{-3}, K_2=3.9\times10^{-6},$ $K_3=4.0\times10^{-7}$
$HSb(OH)_6$	$K_1=2.8\times10^{-3}$		
H_2TeO_3	$K_1=3.5\times10^{-3}, K_2=1.9\times10^{-8}$		
H_2Te	$K_1=2.3\times10^{-3}, K_2=1.0\times10^{-11}\sim10^{-12}$	C_6H_5OH(苯酚)	$K_1=1.1\times10^{-10}$
H_2WO_4	$K_1=3.2\times10^{-4}, K_2=2.5\times10^{-5}$	$H_6\text{-EDTA}^{2+}$	$K_1=0.13$
$HCOOH$(甲酸)	$K_1=1.8\times10^{-4}$	$H_5\text{-EDTA}^+$	$K_2=3\times10^{-2}$
CH_3COOH(乙酸)	$K_1=1.8\times10^{-5}$	$H_4\text{-EDTA}$	$K_3=1\times10^{-2}$
$CH_2ClCOOH$ (一氯乙酸)	$K_1=1.4\times10^{-3}$	$H_3\text{-EDTA}^-$	$K_4=2.1\times10^{-3}$
$CHCl_2COOH$ (二氯乙酸)	$K_1=5.0\times10^{-2}$	$H_2\text{-EDTA}^{2-}$	$K_5=6.9\times10^{-7}$
		$H\text{-EDTA}^{3-}$	$K_6=5.5\times10^{-11}$

附录七 碱解离常数（298.15K）

弱 碱	离解常数 $K_b^\ominus$	弱 碱	离解常数 $K_b^\ominus$
NH_3（氨水）	$K_1=1.8\times10^{-5}$	$HOCH_2CH_2NH_2$（乙醇胺）	$K_1=5.8\times10^{-7}$
NH_2NH_2（联氨）	$K_1=3.0\times10^{-6}, K_2=7.6\times10^{-15}$	$(HOCH_2CH_2)_3N$（三乙醇胺）	$K_1=5.8\times10^{-7}$
NH_2OH（羟胺）	$K_1=9.1\times10^{-9}$	$(CH_2)_6N_4$（六次甲基四胺）	$K_1=1.4\times10^{-9}$
CH_3NH_2（甲胺）	$K_1=4.2\times10^{-4}$	（吡啶）	$K_1=1.7\times10^{-9}$
$C_2H_5NH_2$（乙胺）	$K_1=5.6\times10^{-4}$	$H_2NCH_2CH_2NH_2$（乙二胺）	$K_1=8.5\times10^{-5}, K_2=7.1\times10^{-8}$
$(CH_3)_2NH_2$（二甲胺）	$K_1=1.2\times10^{-4}$		
$(C_2H_5)_2NH_2$（二乙胺）	$K_1=1.3\times10^{-3}$		

附录八 溶度积常数（298.15K）

化合物	$K_{sp}^\ominus$	化合物	$K_{sp}^\ominus$
$AgAc$	4.4×10^{-3}	$Ag_2Cr_2O_7$	2.0×10^{-7}
Ag_3AsO_4	1.0×10^{-22}	$Ag_2C_2O_4$	3.4×10^{-11}
$AgBr$	5.0×10^{-13}	$Ag_4[Fe(CN)_6]$	1.6×10^{-41}
$AgCl$	1.8×10^{-10}	$AgOH$	2.0×10^{-8}
Ag_2CO_3	8.1×10^{-12}	$AgIO_3$	3.0×10^{-8}
Ag_2CrO_4	1.1×10^{-12}	AgI	8.3×10^{-17}
$AgCN$	1.2×10^{-16}	Ag_2MoO_4	2.8×10^{-12}

续表

化合物	$K_{sp}^{\ominus}$	化合物	$K_{sp}^{\ominus}$
$AgNO_2$	6.0×10^{-4}	$K_2Na[Co(NO_2)_6] \cdot H_2O$	2.2×10^{-11}
Ag_3PO_4	1.4×10^{-16}	K_2PtCl_6	1.1×10^{-5}
Ag_2SO_4	1.4×10^{-5}	K_2SiF_6	8.7×10^{-7}
Ag_2SO_3	1.5×10^{-14}	Li_2CO_3	2.5×10^{-2}
Ag_2S	6.3×10^{-50}	LiF	3.8×10^{-3}
$AgSCN$	1.0×10^{-12}	Li_3PO_4	3.2×10^{-9}
$AlAsO_4$	1.6×10^{-16}	$MgCO_3$	3.5×10^{-8}
$Al(OH)_3$(无定形)	1.3×10^{-33}	MgF_2	6.5×10^{-9}
$AlPO_4$	6.3×10^{-19}	$Mg(OH)_2$	1.8×10^{-11}
Al_2S_3	2×10^{-7}	$MgNH_4PO_4$	2×10^{-13}
As_2S_3	2.1×10^{-22}	$MnCO_3$	1.8×10^{-11}
$AuCl$	2.0×10^{-13}	$Mn(OH)_2$	1.9×10^{-13}
$AuCl_3$	3.2×10^{-25}	MnS 无定形	2.5×10^{-10}
AuI	1.6×10^{-23}	MnS 结晶	2.5×10^{-13}
AuI_3	1×10^{-46}	Na_3AlF_6	4.0×10^{-10}
$BaCO_3$	5.1×10^{-9}	$NiCO_3$	6.6×10^{-9}
BaC_2O_4	1.6×10^{-7}	$Ni(OH)_2$ 新鲜	2.0×10^{-15}
$BaCrO_4$	1.2×10^{-10}	BaS_2O_3	1.6×10^{-5}
$Ba_2[Fe(CN)_6] \cdot 6H_2O$	3.2×10^{-8}	$BeCO_3 \cdot 4H_2O$	1×10^{-3}
BaF_2	1.0×10^{-6}	$Be(OH)_2$(无定形)	1.6×10^{-22}
$Ba(OH)_2$	5×10^{-3}	$Bi(OH)_3$	4×10^{-31}
$Ba(NO_3)_2$	4.5×10^{-3}	$BiOOH$	4×10^{-10}
$BaHPO_4$	3.2×10^{-7}	BiI_3	8.1×10^{-31}
$Ba_3(PO_4)_2$	3.4×10^{-23}	Bi_2S_3	1×10^{-97}
$Ba_2P_2O_7$	3.2×10^{-11}	$BiOBr$	3.0×10^{-7}
$BaSO_4$	1.1×10^{-10}	$BiOCl$	1.8×10^{-31}
$BaSO_3$	8×10^{-7}	$BiONO_3$	2.82×10^{-3}
$Cu_2[Fe(CN)_6]$	1.3×10^{-16}	$CaCO_3$	2.8×10^{-9}
$Cu(OH)_2$	2.2×10^{-20}	$CaC_2O_4 \cdot H_2O$	4×10^{-9}
CuC_2O_4	2.3×10^{-8}	$CaCrO_4$	7.1×10^{-4}
$Cu_3(PO_4)_2$	1.3×10^{-37}	CaF_2	5.3×10^{-9}
$Cu_2P_2O_7$	8.3×10^{-16}	$Ca(OH)_2$	5.5×10^{-6}
CuS	6.3×10^{-36}	$CaHPO_4$	1×10^{-7}
$FeCO_3$	3.2×10^{-11}	$Ca_3(PO_4)_2$	2.0×10^{-29}
$Fe(OH)_2$	8.0×10^{-16}	$CaSiO_3$	2.5×10^{-8}
$FeC_2O_4 \cdot 2H_2O$	3.2×10^{-7}	$CaSO_4$	9.1×10^{-6}
$Fe_4[Fe(CN)_6]_3$	3.3×10^{-41}	$CdCO_3$	5.2×10^{-12}
$Fe(OH)_3$	4×10^{-38}	$Cd(OH)_2$(新鲜)	2.5×10^{-14}
FeS	6.3×10^{-18}	$CdC_2O_4 \cdot 3H_2O$	9.1×10^{-8}
Hg_2CO_3	8.9×10^{-17}	CdS	8.0×10^{-27}
$Hg_2(CN)_2$	5×10^{-40}	CeF_3	8×10^{-16}
Hg_2Cl_2	1.3×10^{-18}	$Ce(OH)_3$	1.6×10^{-20}
Hg_2CrO_4	2.0×10^{-9}	$Ce(OH)_4$	2×10^{-28}
Hg_2I_2	4.5×10^{-29}	Ce_2S_3	6.0×10^{-11}
$Hg_2(OH)_2$	2.0×10^{-24}	$Co(OH)_2$(新鲜)	1.6×10^{-15}
$Hg(OH)_2$	3.0×10^{-26}	$Co(OH)_3$	1.6×10^{-44}
Hg_2SO_4	7.4×10^{-7}	$\alpha\text{-}CoS$	4.0×10^{-21}
Hg_2S	1.0×10^{-47}	$\beta\text{-}CoS$	2.0×10^{-25}
HgS 红	4×10^{-53}	$Cr(OH)_3$	6.3×10^{-31}
HgS 黑	1.6×10^{-52}	$CuBr$	5.3×10^{-9}

续表

化合物	$K_{sp}^{\ominus}$	化合物	$K_{sp}^{\ominus}$
CuCl	1.2×10^{-6}	$PbSO_4$	1.6×10^{-8}
CuCN	3.2×10^{-20}	PbS	8.0×10^{-28}
CuI	1.1×10^{-12}	$Pt(OH)_2$	1×10^{-35}
CuOH	1×10^{-14}	$Sn(OH)_2$	1.4×10^{-28}
Cu_2S	2.5×10^{-48}	$Sn(OH)_4$	1×10^{-56}
CuSCN	4.8×10^{-15}	SnS	1.0×10^{-25}
$CuCO_3$	1.4×10^{-10}	$SrCO_3$	1.1×10^{-10}
$CuCrO_4$	3.6×10^{-6}	$SrC_2O_4 \cdot H_2O$	1.6×10^{-7}
α-NiS	3.2×10^{-19}	$SrCrO_4$	2.2×10^{-5}
β-NiS	1.0×10^{-24}	$SrSO_4$	3.2×10^{-7}
$PbCO_3$	7.4×10^{-14}	TlCl	1.7×10^{-4}
$PbCl_2$	1.6×10^{-5}	TlI	6.5×10^{-8}
$PbCrO_4$	2.8×10^{-13}	$Tl(OH)_3$	6.3×10^{-46}
PbC_2O_4	4.8×10^{-10}	Tl_2S	5.0×10^{-21}
PbI_2	7.1×10^{-9}	$ZnCO_3$	1.4×10^{-11}
$Pb(N_3)_2$	2.5×10^{-9}	$Zn(OH)_2$	1.2×10^{-17}
$Pb(OH)_2$	1.2×10^{-15}	α-ZnS	1.6×10^{-24}
$Pb(OH)_4$	3.2×10^{-66}	β-ZnS	2.5×10^{-22}
$Pb_3(PO_4)_2$	8.0×10^{-43}		

附录九　常用酸碱溶液的相对密度和浓度

溶液名称	密度(20℃)/g·mL^{-1}	质量分数	物质的量浓度/mol·L^{-1}
浓 H_2SO_4	1.84	0.98	18
稀 H_2SO_4	1.18	0.25	3
	1.06	0.091	1
浓 HNO_3	1.42	0.72	16
稀 HNO_3	1.20	0.32	6
	1.07	0.12	2
浓 HCl	1.19	0.38	12
稀 HCl	1.10	0.20	6
	1.033	0.07	2
H_3PO_4	1.7	0.86	15
浓高氯酸($HClO_4$)	1.7~1.75	0.70~0.72	12
稀 $HClO_4$	1.12	0.19	2
冰醋酸(HAc)	1.05	0.99~1.00	17.5
醋酸(HAc)	1.04	0.34	6
氢溴酸(HBr)	1.38	0.40	7
氢碘酸(HI)	1.70	0.57	7.5
浓氨水($NH_3 \cdot H_2O$)	0.90	0.27	14
稀氨水	0.96	0.10	6
稀氨水	0.98	0.035	2
浓 NaOH	1.43	0.40	14
稀 NaOH	1.22	0.20	6
	1.09	0.08	2
$Ba(OH)_2$(饱和)		0.02~0.1	
$Ca(OH)_2$(饱和)		0.0015	

附录十　常用缓冲溶液的配制

缓冲溶液组成	pK_a	缓冲溶液pH值	配制方法
氨基乙酸-HCl	2.35 (pK_{a1})	2.3	取氨基乙酸150g溶于500mL H_2O 中，加80 mL浓HCl，水稀释至1 L
H_3PO_4-柠檬酸盐		2.5	取113g $Na_2HPO_4 \cdot 12H_2O$ 溶于200mL H_2O 中，加387g柠檬酸溶解，过滤后稀释至1 L
$ClCH_2COOH$-NaOH	2.86	2.8	取200g $ClCH_2COOH$ 溶于200mL H_2O 中，加40g NaOH溶解后，稀释至1 L
邻苯二甲酸氢钾-HCl	2.95 (pK_{a1})	2.9	取500g邻苯二甲酸氢钾溶于500mL H_2O 中，加80mL浓HCl，稀释至1 L
HCOOH-NaOH	3.76	3.7	取95g HCOOH和40g NaOH于500 mL H_2O 中，溶解，稀释至1 L
NH_4Ac-HAc		4.5	取77g NH_4Ac 溶于200mL H_2O 中，加59mL冰醋酸，稀释至1 L
NaAc-HAc	4.74	4.7	取83g无水NaAc溶于 H_2O 中，加60mL冰醋酸，稀释至1 L
NaAc-HAc	4.74	5.0	取160g无水NaAc溶于 H_2O 中，加60mL冰醋酸，稀释至1L
NH_4Ac-HAc		5.0	取250g NH_4Ac 溶于 H_2O 中，加25mL冰醋酸，稀释至1 L
六次甲基四胺-HCl	5.15	5.4	取40g六次甲基四胺溶于200mL H_2O 中，加10mL浓HCl,稀释至1L
NH_4Ac-HAc		6.0	取600g NH_4Ac 溶于 H_2O 中，加20mL冰醋酸，稀释至1 L
NaAc-H_3PO_4盐		8.0	取50g无水NaAc和50g $Na_2HPO_4 \cdot 12H_2O$ 溶于 H_2O 中，稀释至1L
三羟甲基氨基甲烷-HCl	8.21	8.2	取25g三羟甲基氨基甲烷溶于 H_2O 中，加8mL浓HCl，稀释至1L
NH_3-NH_4Cl	9.26	9.2	取54g NH_4Cl 溶于 H_2O 中，加63 mL浓 $NH_3 \cdot H_2O$，稀释至1L
NH_3-NH_4Cl	9.26	9.5	取54g NH_4Cl 溶于 H_2O 中，加126 mL浓 $NH_3 \cdot H_2O$，稀释至1L
NH_3-NH_4Cl	9.26	10.0	取54g NH_4Cl 溶于 H_2O 中，加350mL浓 $NH_3 \cdot H_2O$，稀释至1L

注：1. 缓冲溶液配制后用pH试纸检查。如pH不对，可用共轭酸或碱调节。pH欲调节精确时，可用pH计调节。
2. 若需增加或减少缓冲溶液的缓冲容量时，可相应增加或减少共轭酸碱对物质的量，再调节之。

附录十一　常用基准试剂的干燥条件和应用

基准物质		干燥后的组成	干燥条件/℃	标定对象
名称	分子式			
碳酸氢钠	$NaHCO_3$	Na_2CO_3	270~300	酸
碳酸钠	$Na_2CO_3 \cdot 10H_2O$	Na_2CO_3	270~300	酸
硼砂	$Na_2B_4O_7 \cdot 10H_2O$	$Na_2B_4O_7 \cdot 10H_2O$	放在含NaCl和蔗糖饱和液的干燥器中	酸
碳酸氢钾	$KHCO_3$	K_2CO_3	270~300	酸
草酸	$H_2C_2O_4 \cdot 2H_2O$	$H_2C_2O_4 \cdot 2H_2O$	室温空气干燥	碱或$KMnO_4$
邻苯二甲酸氢钾	$KHC_8H_4O_4$	$KHC_8H_4O_4$	110~120	碱
重铬酸钾	$K_2Cr_2O_7$	$K_2Cr_2O_7$	140~150	还原剂

续表

基准物质		干燥后的组成	干燥条件/℃	标定对象
名 称	分子式			
溴酸钾	$KBrO_3$	$KBrO_3$	130	还原剂
碘酸钾	KIO_3	KIO_3	130	还原剂
铜	Cu	Cu	室温干燥器中保存	还原剂
三氧化二砷	As_2O_3	As_2O_3	同上	氧化剂
草酸钠	$Na_2C_2O_4$	$Na_2C_2O_4$	130	氧化剂
碳酸钙	$CaCO_3$	$CaCO_3$	110	EDTA
硝酸铅	$Pb(NO_3)_2$	$Pb(NO_3)_2$	室温干燥器中保存	EDTA
氧化锌	ZnO	ZnO	900~1000	EDTA
锌	Zn	Zn	室温干燥器中保存	EDTA
氯化钠	NaCl	NaCl	500~600	$AgNO_3$
氯化钾	KCl	KCl	500~600	$AgNO_3$
硝酸银	$AgNO_3$	$AgNO_3$	220~250	氯化物

附录十二　不同温度下标准溶液的体积的补正值

单位为毫升每升（$mL \cdot L^{-1}$）

温度/℃	水和 0.05 mol·L^{-1} 以下的各种水溶液	$0.1 mol \cdot L^{-1}$ 和 $0.2 mol \cdot L^{-1}$ 各种水溶液	盐酸溶液 $c_{HCl}=0.5mol \cdot L^{-1}$	盐酸溶液 $c_{HCl}=1mol \cdot L^{-1}$	硫酸溶液 $c_{1/2H_2SO_4}=0.5mol \cdot L^{-1}$ 氢氧化钠溶液 $c_{NaOH}=0.5mol \cdot L^{-1}$	硫酸溶液 $c_{1/2H_2SO_4}=1mol \cdot L^{-1}$ 氢氧化钠溶液 $c_{NaOH}=1mol \cdot L^{-1}$	碳酸钠溶液 $c_{1/2Na_2CO_3}=1mol \cdot L^{-1}$	氢氧化钾-乙醇溶液 $c_{KOH}=0.1mol \cdot L^{-1}$
5	+1.38	+1.7	+1.9	+2.3	+2.4	+3.6	+3.3	
6	+1.38	+1.7	+1.9	+2.2	+2.3	+3.4	+3.2	
7	+1.36	+1.6	+1.8	+2.2	+2.2	+3.2	+3.0	
8	+1.33	+1.6	+1.8	+2.1	+2.2	+3.0	+2.8	
9	+1.29	+1.5	+1.7	+2.0	+2.1	+2.7	+2.6	
10	+1.23	+1.5	+1.6	+1.9	+2.0	+2.5	+2.4	+10.8
11	+1.17	+1.4	+1.5	+1.8	+1.8	+2.3	+2.2	+9.6
12	+1.10	+1.3	+1.4	+1.6	+1.7	+2.0	+2.0	+8.5
13	+0.99	+1.1	+1.2	+1.4	+1.5	+1.8	+1.8	+7.4
14	+0.88	+1.0	+1.1	+1.2	+1.3	+1.6	+1.5	+6.5
15	+0.77	+0.9	+0.9	+1.0	+1.1	+1.3	+1.3	+5.2
16	+0.64	+0.7	+0.8	+0.8	+0.9	+1.1	+1.1	+4.2
17	+0.50	+0.6	+0.6	+0.6	+0.7	+0.8	+0.8	+3.1
18	+0.34	+0.4	+0.4	+0.4	+0.5	+0.6	+0.6	+2.1
19	+0.18	+0.2	+0.2	+0.2	+0.2	+0.3	+0.3	+1.0
20	0.00	0.00	0.00	0.0	0.00	0.00	0.0	0.0
21	−0.18	−0.2	−0.2	−0.2	−0.2	−0.3	−0.3	−1.1
22	−0.38	−0.4	−0.4	−0.5	−0.5	−0.6	−0.6	−2.2
23	−0.58	−0.6	−0.7	−0.7	−0.8	−0.9	−0.9	−3.3
24	−0.80	−0.9	−0.9	−1.0	−1.0	−1.2	−1.2	−4.2
25	−1.03	−1.1	−1.1	−1.2	−1.3	−1.5	−1.5	−5.3
26	−1.26	−1.4	−1.4	−1.4	−1.5	−1.8	−1.8	−6.4
27	−1.51	−1.7	−1.7	1.7	−1.8	−2.1	−2.1	−7.5
28	−1.76	−2.0	−2.0	−2.0	−2.1	−2.4	−2.4	−8.5

续表

温度/℃	水和0.05 mol·L^{-1}以下的各种水溶液	0.1mol·L^{-1}和0.2mol·L^{-1}各种水溶液	盐酸溶液 c_{HCl}=0.5mol·L^{-1}	盐酸溶液 c_{HCl}=1mol·L^{-1}	硫酸溶液 $c_{1/2H_2SO_4}$=0.5mol·L^{-1} 氢氧化钠溶液 c_{NaOH}=0.5mol·L^{-1}	硫酸溶液 $c_{1/2H_2SO_4}$=1mol·L^{-1} 氢氧化钠溶液 c_{NaOH}=1mol·L^{-1}	碳酸钠溶液 $c_{1/2Na_2CO_3}$=1mol·L^{-1}	氢氧化钾-乙醇溶液 c_{KOH}=0.1mol·L^{-1}
29	−2.01	−2.3	−2.3	−2.3	−2.4	−2.8	−2.8	−9.6
30	−2.30	−2.5	−2.5	−2.6	−2.8	−3.2	−3.1	−10.6
31	−2.58	−2.7	−2.7	−2.9	−3.1	−3.5		−11.6
32	−2.86	−3.0	−3.0	−3.2	−3.4	−3.9		−12.6
33	−3.04	−3.2	−3.3	−3.5	−3.7	−4.2		−13.7
34	−3.47	−3.7	−3.6	−3.8	−4.1	−4.6		−14.8
35	−3.78	−4.0	−4.0	−4.1	−4.4	−5.0		−16.0
36	−4.10	−4.3	−4.3	−4.4	−4.7	−5.3		−17.0

注：1. 本表数值是以20℃为标准温度以实测法测出。

2. 表中带有"＋"、"－"号的数值是以20℃为分界。室温低于20℃的补正值均为"＋"，高于20℃的补正值均为"－"。

3. 本表的用法：如1L硫酸溶液（$c_{1/2H_2SO_4}$=1mol·L^{-1}）由25℃换算为20℃时，其体积修正值为−1.5mL，故40.00mL换算为20℃时的体积为 $V_{20}=40.00-\dfrac{1.5}{1000}\times 40.00=39.94$（mL）。

附录十三　常用标准溶液的保存期限

标准溶液			保存期限/月
名称	物质的基本单元	浓度/mol·L^{-1}	
各种酸标液	—	各种浓度	3
氢氧化钠	NaOH	各种浓度	2
氢氧化钾乙醇液	KOH	0.1与0.5	0.25
硝酸银	AgNO$_3$	0.1	3
硫氰酸铵	NH$_4$SCN	0.1	3
高锰酸钾	$\frac{1}{5}$KMnO$_4$	0.1	2
高锰酸钾	$\frac{1}{5}$KMnO$_4$	0.05	1
溴酸钾	$\frac{1}{6}$KBrO$_3$	0.1	3
碘液	I$_2$	0.1	1
硫代硫酸钠	Na$_2$S$_2$O$_3$	0.1	3
硫代硫酸钠	Na$_2$S$_2$O$_3$	0.05	2
硫酸亚铁	FeSO$_4$	0.1	3
硫酸亚铁	FeSO$_4$	0.05	3
亚砷酸钠	$\frac{1}{2}$Na$_3$AsO$_3$	0.1	1
亚硝酸钠	NaNO$_2$	0.1	0.5
EDTA	Na$_2$H$_2$Y	各种浓度	3

附录十四 常用指示剂的配制

一、酸碱指示剂（291～298K）

溶液的组成	变色 pH 范围	颜色变化	溶液配制方法
甲基紫(第一变色范围)	0.13～0.5	黄～绿	$1g \cdot L^{-1}$ 或 $0.5g \cdot L^{-1}$ 的水溶液
苦味酸	0.0～1.3	无色～黄色	$1g \cdot L^{-1}$ 水溶液
甲基绿	0.1～2.0	黄～绿～浅蓝	$0.5g \cdot L^{-1}$ 水溶液
孔雀绿(第一变色范围)	0.13～2.0	黄～浅蓝～绿	$1g \cdot L^{-1}$ 水溶液
甲酚红(第一变色范围)	0.2～1.8	红～黄	0.04g 指示剂溶于 100mL 50%乙醇中
甲基紫(第二变色范围)	1.0～1.5	绿～蓝	$1g \cdot L^{-1}$ 水溶液
百里酚蓝（麝香草酚蓝）(第一变色范围)	1.2～2.8	红～黄	0.1g 指示剂溶于 100mL 20%乙醇中
甲基紫(第三变色范围)	2.0～3.0	蓝～紫	$1g \cdot L^{-1}$ 水溶液
茜素黄R(第一变色范围)	1.9～3.3	红～黄	$1g \cdot L^{-1}$ 水溶液
二甲基黄	2.9～4.0	红～黄	0.1g 或 0.01g 指示剂溶于 100mL 90%乙醇中
甲基橙	3.1～4.4	红～橙黄	$1g \cdot L^{-1}$ 水溶液
溴酚蓝	3.0～4.6	黄～蓝	0.1g 指示剂溶于 100mL 20%乙醇中
刚果红	3.0～5.2	蓝紫～红	$1g \cdot L^{-1}$ 水溶液
茜素红S(第一变色范围)	3.7～5.2	黄～紫	$1g \cdot L^{-1}$ 水溶液
溴甲酚绿	3.8～5.4	黄～蓝	0.1g 指示剂溶于 100mL 20%乙醇中
甲基红	4.4～6.2	红～黄	0.1g 或 0.2g 指示剂溶于 100mL 60%乙醇中
溴酚红	5.0～6.8	黄～红	0.1g 或 0.04g 指示剂溶于 100mL 20%乙醇中
溴甲酚紫	5.2～6.8	黄～紫红	0.1g 指示剂溶于 100mL 20%乙醇中
溴百里酚蓝	6.0～7.6	黄～蓝	0.05g 指示剂溶于 100mL 20%乙醇中
中性红	6.8～8.0	红～亮黄	0.1g 指示剂溶于 100mL 60%乙醇中
酚红	6.8～8.0	黄～红	0.1g 指示剂溶于 100mL 20%乙醇中
甲酚红	7.2～8.8	亮黄～紫红	0.1g 指示剂溶于 100mL 50%乙醇中
百里酚蓝（麝香草酚蓝）(第二变色范围)	8.0～9.0	黄～蓝	参看第一变色范围
酚酞	8.2～10.0	无色～紫红	(1)0.1g 指示剂溶于 100mL 60%乙醇中；(2)1g 酚酞溶于 100mL 90%乙醇中
百里酚酞	9.4～10.6	无色～蓝	0.1g 指示剂溶于 100mL 90%乙醇中
茜素红S(第二变色范围)	10.0～12.0	紫～淡黄	参看第一变色范围
茜素黄R(第二变色范围)	10.1～12.1	黄～淡紫	$1g \cdot L^{-1}$ 水溶液
孔雀绿(第二变色范围)	11.5～13.2	蓝绿～无色	参看第一变色范围
太坦黄	12.0～13.0	黄～红	$1g \cdot L^{-1}$ 水溶液

二、混合酸碱指示剂

指示剂溶液的组成	变色点 pH	颜色变化 酸色	颜色变化 碱色	颜色变化
一份 $1g \cdot L^{-1}$ 甲基黄乙醇溶液，一份 $1g \cdot L^{-1}$ 次甲基蓝乙醇溶液	3.25	蓝紫	绿	pH3.2 蓝紫色，pH3.4 绿色
四份 $2g \cdot L^{-1}$ 溴甲酚绿乙醇溶液，一份 $2g \cdot L^{-1}$ 二甲基黄乙醇溶液	3.9	橙	绿	变色点黄色
一份 $2g \cdot L^{-1}$ 甲基橙溶液，一份 $2.8g \cdot L^{-1}$ 靛蓝(二磺酸)乙醇溶液	4.1	紫	黄绿	调节两者的比例，直至终点敏锐
一份 $1g \cdot L^{-1}$ 溴百里酚绿钠盐水溶液，一份 $2g \cdot L^{-1}$ 甲基橙水溶液	4.3	黄	蓝绿	pH3.5 黄色，pH4.0 黄绿色，pH4.3 绿色
三份 $1g \cdot L^{-1}$ 溴甲酚绿乙醇溶液，一份 $2g \cdot L^{-1}$ 甲基红乙醇溶液	5.1	酒红	绿	

续表

指示剂溶液的组成	变色点 pH	颜色变化 酸色	颜色变化 碱色	颜色变化
一份 $2g \cdot L^{-1}$ 甲基红乙醇溶液,一份 $1g \cdot L^{-1}$ 次甲基蓝乙醇溶液	5.4	红紫	绿	pH5.2 红紫,pH5.4 暗蓝,pH5.6 绿
一份 $1g \cdot L^{-1}$ 溴甲酚绿钠盐水溶液,一份 $1g \cdot L^{-1}$ 氯酚红钠盐水溶液	6.1	黄绿	蓝紫	pH5.4 蓝绿,pH5.8 蓝,pH6.2 蓝紫
一份 $1g \cdot L^{-1}$ 溴甲酚紫钠盐水溶液,一份 $1g \cdot L^{-1}$ 溴百里酚蓝钠盐水溶液	6.7	黄	蓝紫	pH6.2 黄紫,pH6.6 紫,pH6.8 蓝紫
一份 $1g \cdot L^{-1}$ 中性红乙醇溶液,一份 $1g \cdot L^{-1}$ 次甲基蓝乙醇溶液	7.0	蓝紫	绿	pH7.0 蓝紫
一份 $1g \cdot L^{-1}$ 溴百里酚蓝钠盐水溶液,一份 $1g \cdot L^{-1}$ 酚红钠盐水溶液	7.5	黄	紫	pH7.2 暗绿,pH7.4 淡紫,pH7.6 深紫
一份 $1g \cdot L^{-1}$ 甲酚红 50%乙醇溶液,六份 $1g \cdot L^{-1}$ 百里酚蓝 50%乙醇溶液	8.3	黄	紫	pH8.2 玫瑰色,pH8.4 紫色,变色点微红色

三、沉淀滴定吸附指示剂

指示剂	被测离子	滴定剂	滴定条件	溶液配制方法
荧光黄	Cl^-	Ag^+	pH 7~10(一般 7~8)	$2g \cdot L^{-1}$ 乙醇溶液
二氯荧光黄	Cl^-	Ag^+	pH 4~10(一般 5~8)	$1g \cdot L^{-1}$ 水溶液
曙红	Br^-, I^-, SCN^-	Ag^+	pH 2~10(一般 3~8)	$5g \cdot L^{-1}$ 水溶液
溴甲酚绿	SCN^-	Ag^+	pH 4~5	$1g \cdot L^{-1}$ 水溶液
甲基紫	Ag^+	Cl^-	酸性溶液	$1g \cdot L^{-1}$ 水溶液
罗丹明 6G	Ag^+	Br^-	酸性溶液	$1g \cdot L^{-1}$ 水溶液
钍试剂	SO_4^{2-}	Ba^{2+}	pH 1.5~3.5	$5g \cdot L^{-1}$ 水溶液
溴酚蓝	Hg_2^{2+}	Cl^-, Br^-	酸性溶液	$1g \cdot L^{-1}$ 水溶液

四、氧化还原指示剂

指示剂名称	$E[c(H^+)=1mol \cdot L^{-1}]/V$	颜色变化 氧化态	颜色变化 还原态	溶液配制方法
中性红	0.24	红	无色	$0.5g \cdot L^{-1}$ 的 60%乙醇溶液
亚甲基蓝	0.36	蓝	无色	$0.5g \cdot L^{-1}$ 水溶液
变胺蓝	0.59(pH=2)	无色	蓝	$0.5g \cdot L^{-1}$ 水溶液
二苯胺	0.76	紫	无色	$10g \cdot L^{-1}$ 的浓硫酸溶液
二苯胺磺酸钠	0.85	紫红	无色	$5g \cdot L^{-1}$ 的水溶液。如溶液混浊,可滴加少量盐酸
N-邻苯氨基苯甲酸	1.08	紫红	无色	0.1g 指示剂加 20mL $50g \cdot L^{-1}$ 的 Na_2CO_3 溶液,用水稀释至 100mL
邻二氮菲-Fe(Ⅱ)	1.06	浅蓝	红	1.485g 邻二氮菲加 0.695g $FeSO_4$,溶于 100mL 水中
5-硝基邻二氮菲-Fe(Ⅱ)	1.25	浅蓝	紫红	1.608g 5-硝基邻二氮菲加 0.695g $FeSO_4$,溶于 100mL 水中

五、金属离子指示剂

指示剂名称	解离平衡和颜色变化	溶液配制方法
铬黑 T(EBT)	$H_2In^- \underset{紫红}{\overset{pK_{a2}=6.3}{\rightleftharpoons}} HIn^{2-} \underset{蓝}{\overset{pK_{a3}=11.5}{\rightleftharpoons}} In^{3-}$ 橙	(1) $1.5 g \cdot L^{-1}$ 水溶液 (2) 与 NaCl 按 1∶100 质量比混合
二甲酚橙(XO)	$H_2In^{4-} \underset{黄}{\overset{pK_a=6.3}{\rightleftharpoons}} HIn^{5-}$ 红	$2 g \cdot L^{-1}$ 水溶液
K-B 指示剂	$H_2In \underset{红}{\overset{pK_{a1}=8}{\rightleftharpoons}} HIn^- \underset{蓝}{\overset{pK_{a2}=13}{\rightleftharpoons}} In^{2-}$ 紫红 （酸性铬蓝 K）	0.2g 酸性铬蓝 K 与 0.34g 萘酚绿 B 溶于 100mL 水中。配制后需调节 K-B 的比例，使终点变化明显
钙指示剂	$H_2In^- \underset{酒红}{\overset{pK_{a2}=7.4}{\rightleftharpoons}} HIn^{2-} \underset{蓝}{\overset{pK_{a3}=13.5}{\rightleftharpoons}} In^{3-}$ 酒红	$5 g \cdot L^{-1}$ 的乙醇溶液
吡啶偶氮萘酚(PAN)	$H_2In^+ \underset{黄绿}{\overset{pK_{a1}=1.9}{\rightleftharpoons}} HIn \underset{黄}{\overset{pK_{a2}=12.2}{\rightleftharpoons}} In^-$ 淡红	$1 g \cdot L^{-1}$ 或 $3 g \cdot L^{-1}$ 的乙醇溶液
Cu-PAN（CuY-PAN 溶液）	$\underset{浅绿}{CuY+PAN} + M \rightleftharpoons \underset{无色}{MY} + \underset{红色}{Cu\text{-}PAN}$	取 $0.05 mol \cdot L^{-1}$ Cu^{2+} 溶液 10mL，加 pH 值为 5～6 的 HAc 缓冲溶液 5mL，1 滴 PAN 指示剂，加热至 333K 左右，用 EDTA 滴至绿色，得到约 $0.025 mol \cdot L^{-1}$ 的 CuY 溶液。使用时取 2～3mL 于试液中，再加数滴 PAN 溶液
磺基水杨酸	$H_2In \underset{}{\overset{pK_{a2}=2.7}{\rightleftharpoons}} HIn^- \underset{}{\overset{pK_{a3}=13.1}{\rightleftharpoons}} In^{2-}$ （无色）	$10 g \cdot L^{-1}$ 或 $100 g \cdot L^{-1}$ 的水溶液
钙镁试剂(Calmagnite)	$H_2In \underset{红}{\overset{pK_{a2}=8.1}{\rightleftharpoons}} HIn^- \underset{蓝}{\overset{pK_{a3}=12.4}{\rightleftharpoons}} In^{3-}$ 红橙	$5 g \cdot L^{-1}$ 水溶液
紫脲酸铵	$H_4In \underset{红紫}{\overset{pK_{a2}=9.2}{\rightleftharpoons}} H_3In^{2-} \underset{紫}{\overset{pK_{a3}=10.9}{\rightleftharpoons}} H_2In^{3-}$ 蓝	与 NaCl 按 1∶100 质量比混合

注：EBT、钙指示剂、K-B 指示剂等在水溶液中稳定性较差，可以配成指示剂与 NaCl 之比为 1∶100 或 1∶200 的固体粉末。

参 考 文 献

[1] 南京大学《无机及分析化学实验》编写组. 无机及分析化学实验. 北京：高等教育出版社，1998.
[2] 孙尔康等编. 化学实验基础. 南京：南京大学出版社，1991.
[3] 北京师范大学《化学实验规范》编写组. 化学实验规范. 北京：北京师范大学出版社，1987.
[4] 《化学分析基本操作规范》编写组. 化学分析基本操作规范. 北京：高等教育出版社，1984.
[5] 梁树权等编. 定量分析基本操作. 北京：高等教育出版社，1982.